高等学校电子信息类专业系列教材

TMS320C5000 系列 DSP 原理及应用

(第二版)

乔瑞萍　陈　伟　编著

西安电子科技大学出版社

内 容 简 介

本书是在第一版的基础上修订的。本次修订纠正了原版内容中的存误，对全书正文及所附课件做了修改和补充，对第 7 章进行了重点修改。

本书以 TMS320C54x 系列(属于 TMS320C5000 系列)16 位定点 DSP 为主，介绍了数字信号处理器(DSP)芯片的 CPU、存储器、总线结构、片内资源及其汇编语言程序设计方法，并且对 C 语言与汇编的接口、各种开发工具和最新的集成环境 CCS12.x(Code Composer Studio v12)的使用方法进行了详细的描述，最后给出了音视频系统应用示例。

本书的特点是注重教学内容的组织，由浅入深、循序渐进，提供了最小系统模板设计和最新软件的同步练习。

本书面向的读者是高等院校电子信息类专业的高年级本科生，也可作为具有 MCU 开发经验的研发人员的参考资料。

本书每章配有电子课件，其中有些章节还包括扩展资源和视频，可通过扫描相应位置的二维码或从出版社网站下载获取，用以帮助读者快速进入 DSP 应用系统。

图书在版编目（CIP）数据

TMS320C5000 系列 DSP 原理及应用 / 乔瑞萍，陈伟编著. -- 2 版.
西安 ：西安电子科技大学出版社, 2025. 1. -- ISBN 978-7-5606-7506-0

Ⅰ. TN911.72

中国国家版本馆 CIP 数据核字第 2025NP1743 号

策　　划　臧延新
责任编辑　王　斌　臧延新
出版发行　西安电子科技大学出版社（西安市太白南路 2 号）
电　　话　（029）88202421　88201467　　　邮　　编　710071
网　　址　www.xduph.com　　　　　　　　　电子邮箱　xdupfxb001@163.com
经　　销　新华书店
印刷单位　陕西天意印务有限责任公司
版　　次　2025 年 1 月第 2 版　　　　　　2025 年 1 月第 1 次印刷
开　　本　787 毫米×1092 毫米　1/16　　　印　张　17.5
字　　数　411 千字
定　　价　45.00 元
ISBN 978-7-5606-7506-0

XDUP 7807002-1

*** 如有印装问题可调换 ***

前　言

美国德州仪器(TI)是世界上最大的半导体公司之一，TI 的模拟、嵌入式处理以及无线技术已不断深入至工业、汽车、个人电子产品、通信设备和企业系统等生活的方方面面。目前我国大部分 CPU、GPU、DSP 处理器芯片设计企业依靠国外的 IP 核进行芯片设计，处于追赶地位。人工智能的兴起，给我国在处理器领域提供了实现弯道超车的机遇。因此，我们应该抓住这一机遇，培养一批掌握 DSP 智能芯片设计思想、具有自主创新能力的高端技术人才，以解决芯片"卡脖子"问题。我国目前自研的 DSP 已用于工业控制、新能源、电动汽车以及物联网等领域。

西安交通大学信通学院的"DSP 技术与应用"课程作为信息处理领域前沿类专业选修课程已开设 20 多年，本书作为该课程配套使用的教材，重点介绍了 TMS320C54x 系列 16 位定点 DSP，对最新的集成环境 CCSv12 进行了详细的描述，并给出了音视频系统应用示例。

本书第一版获得西安交通大学"十四五"规划教材建设立项，据读者反馈该教材具有技术新、示例新等显著特色。随着高性能 DSP 芯片和各种开发工具不断推陈出新，以及全国各高校课程体系改革，多种教学方式并举，我校近几年也采用了新的本科教学培养计划，将新工科理念融入工程教育全过程，用 AI 赋能教育，这些都促使作者对本书进行修订。

本次修订保留了第一版由浅入深、循序渐进的特点，作者对全书及对应的电子课件做了修改和补充。在第 1、2 章电子课件中融入了华为鲲鹏基于 ARMv8 架构及昇腾目标检测应用系统的介绍；由陈伟重点修改了第 7 章，毛新越对书中的一些程序进行了同步训练。考虑到"DSP 技术与应用"是一门实践性很强的课程，要求学生不仅会用 TMS320C54x 软件仿真器(Simulator)来调试 TMS320C54x 汇编程序，还应该能在 TI 公司提供的最新 DSP 开发工具 CCSv12 集成开发环境下，熟练上机解决实际问题，本书第 4 章提供了一些应用程序，这些程序在汇编语言环境下已通过上机调试，第 7 章给出基于 TMS320VC5505 EZDSP USB Stick 板卡在 CCSv12 上运行的一些示例及

CCSv12 的使用方法，并给出典型示例视频演示。CCSv12 不仅支持 DSP 开发，适于控制优化的 TMS320C2000 系列、低功耗的 TMS320C5000 系列及高性能的 TMS320C6000 系列，还支持 TI 公司其他处理器的编程开发，如 MSP430 单片机、基于 ARM 的处理器、基于 ARM 的微控制器、无线互联芯片。第 8 章的电子课件中还增添了两个高端智能的 DSP 应用系统示例：画卷视频预览和导航、全景泊车。这些修改和补充，可以引导学生快速入门，激发内驱力，开拓思维，有助于学生首岗胜任能力和再学习能力的培养。

在本书修订过程中，西安电子科技大学出版社给予了大力支持和积极推进，在此表示最诚挚的感谢。

由于编者水平有限，书中难免有疏漏之处，敬请广大读者批评指正。

编　者
2024 年 7 月

第一版前言

随着 DSP 技术的迅速发展，DSP 芯片的速度、性价比不断提高，并被广泛应用于控制、通信、图像处理等各个领域。美国德州仪器（简称 TI）公司在全球各应用领域主推三大 DSP 系列，它们分别是适于控制优化的 TMS320C2000 系列、低功耗的 TMS320C5000 系列及高性能的 TMS320C6000 系列。

随着全国各高校课程体系改革，多种教学方式并举，"DSP 技术与应用"专业课程和"DSP 应用专题实验"集中实践环节获得西安交通大学名教材、自制实验设备和混合式教学方法等教改项目支持；加之高性能 DSP 芯片和各种开发工具不断地推陈出新，DSP 技术已成为电子信息、通信、自动控制、仪器仪表类学生和从事相关领域研发的工程技术人员需要掌握的前沿技术。根据我校新的本科教学培养计划，将新工科理念融入工程教育全过程，在此基础上，本书针对 TI 公司的 TMS320C5000 系列 16 位定点 DSP 进行了介绍，该系列 DSP 是典型的数字信号处理器之一。

目前，国内 DSP 的参考书籍主要适合广大 DSP 技术开发人员，而适合学生和 DSP 初学者的参考书籍很少。编者针对这种情况，参阅了国内外参考书籍及 TI 公司的原版英文资料，结合多年的 DSP 教学经验编写了本书。本书按照适合于初学者的学习思路安排结构、组织内容，由浅入深、循序渐进，希望对广大学生、DSP 学习和使用者有所帮助。

全书共分 8 章，每章附有电子课件。第 1 章简述了 TMS320C54x 芯片结构的总体框架及 DSP 的数据类型。第 2 章、第 5 章及第 6 章分别详细介绍了 TMS320C54x 的 CPU 结构、存储器配置、总线结构及片内外设。第 3 章、第 4 章讨论了 TMS320C54x 的指令系统、汇编语言编程方法，第 3 章的指令课件资源运用大量动画展现了 DSP 复杂指令集的微观动作。考虑到"DSP 技术与应用"是一门实践性很强的课程，要求学生不仅会用 TMS320C54x 软件仿真器(Simulator)来调试 TMS320C54x 汇编程序，还应该能在 TI 公司提供的最新 DSP 开发工具 CCSv8 集成开发环境下，熟练上机解决实际问题，本书第 4 章提供了一些应用程序，这些程序在汇编语言环境下已通过上机调试。第 7 章、第 8 章给出了 TMS320C5000 最新开发工具的使用及其软硬件在语音方面的应用示例，第 7 章列出了基于 TMS320VC5505 EZDSP USB Stick 板卡运行 CCSv8 的一些示例的方法，并附有典型示例视频演示。CCSv8 不仅支持 DSP 开发，还支持 TI 公司其他处理器的编程开发，如 MSP430 单片机、ARM 处理器、无线互联芯片等，列出的示例有利于学生快速入门，激发其学习兴趣，促进其开拓思维并学以致用，培养学生亲自动手开发系统的综合实践能力。最后，第 8 章的电子课件中还增添了两个高端 DSP 应用系统示例。

本书由乔瑞萍主编，编写了第 1～6 章；王中方编写了第 7 章；崔涛编写了第 8 章；另外，党祺玮和翟沛源对书中的一些程序进行了同步训练；胡宇平、周猛、王效鹏给出了两个高端 TI DSP 竞赛的应用系统示例。

在本书编写过程中，西安电子科技大学出版社臧延新副社长给予了大力支持和积极推进，在此表示最诚挚的感谢。

本书是在作者主编的《TMS320C54x DSP 原理及应用》一书的基础上编写的，该书出版了两版，累计印刷了 15 次，共 48 000 册。据出版社统计，全国超过 50 所高校选用了本书，本书深受广大师生喜爱和好评；使用者也对本书提出了宝贵建议并希望出版新书，在此对广大读者深表感谢。

由于编者水平有限，加之 DSP 技术发展非常迅速，书中难免存在不足之处，敬请广大读者批评指正。

编　者
2020 年 6 月

目　录

第1章 绪　论

1.1 引　言

DSP 概述及运算基础

1. 数字信号处理概述

数字信号处理，或者说对信号的数字处理是 20 世纪 60 年代发展起来的，广泛应用于许多领域的新兴学科。它利用计算机或专用的数字设备对数字信号进行采集、变换、滤波、估值、增强、压缩和识别等加工处理，以得到符合人们需要的信号形式并进行有效的传输与应用。数字信号处理以许多经典的理论作为自己的理论基础(如随机过程、信号与系统等)，同时又使自己成为一系列新兴学科(如模式识别、神经网络等)的基础。数字信号处理的实现在理论和应用之间架起了一座桥梁。图 1-1 为一个典型的数字信号处理系统。

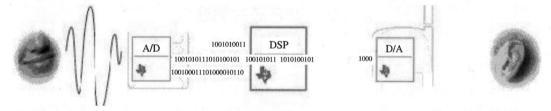

图 1-1　典型的数字信号处理系统

数字信号处理系统的输入信号可以有各种各样的形式，例如声音、图像、温度、压力等。假设输入的是语音信号，数字信号处理系统首先对语音信号进行带限滤波和抽样，根据奈奎斯特定理，抽样频率必须至少是输入带限信号最高频率的 2 倍，以防止信号频谱混叠，保证语音信息不丢失。然后进行 A/D(模/数)转换，即将输入的模拟信号(Analog Signal，在时域中时间和幅值连续变化的信号)按一定的时间间隔进行采样，并将采样值进行量化，得到相应的数字信号(Digital Signal，时间和幅值均为离散的信号)。数字信号处理芯片对输入的数字信号进行某种形式的语音处理，如语音压缩等，得到输出的数字信号后再经 D/A(数/模)转换器转换为模拟信号，最后此信号经低通滤波器就可得到平滑的模拟语音信号。

2. 单片机与数字信号处理器

单片机是从 Z80 发展而来的，它将微处理器和部分外围功能(如 ROM、RAM 及外部串口等)集成在一个芯片上，组成微型计算机。数字信号处理器(Digital Signal Processor，DSP)是功能更强大的单片机，是现代电子技术、大规模集成电路、计算机技术和数字信号处理技术相结合的产物，特别适合于数字信号处理运算，主要用于实时快速地实现各种数字信号处理算法(如卷积运算、FFT、DFT、矩阵乘法等)。所谓实时(Real-time)处理，是指数字信号处理与信号的输入和输出保持同步。DSP 芯片的诞生将理论研究结果广泛应用到实际生产生活当中，数字音乐播放器就是一个典型的应用，手机则是 DSP 芯片与单片机的综合应用。单片机适用于处理一些事务，如控制键盘；DSP 芯片则适用于处理密集型的运算，如语音压缩和解压缩、无线信道的调制与解调等。

DSP 芯片与单片机的主要区别在于数值处理和高速控制。DSP 有硬件乘法器，存储容量比单片机大得多。DSP 采用的是改进的哈佛(Harvard)结构，并广泛采用流水线技术，其程序空间和数据空间是相互独立分开的，有各自的地址与数据总线，这就使得指令和数据的处理可以同时进行，从而大大提高了效率。改进的哈佛结构允许数据在程序存储空间(即程序空间)和数据存储空间(即数据空间)之间传输，从而大大提高了运行速度和编程的灵活性。DSP 是运算密集型的，单片机是事务型的，单片机的中断比 DSP 少得多。DSP 芯片的 A/D 变换精度比单片机的高。

DSP 芯片内有多条数据、地址和控制总线，具有丰富的片内存储器(如 RAM、ROM、Flash 等)以及丰富的片内外设(如定时器、异步串口、同步串口、DMA(直接存储器访问)控制器、HPI 接口、A/D 转换器和通用 I/O 口等)。另外，它还有特殊指令：MAC(乘累加指令，可单周期同时完成乘法和加法运算)、RPTS 和 RPTB(硬件判断循环边界条件，以避免破坏流水线)；特殊寻址方式：位倒序寻址(实现 FFT 快速倒序)和循环寻址；特殊片内外设：可编程软件插入等待电路(便于与慢速设备进行接口通信)、数字锁相电路(有利于系统稳定)。

1.2 DSP 芯片概述

1. DSP 芯片的发展

美国德州仪器(Texas Instruments，TI)公司成功地推出了 DSP 芯片的一系列产品。TMS320 是包括定点、浮点和多处理器在内的数字信号处理器系列，其结构非常适合于进行实时信号处理。TI 公司在推出 TMS320C10 之后又相继推出 TMS320C11、TMS320C10/14/15/16/17 等，其中，TMS320C10 和 TMS320C11 采用 2.4 μm 的 NMOS 工艺，而其他几种则采用 1.8 μm 的 CMOS 工艺。这些芯片的典型工作频率为 20 MHz，它们代表了 TI 公司的第一代 DSP 芯片。TI 公司的 TMS320 系列 DSP 已经成为当今世界上最有影响力的 DSP 芯片，TI 公司也已经成为世界上最大的 DSP 芯片供应商。

第二代 DSP 芯片的典型代表是 TMS320C20、TMS320C25/26/28。在这些芯片中，TMS320C20 是一个过渡产品，其指令周期为 200 ns，与 TMS320C10 相当，而其硬件结构则与 TMS320C25 一致。在第二代 DSP 芯片中，TMS320C25 是一个典型的代表，其他芯片都是由 TMS320C25 派生出来的。TMS320C2xx 是第二代 DSP 芯片的改进型，其指令周期最短为 25 ns，运算能力达 40 MIPS。

TMS320C3x 是 TI 公司的第三代产品，包括 TMS320C30/31/32，它是第一代浮点 DSP。TMS320C31 是 TMS320C30 的简化和改进型，它在 TMS320C30 的基础上去掉了一般用户不常用的一些资源，降低了成本，是一个性价比较高的浮点处理器。TMS320C32 是 TMS320C31 的进一步简化和改进。TMS320C30 的指令周期为 50/60/74 ns；TMS320C31 的指令周期为 33/40/50/60/74 ns；TMS320C32 的指令周期则为 33/40/50 ns。

第四代 DSP 芯片的典型代表是 TMS320C40/44。TMS320C4x 系列浮点 DSP 是专门为实现并行处理和满足其他一些实时应用的需求而设计的，其主要性能包括 275 MOPS 的惊人速度和 320 MB/s 的吞吐量。

第五代 DSP 芯片 TMS320C5x/54x 是继 TMS320C1x 和 TMS320C2x 之后的第三代定点 DSP。TMS320C5x 有 TMS320C50/51/52/53 等多种产品，它们的主要区别是片内 RAM、ROM 等资源不同。TMS320C54x 是为实现低功耗、高性能而专门设计的 16 位定点 DSP，主要应用于无线通信系统中。该芯片的内部结构与 TMS320C5x 的不同，因而其指令系统与 TMS320C5x 和 TMS320C2x 的是互不兼容的。

第六代 DSP 芯片的典型代表是 TMS320C62x/C67x/C64x/C674x 等，目前速度最快达 1.5 GHz。TMS320C62x 是 TI 公司于 1997 年开发的一种新型定点 DSP。该 DSP 的内部结构与以往的 DSP 不同，集成了多个功能单元，可同时执行 8 条指令，运行速度快，指令周期为 5 ns，运算能力达 1600 MIPS。这种芯片适合于无线基站、无线 PDA、组合 Modem、GPS 导航等需要大运算能力的场合。TMS320C67x 是 TI 公司继 TMS320C62x 后开发的一种新型浮点 DSP。该 DSP 的内部结构在 TMS320C62x 的基础上加以改进，同样集成了多个功能单元，可同时执行 8 条指令，指令周期为 6 ns，运算能力可达 1 G FLOPS。TI 公司于 2005 年 9 月 8 日宣布推出首款基于达芬奇(DaVinci)技术的产品，以简化数字视频创新。DaVinci DM6446 与 OMAP3530 是 TI 公司推出的两款 ARM + DSP 异构双核架构平台。DaVinci 平台主要面向数字音/视频和图像处理，OMAP 平台主要面向移动通信和便携设备。

图 1-2 给出了 TMS320 系列 DSP 的发展示意图。

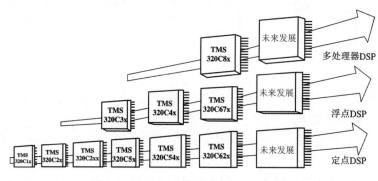

图 1-2 TMS320 系列 DSP 的发展示意图

TMS320C1x、TMS320C2x、TMS320C2xx、TMS320C5x、TMS320C54x 和 TMS320C62x 为定点 DSP；TMS320C3x、TMS320C4x 和 TMS320C67x 为浮点 DSP。

TI 公司除了生产定点和浮点两类 DSP 之外，还推出了集多片 DSP 芯片于一体的高性能 DSP——TMS320C8x。该 DSP 内部集成了 5 个微处理器，处理速度达到 20 亿次/s，与外部交换数据的速度为 400 MB/s，特别适合于电视会议等多媒体应用。

同一代 TMS320 系列 DSP 的 CPU 结构是相同的，但其片内存储器(包括 RAM、ROM、Flash、EPROM 等)和片内外设(包括串口、并口、主机接口、DMA、定时器等)的电路配置是不同的。因为外围电路不同，所以构成的系列也就不同。由于片内集成了存储器和外围电路，因此 TMS320 系列 DSP 的系统成本低，并且节省了电路板的空间。

2. TMS320 系列 DSP 的典型应用

自从 20 世纪 70 年代末第一个 DSP 芯片诞生以来，DSP 芯片取得了飞速的发展，已经在信号处理、音/视频、通信、消费、军事等诸多领域得到了广泛的应用。随着 DSP 芯片性价比的不断提高和单位运算量功耗的显著降低，DSP 芯片的应用领域将会不断扩大。表 1-1 列出了 TMS320 系列 DSP 的典型应用。

表 1-1　TMS320 系列 DSP 的典型应用

音　　频	视频和影像	宽带解决方案	无线通信	数字控制
音/视频接收机	数码相机	802.11 无线局域网络	蓝牙解决方案	数字电源
数字广播	多功能打印机	线缆解决方案	2.5 G 和 3 G 的 OMAP	• 开关电源
数字音频	网上媒体	DSL 解决方案	射频产品	• 不间断电源
网络音频	视频和影像产品	企业 IP 电话	无线芯片组	
	有线数字媒体	分组网络语音(VoIP)	无线基础设施	
	• IP 视频电话	VoIP 网关解决方案		
	• 监控系统			
	• 视频统计型多工机			
汽　　车	电　机　控　制	电　话　设　备	光　　网	安　　全
车身系统	HVAC	用户端电话设备	光层应用	生物识别
底盘系统	工业控制/电机驱动	嵌入式 Modem	实体层应用	
汽车网络信息系统	电源工具			
传动系统	打印机/影印机			
安全系统	大型家电			
防盗系统				

TI 公司作为全球 DSP 的领导者，目前主推 3 个系列 DSP：TMS320C2000、TMS320C5000 和 TMS320C6000。其中包括多个子系列、数十种 DSP 芯片，为用户提供了广泛的选择，以满足各种不同应用的需求。

TMS320C2000 系列 DSP 主要用于代替微控制器(MCU)，应用于各种工业控制领域，尤其是电机控制领域。

TMS320C5000 系列 DSP 是 16 位定点 DSP，它主要应用于通信和消费类电子产品，如手机、数码相机、无线通信基础设备、VoIP 网关、IP 电话和数字音乐播放器等。

TMS320C6000 系列 DSP 主要应用于高速宽带和图像处理等高端应用，如宽带通信、3G 基站和医疗图像处理等。

1.3　运　算　基　础

1.3.1　数据格式

DSP 有定点 DSP 和浮点 DSP 两种。本书介绍的 TMS320C54x 是 16 位定点 DSP。在定点 DSP 中，数据有两种基本的表示方法：整数表示方法和小数表示方法。

1. 整数

DSP 芯片和所有微处理器一样，以 2 的补码形式表示有符号数。16 位定点 DSP 的整数表示为 Sxxxxxxxxxxxxxxx，其中最高位 S 为符号位，0 代表正数，1 代表负数，其余位为数据位，数的范围为 $-32\,768 \sim 32\,767$。整数的最大取值范围取决于 DSP 的字长，字长越长，所能表示的数值范围越大，精度越高。假定一个整数的字长为 n，则其数的范围为 $-2^{n-1} \sim 2^{n-1} - 1$，整数的最小分辨率为 1。

【例 1】 设字长 n = 8，将 0100 1011B 和 1111 1101B 带符号整数的二进制转换为十六进制数和十进制数。

解 正整数 $0100\ 1011B = 4BH = 2^6 + 2^3 + 2^1 + 2^0 = 64 + 8 + 2 + 1 = 75$

负整数 $1111\ 1101B = FDH = -3$

在本书介绍的 TMS320C54x DSP 中，整数一般用于控制操作、地址计算和其他非信号处理的应用。

2. 小数

在 16 位定点 DSP 中，小数表示为 S.xxxxxxxxxxxxxxx，最高位 S 为符号位，0 代表正小数，1 代表负小数，其他的各位采用 2 的补码表示，小数点紧接着符号位，无整数位。数的范围为 $(-1,1)$，小数的最小分辨率为 2^{-15}。

【例 2】 仍设字长 n = 8，将 0.101 0000B 和 1.101 0000B 带符号小数的二进制数转换为十进制数。

解 正小数 $0.101\ 0000B = 2^{-1} + 2^{-3} = 0.5 + 0.125 = 0.625$

负小数 $1.101\ 0000B = -1 + 2^{-1} + 2^{-3} = -1 + 0.5 + 0.125 = -0.375$

对于求负小数的十进制真值，也可先求数值位的原码，即对 1.101 0000B 求补（符号位不参与求补运算），然后再求真值，即

$$[1.101\ 0000B]_{补} = 1.011\ 0000B = -(2^{-2} + 2^{-3}) = -(0.25 + 0.125) = -0.375$$

小数主要用于数字和各种信号处理算法的计算。

3. 数的定标

显然，定点表示并不意味着就一定是整数表示。在许多情况下，需要由编程来确定一个数的小数点的位置，即数的定标。对于定点数的表示，最常用的是 Q 表示法或 Qm.n 表示法。它可将整数和小数表示方法统一起来。其中，m 表示数的 2 补码的整数部分，n 表示数的 2 补码的小数部分，有 1 位符号位，数的总字长为 m + n + 1 位。数的范围为 $-2^m \sim 2^m - 1$，小数的最小分辨率为 2^{-n}。表 1-2 给出了 Q 表示法及其表示的十进制数范围。

表 1-2 Q 表示法及其表示的十进制数范围

Q 表示法	十进制数范围	Q 表示法	十进制数范围
Q0.15	$-1 \leqslant x \leqslant 0.999\ 969\ 5$	Q8.7	$-256 \leqslant x \leqslant 255.992\ 187\ 5$
Q1.14	$-2 \leqslant x \leqslant 1.999\ 939\ 0$	Q9.6	$-512 \leqslant x \leqslant 511.980\ 437\ 5$
Q2.13	$-4 \leqslant x \leqslant 3.999\ 877\ 9$	Q10.5	$-1024 \leqslant x \leqslant 1023.968\ 75$
Q3.12	$-8 \leqslant x \leqslant 7.999\ 755\ 9$	Q11.4	$-2048 \leqslant x \leqslant 2047.937\ 5$
Q4.11	$-16 \leqslant x \leqslant 15.999\ 511\ 7$	Q12.3	$-4096 \leqslant x \leqslant 4095.875$
Q5.10	$-32 \leqslant x \leqslant 31.999\ 023\ 4$	Q13.2	$-8192 \leqslant x \leqslant 8191.75$
Q6.9	$-64 \leqslant x \leqslant 63.998\ 046\ 9$	Q14.1	$-16\,384 \leqslant x \leqslant 16\,383.5$
Q7.8	$-128 \leqslant x \leqslant 127.996\ 093\ 8$	Q15.0	$-32\,768 \leqslant x \leqslant 32\,767$

由表 1-2 可见，同一个 16 位数，由于小数点设定的位置不同，所表示的数据就不相同。但对于 DSP 芯片来说，处理方法是完全相同的。

另外，从表 1-2 中还可以看出，不同的 Q 表示法所表示的数值范围不同，并且精度也不同。当 DSP 的字长一定时，数值范围与精度是一对不可调和的矛盾，数值范围越大，精度就越低；反之，则精度越高。在实际运算中，一定要充分考虑到这一点。下面举例说明几种常用的 Q 表示法格式。

1) Q15.0 格式

Q15.0 格式的字长为 16 位，其每位的具体表示为 Sxxxxxxxxxxxxxxx。其中，最高位 S 为符号位，接下来的 x 为 15 位 2 补码的整数，高位在前，无小数位。这实际就是数的整数形式。Q15.0 格式表示数的范围为 $-2^{15} \sim 2^{15} - 1$，小数的最小分辨率为 1。

2) Q3.12 格式

Q3.12 格式的字长为 16 位，其每位的具体表示为 Sxxx.yyyyyyyyyyyy。其中，最高位 S 为符号位，接下来的 3 位 x 为 2 补码的整数位，高位在前，后面的 12 位 y 为 2 补码的小数位。Q3.12 格式表示数的范围为 $-2^3 \sim 2^3 - 1$，小数的最小分辨率为 2^{-12}。

3) Q0.15(或 Q.15)格式

Q.15 格式的字长为 16 位，其每位的具体表示为 S.xxxxxxxxxxxxxxx。其中，最高位 S 为符号位，接下来的为 2 补码的 15 位小数位，小数点紧接着符号位，无整数位。Q.15 格式表示数的范围为(-1，1)，小数的最小分辨率为 2^{-15}。这实际上就是数的纯小数形式。对于 16 位定点数字信号处理器 TMS320C54x 来说，Q.15 是在程序设计中最常用的格式。例如，TI 公司提供的数字信号处理应用程序库 DSPLIB 就主要采用这种数据格式。

4) Q0.31(或 Q.31)格式

Q.31 格式的字长为 32 位，需要 2 个字长为 16 位的存储器来表示。它实际上是 Q.15 格式的扩展表示。其每位的具体表示为 S.xxxxxxxxxxxxxxxxxxxxxxxxxxxxxxx。其中，高 16 位的最高位 S 为符号位，接下来的为 2 补码的 31 位小数位，小数点紧跟着符号位，无整数位。Q.31 格式表示数的范围为(-1，1)，小数的最小分辨率为 2^{-31}。

4. 定点数格式的选择

在具体应用中，为保证在整个运算过程中数据不会溢出，应选择合适的数据格式。例如，对于 Q.15 格式，其数的范围为(-1，1)，这样就必须保证在所有运算中，其结果都不能超过这个范围；否则，芯片将结果取其极大值 -1 或 1，而不管其真实结果为多少。为了确保不会出现溢出，在数据参加运算前，首先应估计数据及其结果的动态范围，选择合适的格式对数据进行规格化。例如，假设有 100 个 0.5 相加，采用 Q.15 格式进行运算，其结果将超过 1。为了保证结果正确，可先将 0.5 规格化为 0.005 后再进行运算，然后将所得结果反规格化。因此，定点数格式的选择实际上就是根据 Qm.n 表示法来确定数据的小数点位置的。

5. 定点数格式的转换

对于同一个用二进制表示的定点数，当采用不同的 Qm.n 表示法时，其代表的十进制数是不同的。例如：

· 用 Q15.0 表示法，十六进制数 3000H = 12 288。

· 用 Q0.15 表示法，十六进制数 3000H = 0.375。

·用 Q3.12 表示法，十六进制数 3000H = 3。

当两个不同 Q 格式的数进行加/减运算时，通常必须将动态范围较小的格式的数转换为动态范围较大的格式的数。十进制数真值与定点数的转换关系如下：

- 十进制数真值(x)转换为定点数(x_q)：$x_q = (int)x \times 2^Q$。
- 定点数(x_q)转换为十进制数真值(x)：$x = (float)x_q \times 2^{-Q}$。

例如，设十进制数 x = 0.5，而 Q = 15，则定点数为

$$x_q = [0.5 \times 32\,768] = 4000H$$

式中，[ ] 表示取整。反之，一个用 Q = 15 表示的定点数 4000H，其对应的十进制数为

$$16\,384 \times 2^{-15} = 16\,384/32\,768 = 0.5$$

在 DSP 的汇编语言源程序中，不能直接写入十进制小数，如果要定义一个小数 0.707，则可以写成 .word 32 768 × 707/1000，不能写成 32 768 × 0.707。32 768 表明是 Q.15 格式。

下面将详细说明这两种转换方法：

(1) 将十进制数表示成 Qm.n 格式。首先将数乘以 2^n，变成整数，再将整数转换成相应的 Qm.n 格式。

例如，设 y = −0.125，将 y 表示成 Q.15 及 Q3.12 格式。则解决方法有：① 先将 − 0.125 乘以 2^{15} 得到 −4096，再将−4096 表示成 2 的补码数为 F000H，这也就是 −0.125 的 Q.15 格式表示；② 若要将 −0.125 表示成 Q3.12 格式，则将 −0.125 乘以 2^{12} 得到 −512，再将其表示成 2 的补码数为 FE00H，这也就是 −0.125 的 Q3.12 格式表示。

(2) 将某种动态范围较小的 Qm.n 格式转换为动态范围较大的 Qm.n 格式。对于不同动态范围的数据运算，在某些情况下会损失动态范围较小的格式的数的精度。例如，若 6.525 + 0.625 = 7.15，则 6.525 和结果 7.15 需要采用 Q3.12 格式才能保证其动态范围。若 0.625 原来用 Q.15 格式表示，则需要先将它表示成 Q3.12 格式后再进行运算，当然，最后的结果也为 Q3.12 格式。根据运算结果的动态范围，可直接将数据右移，将数据转换成结果所需的 Qm.n 格式，这时原来格式的最低位将被移出，高位则进行符号扩展。下面分几种情况具体说明带符号数据的运算及转换过程。

1.3.2　定点算术运算

在 DSP 运算中，根据数据的范围和精度要求，可采用不同的 Qm.n 数据格式。通常，将数据表示成纯整数 Q15 格式和纯小数 Q.15 格式，这样便于乘法等运算，即整数相乘的结果仍为整数，小数相乘的结果仍为小数。

1. 两个定点数的加/减法

定点数的加/减法必须保证两个操作数的格式一致。如果两个数的动态范围不同，则可将动态范围小的数调整为与另一个数的动态范围一样大，但必须在保证数据精度不变的前提下。另外，注意有符号和无符号数加/减运算的溢出问题。

【例 3】　若 x、y 为正数，x = 4.125，y = 0.125，求 x + y。

解　x = 4.125，采用 Q3.12 格式表示的十六进制码为 $x \times 2^{12} = 4.125 \times 2^{12} = 4200H$；

y = 0.125，采用 Q.15 格式表示的十六进制码为 $y \times 2^{15} = 0.125 \times 2^{15} = 1000H$。

由于 Q3.12 格式与 Q.15 格式的整数位相差 3 位，因此将 y 的 Q.15 格式表示的十六进制码 1000H 右移 3 位；由于 1000H 为正数，因此将整数部分补零，得到用 Q3.12 格式表示的 0.125 为 0200H。将 4200H 加上 0200H 得到 4400H，该数的格式为 Q3.12，x + y = 4.25。

【例 4】 若 x 为正数，y 为负数，x = 5.625，y = −0.625，求 x + y。

解　x = 5.625，采用 Q3.12 格式表示的十六进制码为 5A00H；

y = −0.625，采用 Q.15 格式表示的十六进制码为 B000H。

将 y 表示为 Q3.12 格式时，将它右移 3 位，因为是负数，所以整数部分符号位扩展后的结果为 F600H。将 F600H 加到 5A00H 上，结果为 5000H，x + y 的 Q3.12 格式的值等于 5。

【例 5】 若 x、y 为负数，x = −1.625，y = −0.125，求 x + y。

解　x = −1.625，采用 Q3.12 格式表示的十六进制码为 E600H；

y = −0.125，采用 Q.15 格式表示的十六进制码为 F000H。

将 y 表示为 Q3.12 格式后，其十六进制码为 FE00H。将 FE00H 加到 E600H 上，结果为 E400H，x + y 的 Q3.12 格式的值等于 −1.75。

【例 6】 若 x 为负数，y 为正数，x = −4.025，y = 0.425，求 x + y。

解　x = −4.025，采用 Q3.12 格式表示的十六进制码为 BF9AH；

y = 0.425，采用 Q.15 格式表示的十六进制码为 3666H。

将 y 表示为 Q3.12 格式后，其十六进制码为 06CCH。将 06CCH 加到 BF9AH 上，结果为 C666H，x + y 的 Q3.12 格式的值等于 −3.6，结果正确。

说明：定点数的减法可以通过将减数变补，转换为加法进行运算。

2. 两个定点数的乘法

两个 16 位定点数的乘法分以下几种情况。

1) 纯小数乘以纯小数(数据用 Q.15 表示)

$$Q.15 \times Q.15 = Q.30$$

$$
\begin{array}{ll}
\text{S.xxxxxxxxxxxxxxx} & ; Q.15 \\
\times\quad \text{S.yyyyyyyyyyyyyyy} & ; Q.15 \\
\hline
\text{SS.zzzzzzzzzzzzzzzzzzzzzzzzzzzzzz} & ; Q.30
\end{array}
$$

两个 Q.15 的小数相乘后得到一个 Q.30 的小数，即有两个符号位，造成错误结果。一般情况下，相乘后得到的双精度数不必全部保留，而只需保留 16 位单精度数。由于相乘后得到的高 16 位不满足 15 位的小数精度(因为高两位均为符号位)，因此为了达到 15 位精度，可将乘积左移 1 位，去掉冗余符号位。

【例 7】 $0.5 \times 0.5 = 0.25$。

解

$$
\begin{array}{ll}
0.100000000000000 & ; Q.15 \\
\times\quad 0.100000000000000 & ; Q.15 \\
\hline
00.0100000000000000000000000000000 = 0.25 & ; Q.30
\end{array}
$$

2) 整数乘整数(数据用 Q15.0 表示)

$$Q15.0 \times Q15.0 = Q30.0$$

【例 8】 12 × (−5) = −60。

解
```
              0000000000001100        (12)    ; Q15.0
          ×   1111111111111011        (−5)    ; Q15.0
          ─────────────────────────────────────────────
   11111111111111111111111111000100   (−60)   ; Q30.0
```

3) 混合表示法

两个 16 位整数相乘，乘积总是"向左增长"，积为 32 位，难于进行后续的递推运算；两个小数相乘，乘积总是"向右增长"，并且存储高 16 位乘积，用较少资源来保存结果(这是 DSP 芯片采用小数乘法的原因)，用于递推运算。

在许多情况下，运算过程中为了既满足数值的动态范围，又保证一定的精度，就必须采用 Q15.0 与 Q.15 之间的 Q 表示法，即混合表示。例如，数值 1.0125 显然用 Q.15 格式无法表示，而若用 Q15.0 格式表示，则最接近的数是 1，精度无法保证。因此，数值 1.0125 最佳的表示法格式是 Q1.14 格式。

【例 9】 1.5 × 0.75 = 1.125。

解
```
            01.10000000000000    (1.5)   ; Q1.14
        ×   00.11000000000000    (0.75)  ; Q1.14
      ──────────────────────────────────────────
     0001.00100000000000000000000000000 = 1.125  ; Q2.13
```

由于 Q1.14 的最大值不大于 2，因此 2 个 Q1.14 数相乘得到的乘积不大于 4。

在一般情况下，若一个数的整数位为 i 位，小数位为 j 位，而另一个数的整数位为 m 位，小数位为 n 位，则这两个数的乘积为(i + m)位整数位和(j + n)位小数位。这个乘积的最高 16 位可能的精度为(i + m)位整数位和(15 − i − m)位小数位。

但是，若事先了解数的动态范围，就可以增加数的精度。例如，程序员了解到上述乘积不会大于 1.8，就可以用 Q1.14 格式表示乘积，而不是理论上的最佳表示法格式，即 Q2.13 格式。

3. 两个定点数的除法

在通用 DSP 芯片中，一般不提供单周期的除法指令，为此必须采用除法子程序来实现。二进制除法是乘法的逆运算。乘法包括一系列的移位和加法，而除法可分解为一系列的减法和移位。下面说明除法的实现过程。

设累加器为 8 位，并且除法运算为 91 除以 4。除的过程就是除数逐步移位并与被除数比较的过程。在这个过程中，每一步都进行减法运算，如果够减，则将 1 插入商中，否则补 0。

除法一般用有规律的减法去做，例如：

```
              1 0 1 1 0       商 22           被除数位置不动
   0100 / 0 1 0 1 1 0 1 1     被除数 91        商位置不动
          0 1 0 0              除数 4          除数右移
        ───────────
   右移 3 位    1 1 0
              ↘ 1 0 0
            ───────
              1 0 1
              1 0 0
            ───────
                1 1    余 3
```

    TMS320C54x 利用带条件减法指令 SUBC 来实现除法运算，除数不动，被除数、商左移。TMS320 没有专门的除法指令，但使用条件减法指令 SUBC 加上重复指令 RPT 就可以完成有效灵活的除法功能。使用 SUBC 指令的唯一限制是两个操作数必须为正数。程序员必须事先了解其可能的运算数的特性，如其商是否可以用小数表示及商的精度是否可被计算出来。每一种考虑都会影响到如何使用 SUBC 指令的问题。

    如上例中：

(1) 被除数减除数：

$$
\begin{array}{r}
0\,1\,0\,1\,1\,0\,1\,1 \\
-\quad 0\,1\,0\,0\quad\quad\quad \\
\hline
0\,0\,0\,1\,1\,0\,1\,1
\end{array}
$$

(2) 以上减法够减，将下余被除数左移一位后加 1(即商最高位为 1，以假想虚线与前隔之)再减：

$$
\begin{array}{r}
0\,0\,1\,1\,0\,1\,1 \vdots 1 \\
-\quad 0\,1\,0\,0\quad\quad\quad \\
\hline
1\,1\,1\,1\,0\,1\,1\,1
\end{array}
$$

(3) 以上减法不够减，则放弃减法结果，下余被除数再左移一位再减，商次位补 0：

$$
\begin{array}{r}
0\,1\,1\,0\,1\,1 \vdots 1\,0 \\
-\quad 0\,1\,0\,0\quad\quad\quad \\
\hline
0\,0\,1\,0\,1\,1 \vdots 1\,0
\end{array}
$$

(4) 以上减法够减，将下余被除数左移一位后加 1 再减，第 3 位商为 1：

$$
\begin{array}{r}
0\,1\,0\,1\,1 \vdots 1\,0\,1 \\
-\quad 0\,1\,0\,0\quad\quad\quad \\
\hline
0\,0\,0\,1\,1 \vdots 1\,0\,1
\end{array}
$$

(5) 以上减法够减，将下余被除数左移一位后加 1 再减，第 4 位商为 1：

$$
\begin{array}{r}
0\,0\,1\,1 \vdots 1\,0\,1\,1 \\
-\quad 0\,1\,0\,0\quad\quad\quad \\
\hline
1\,1\,1\,1 \vdots 1\,0\,1\,1
\end{array}
$$

(6) 以上减法不够减，则放弃减法结果，原下余被除数再左移一位，得最后结果(假想的虚线左侧为余数，右侧为商)：

$$
0\,1\,1 \vdots 1\,0\,1\,1\,0
$$

即商为 10110B = 22，余数为 011B = 3。

    在浮点 DSP 中，数据既可以表示成整数，也可以表示成浮点数。由于浮点数在运算中表示数的范围时其指数可自动调节，因此可避免数的规格化和溢出等问题，但浮点 DSP 一般比定点 DSP 复杂，成本也更高。

第 2 章　TMS320C54x 的 CPU 结构和存储器配置

TMS320C5000 系列 DSP 凭借其高速度、低功耗、小型封装和最佳电源效率的完美组合,广泛应用于便携设备及无线通信等领域。该系列 DSP 包含程序代码兼容的 TMS320C54x 和 TMS320C55x 定点 DSP。本书重点介绍 TMS320C54x。

2.1　TMS320C54x DSP 的结构

CPU 结构和存储器配置

2.1.1　TMS320C54x DSP 的基本结构

图 2-1 和图 2-2 分别给出了 TMS320C54x 的组成框图及功能框图。

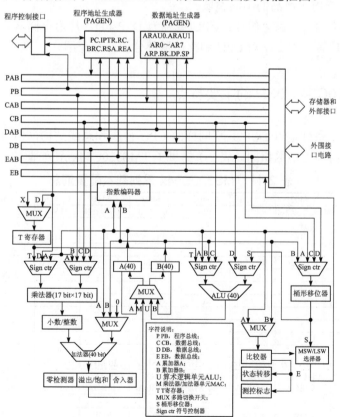

图 2-1　TMS320C54x 的组成框图

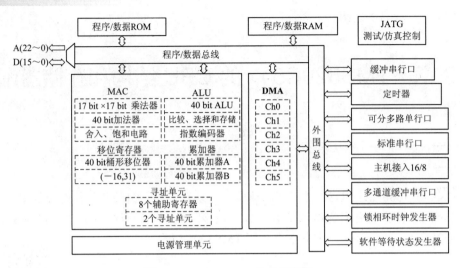

图 2-2　TMS320C54x 的功能框图

TMS320C54x 是 16 bit 定点 DSP。TMS320C54x 的中央处理单元(CPU)具有改进的哈佛结构、低功耗设计和高度并行性等特点。除此之外，高度专业化的指令系统可以全面地发挥系统性能。我们使用 TMS320C54x 的专用硬件逻辑的 CPU，再配以按照用户需要所选择的片内存储器和片内外设，可组成用户的 ASIC(Application Specific Integrated Circuit，专用集成电路)以应用于电子产品的不同领域。

TMS320C54x 由几个部分组成：CPU(或称为 DSP 核)、片内存储器、外围电路、总线以及外部总线接口等。本章仅对 CPU 和存储器部分做详细介绍。

2.1.2　TMS320C54x DSP 的主要特点

TMS320C54x 系列定点 DSP 共享同样的 CPU 内核和总线结构，但每一种器件片内存储器的配置和片内外设不尽相同。表 2-1 提供了 TMS320C54x 系列基本配置汇总。

表 2-1　TMS320C54x 系列基本配置汇总

Features	C5401	C5402	C5404	C5407	C5409	C5410	C5416	C5420	C5441	C5470
MIPS	50	30/80/100/160	120	120	30～160	100～160	160	200	532	100
RAM/K	8	16	16	40	32	64	128	200	640	72
ROM/K	4	4/16	64	128	16	16	16	—	—	—
McBSP	2	2	3	3	3	3	3	6	12	2
HPI	8 bit	8/16 bit	8/16 bit	8/16 bit	8/16 bit	8/16 bit	8/16 bit	16 bit	8/16 bit	—
DMA	6 ch	6 ch	6 ch	6 ch	6 ch	6 ch	6 ch	12 ch	24 ch	6 ch
USB	—	—	—	—	—	—	—	—	—	—
UART	—	—	X	X	—	—	—	—	—	2
I^{2}C	—	—	—	—	—	—	—	—	—	1
Timer	2	2	2	2	1	1	1	2	4	3
Core Voltage/V	1.8	1.8/1.5	1.5	1.5	1.5	1.5	1.5	1.8	1.5	1.8
Power/mW	40 (50 MHz)	60 (100 MHz)	50 (100 MHz)	50 (100 MHz)	72 (100 MHz)	80 (120 MHz)	90 (160 MHz)	266 (100 MHz)	550 (133 MHz)	200 (100 MHz)
Package	144LQFP 144BGA	144LQFP 144BGA	144LQFP 144BGA	144LQFP 144BGA	144LQFP 144BGA	144LQFP 144BGA	144LQFP 144BGA	144LQFP 144BGA	176LQFP 169BGA	257BGA
Samples	—	—	—	—	—	—	—	—	—	—
Production	NOW	NOW	NOW	NOW	NOW	NOW	NOW	NOW	NOW	NOW
Price	$3.87	$5～$9.9	$10.02	$15.56	$7.50～$14	$16～$19	$24	$50	$100	$17.57

TMS320C54x 的主要特征如下：

(1) 中央处理单元(CPU)利用其专用的硬件逻辑和高度并行性提高芯片的处理性能。

• 1 条程序总线、3 条数据总线和 4 条地址总线组成的改进型哈佛结构，提供了更快的速度和更高的灵活性。

• 40 bit 的算术逻辑单元(ALU)包括 40 bit 桶形移位器、2 个独立的 40 bit 累加器 A 和 40 bit 累加器 B。

• 17 bit × 17 bit 并行乘法单元和专用的 40 bit 加法器用于无等待状态的单周期乘累加(MAC)运算。

• 比较、选择和存储单元(CSSU)能够完成维特比(Viterbi，通信中的一种编码方式)的加法/比较/选择操作。

• 指数编码器可以在单周期内对 40 bit 累加器进行指数运算。

• 两个地址发生器包括 8 个辅助寄存器(AR0～AR7)和 2 个辅助寄存器算术运算单元(ARAU0、ARAU1)。

• TMS320C5420 还包括一个双 CPU 的结构。

(2) 存储器具有 192 K 字可寻址存储空间(包括 64 K 字程序存储空间、64 K 字数据存储空间和 64 K 字 I/O 空间)。其中，TMS320C548、TMS320C549、TMS320C5402、TMS320C5410 和 TMS320C5420 的程序存储空间可以扩展到 8 M 字。

(3) 高度专业化的指令集能够快速地实现算法并用于高级语言编程优化。其包括：

• 单指令重复和块指令重复。

• 用于更好地管理程序存储器和数据存储器的块移动指令。

• 32 位长整数操作指令。

• 指令同时读取 2 或 3 个操作数。

• 并行存储和加载的算术指令。

• 条件存储指令。

• 快速中断返回。

(4) 片内外设和专用电路采用模块化的结构设计，可以快速地推出新的系列产品。其包括：

• 可编程软件等待状态发生器。

• 可编程分区转换逻辑电路。

• 可使用内部振荡源或外部振荡源的锁相环(Phase-Locked Loops，PLL)时钟发生器。当使用外部振荡源时，内部允许使用多个值对芯片倍频。

• 外部总线接口可以禁止或允许外部数据总线、地址总线和控制线的输出。

• 数据总线支持总线挂起的特征。

• 可编程定时器。

• 8 bit 并行主机接口(HPI)。

• 串行口(串行接口，简称串口)：全双工串口(支持 8 bit 或 16 bit 数据传送)、时分多路(TDM)串口和缓冲(BSP)串口。

(5) TMS320C54x 执行单周期定点指令的时间为 25/20/15/12.5/10 ns，每秒指令数为 40/50/66/80/100 MIPS。

(6) TMS320C54x 电源由 IDLE1、IDLE2 和 IDLE3 功耗下降指令控制功耗，以便 DSP 工作在节电模式下，使之更适合于手机。其控制 CLKOUT 引脚的输出，节省功耗。

(7) 片上仿真接口(片上 JTAG 接口)符合 IEEE1149.1 边界扫描逻辑接口标准，可与主机连接，用于芯片的仿真和测试。

2.2   TMS320C54x 的总线结构

TMS320C54x DSP 片内由 8 组 16 bit 总线(1 组程序总线、3 组数据线和 4 组地址总线)构成。1 组程序总线(PB)传送从程序存储器装载的指令代码和立即数。3 组数据总线(CB、DB 和 EB)负责将片内的各种器件相互连接，例如 CPU、数据地址产生逻辑、程序地址产生逻辑、片内外设和数据存储器等。其中，CB 和 DB 总线传送从数据存储器读取的操作数；EB 总线用来把操作数写到数据存储器。4 组地址总线(PAB，CAB、DAB 和 EAB)负责装载指令执行所需要的地址。其中，程序读/写使用 PAB 地址总线；数据读使用 DAB 和 CAB 地址总线；数据写使用 EAB 地址总线。

TMS320C54x 能利用 2 个辅助寄存器算术单元(ARAU0 和 ARAU1)在同一个周期内生成 2 个数据存储器地址。

PB 能加载保存于程序空间的操作数(如系数表)，并将操作数传送到乘法器和加法器中进行乘累加运算，或利用数据移动指令(MVPD 和 READA)把程序空间的数据传送到数据空间。这种性能与双操作数读取的特性一起，使 TMS320C54x 支持单周期三操作数指令，如 FIRS 指令。

TMS320C54x 还有一组双向的片内总线用于访问片内外设，这组总线轮流使用 DB 和 EB 与 CPU 连接。访问者使用这组总线进行读/写操作需要两个或更多的周期，具体所需周期数取决于片内外设的结构。表 2-2 给出了总线访问类型。

表 2-2   总线访问类型

访问类型	地址总线				数据总线			
	PAB	CAB	DAB	EAB	PB	CB	DB	EB
程序读	√				√			
程序写	√							√
单数据读			√				√	
双数据读		√	√			√	√	
32 bit 长数据读		√	√			√	√	
		hw	lw			hw	lw	
单数据写				√				√
数据读/写			√	√			√	√
双数据读/系数读	√	√	√		√	√	√	
外设读			√					
外设写				√				√

注：hw 表示高 16 bit 字，lw 表示低 16 bit 字。

2.3　TMS320C54x 的 CPU 结构

CPU 是 DSP 芯片中的核心部分，是用来实现数字信号处理运算和高速控制功能的部件。CPU 内的硬件构成决定了其指令系统的性能。TMS320C54x 的 CPU 包括：

- 40 位算术逻辑单元(ALU)。
- 2 个独立的 40 位的累加器 A、B。
- 桶形移位器(Barrel Shifter)。
- 乘法器/加法器单元(Multiplier/Adder Unit)。
- 比较、选择和存储单元(CSSU)。
- 指数编码器(EXP Encoder)。
- CPU 状态和控制寄存器(ST0、ST1 和 PMST)。
- 寻址单元(Addressing Unit)。

下面从应用角度分别介绍 CPU 各部分的功能。

2.3.1　算术逻辑单元

我们使用算术逻辑单元(ALU)和 2 个累加器(A、B)能够完成二进制的补码运算，同时，ALU 还能够完成布尔运算。算术逻辑单元的输入操作数可以来自：

- 16 位的立即数。
- 数据存储器中的 16 位字。
- 暂存器 T(T 寄存器)中的 16 位字。
- 数据存储器中读出的 2 个 16 位字。
- 累加器 A 或 B 中的 40 位数。
- 桶形移位器的输出。

ALU 的输出为 40 位，被送往累加器 A 或 B。ALU 可被作为 2 个 16 位的独立 ALU 看待，并在状态寄存器 ST1 中的 C16 位置 1 时，可同时完成两次 16 位操作。ALU 的进位标志位受大多数算术 ALU 指令的影响，在硬件复位时，进位标志位 C 置 1。当算术逻辑运算发生溢出且状态寄存器 ST1 中的 OVM=1 时，若是正向溢出，则用 32 位最大正数"00 7FFF FFFFH"加载累加器；若是负向溢出，则用 32 位最大负数"FF 8000 0000H"加载累加器。溢出发生后，累加器相应的溢出标志位 OVA 或 OVB 置 1，直到复位或执行溢出条件指令。

2.3.2　累加器

累加器 A 和累加器 B 可作为 ALU 和乘法器/加法器单元的目的寄存器，也能输出数据到 ALU 或乘法器/加法器中。累加器可分为三部分：保护位、高位字和低位字。累加器 A 和累加器 B 分别如图 2-3 和图 2-4 所示。

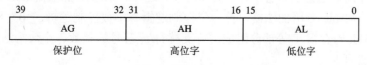

图 2-3　累加器 A

图 2-4 累加器 B

保护位用于保存计算时产生的多余高位，防止在迭代运算中产生溢出，如自相关运算。

AG、AH、AL、BG、BH 和 BL 都是存储器映像寄存器(在存储空间中占有地址)，由特定的指令将其内容放到 16 位数据存储器中，并从数据存储器中读出或写入 32 位累加器值。同时，任何一个累加器都可以作为数据暂存器使用。累加器 A 和累加器 B 可相互备份，它们的差别仅在于 A 的 31～16 位可以作为乘法器单元的一个输入。

在第 3 章指令系统中，我们将详细介绍累加器的用途。例如，可以用存储指令以及并行指令将累加器结果保存到数据存储器中；使用移位指令可将累加器的内容产生移位或循环移位；每个累加器都能专门为特殊指令提供并行操作；PMST 中的 SST 位还可决定在保存累加器时是否进行饱和处理。

2.3.3 桶形移位器

桶形移位器能把输入的数据进行 0～31 位的左移和 0～15 位的右移。40 位桶形移位器的输入来自数据总线 DB 的 16 位输入数据、DB 和 CB 的 32 位输入数据及任意一个 40 位累加器，并输出到 ALU，经过 MSW/LSW(最高有效字/最低有效字)写入选择单元至 EB 总线。它所移的位数就是指令中的移位数。移位数都是用二进制补码表示的，正值表示左移，负值表示右移。移位数可由立即数、状态寄存器 ST1 中的累加器移位方式(ASM)字段和被指定为移位数值寄存器的暂存器 T 来决定。

桶形移位器可以执行以下定标操作：

- 在执行 ALU 操作前预定好一个数据存储器操作数或累加器内容。
- 对累加器的值进行算术或逻辑移位。
- 归一化累加器。
- 在保存累加器到数据存储器之前定标累加器。

桶形移位器和指数编码器可把累加器中的值在一个周期内进行归一化。移位输出的最低位 LSB 填 0，最高位 MSB 则由 ST1 中的标志位 SXM 决定是进行符号扩展还是填 0。

2.3.4 乘累加器单元

TMS320C54x CPU 的乘累加器单元能够在一个周期内完成一次 17 bit × 17 bit 的乘法和一次 40 bit 的加法。乘法器和 ALU 并行工作可在一个单指令周期内完成一次乘累加运算。该单元能够快速高效地完成如卷积、相关和滤波等运算。乘法器/加法器单元由 17 bit × 17 bit 的硬件乘法器、40 bit 专用加法器、符号位控制逻辑、小数控制逻辑、"0" 检测器、溢出/饱和逻辑和 16 bit 暂存器 T 等部分组成，可支持有/无符号的整数、小数乘法运算，并可对结果进行舍入处理。

乘累加器单元的一个输入操作数来自暂存器 T、数据存储器或累加器 A(31～16 位)；另一个则来自于程序存储器、数据存储器、累加器 A(31～16 位)或立即数。乘法器的输出加到加法器的输入端，累加器 A 或 B 则是加法器的另一个输入端，最后结果送往目的累加器 A 或 B。

2.3.5　比较选择存储单元

通信领域常常用到维特比(Viterbi)算法，该算法需要完成大量的加法/比较/选择(ACS)运算。CSSU 单元支持各种 Viterbi 算法，其中加法由 ALU 单元完成，只要将 ST1 中的 C16 置 1，所有的双字指令都会变成双 16 位算术运算指令，这样 ALU 就可以在 1 个机器周期 (CLKOUT 周期)内完成 2 个 16 位数的加/减法运算，其结果分别存放在累加器的高 16 位和低 16 位中。CSSU 可以最大限度地完成累加器高字与低字的比较操作，即选择累加器中较大的字，并存储在数据存储器中，并且不改变状态寄存器 ST0 中的测试/控制位 TC 字段和状态转移寄存器 TRN 的值。CSSU 利用优化的片内硬件加速 Viterbi 的蝶形运算。

2.3.6　指数编码器

指数编码器是一个专用硬件，它支持单周期指令 EXP。它可以求出累加器中的指数值，并以二进制补码形式存放于暂存器 T 中。用 EXP 和 NORM 指令可以对累加器中的内容进行归一化，完成定点数和浮点数之间的转换。

2.3.7　CPU 状态控制寄存器

TMS320C54x 包含 3 个状态控制寄存器，分别是状态寄存器 ST0、状态寄存器 ST1 和处理器工作方式状态寄存器 PMST。

ST0 和 ST1 包含不同条件和方式的状态，PMST 包含存储器配置状态和控制信息。因为它们是存储器映像寄存器，所以可以由数据寄存器进行存取。处理器的状态可以由子程序调用或中断服务子程序进行存取。

1. 状态寄存器(ST0 和 ST1)

使用置位指令 SSBX 和复位指令 RSBX 可以单独设置和清除状态寄存器的各位。例如：

　　SSBX　SXM ; 符号扩展 SXM = 1

　　RSBX　SXM ; 禁止符号扩展 SXM = 0

ARP、DP 和 ASM 字段可以通过 LD 指令装载一个短立即数，ASM 和 DP 也可以通过 LD 指令由数据存储器装载。

ST0 寄存器的结构如图 2-5 所示。其各位的含义如表 2-3 所示。

15		13	12	11	10	9	8		0
ARP		TC	C	OVA	OVB		DP		

图 2-5　ST0 寄存器的结构

表 2-3　ST0 寄存器各位的含义

位	符号	功　　能
15～13	ARP	辅助寄存器指针。这 3 位指向当前辅助寄存器。当处于标准模式时，ARP 将始终置 0(CMPT = 0)
12	TC	测试/控制位。TC 保留算术逻辑单元位测试操作的结果。TC 的状态(置位和清除)决定条件分支、调用、执行和返回指令的动作
11	C	进位标志位。执行减法时产生借位，清零；而执行加法时产生进位，置 1；反之，则相反
10	OVA	累加器 A 溢出
9	OVB	累加器 B 溢出
8～0	DP	数据页指针。DP 中的 9 位与指令字中的低 7 位连接，形成 16 位地址。这一操作在 CPL = 0 时有效

ST1 寄存器的结构如图 2-6 所示。其各位的含义如表 2-4 所示。

15	14	13	12	11	10	9	8	7	6	5	4
BRAF	CPL	XF	HM	INTM	0	OVM	SXM	C16	FRCT	CMPT	ASM

图 2-6　ST1 寄存器的结构

表 2-4　ST1 寄存器各位的含义

位	符号	功　　能
15	BRAF	块重复有效。BRAF 表示当前是否有块重复指令正在进行
14	CPL	编译方式位。CPL = 0，使用 DP；CPL = 1，使用 SP
13	XF	外部扩展引脚 XF 的状态
12	HM	挂起方式。应答 $\overline{HOLD}$ 引脚的信号。HM 指出是否运行处理器内部操作 HM = 0，处理器一直在内部程序存储空间运行，而外部存储器挂起，并把外部总线置为高阻 HM = 1，处理器内部挂起
11	INTM	全局中断屏蔽位。INTM = 1，所有可屏蔽中断禁止。INTM 位不影响不可屏蔽中断($\overline{RS}$ 和 $\overline{NMI}$)
10		此位总读为 0
9	OVM	溢出方式标志位。决定在发生溢出时的处理方式
8	SXM	符号扩展标志位
7	C16	双 16 位或双精度算法方式位 C16 = 0，ALU 处于双精度方式 C16 = 1，ALU 处于双 16 位运算方式
6	FRCT	小数方式位。当 FRCT = 1 时，乘法器输出左移 1 位以消除多余的符号位
5	CMPT	修正方式位。CMPT = 0，在间接寻址方式中不修正 ARP，ARP 必须置 0；CMPT = 1，在间接寻址方式时，ARP 的值可以修改
4～0	ASM	累加器移位方式位。5 位 ASM 以二进制的补码方式指定 −16～15 的移位数

ST0 中的 OVA、OVB 与 ST1 中的 XF、INTM、OVM、SXM 等状态位均可由 SSBX 和 RSBX 指令置位和复位。

2. 处理器工作方式状态寄存器(PMST)

PMST 可由存储器映像寄存器指令装载,如 STM。PMST 寄存器的结构如图 2-7 所示。其各位的含义如表 2-5 所示。

15	7	6	5	4	3	2	1	0
IPTR		MP/$\overline{MC}$	OVLY	AVIS	DROM	CLKOFF	SMUL^{①}	SST^{①}

注:① 表示仅LP器件有此位,其他器件为保留位。

图 2-7 PMST 寄存器的结构

表 2-5 PMST 寄存器各位的含义

位	符号	功　能
15~7	IPTR	中断向量指针。9 位的 IPTR 字段指向程序存储器内中断矢量的所在页(128 字/页)
6	MP/$\overline{MC}$	微处理器/微型计算机工作方式位。在这两种工作方式下,TMS320C54x 的存储空间配置不一样,此位决定 TMS320C54x 片内 ROM 是否在程序存储空间使用。该位的设置和清除由软件决定
5	OVLY	RAM 重叠位。决定片内双寻址数据 RAM 区是否映像到程序存储空间
4	AVIS	地址可见位。AVIS 允许/禁止内部程序存储空间地址线是否可以出现在芯片外部引脚上
3	DROM	数据 ROM 位。可使片内 ROM 映像到数据存储空间中
2	CLKOFF	时钟输出关断位。当 CLKOUT = 1 时,CLKOUT 引脚的输出禁止,此时 CLKOUT 为高电平
1	SMUL^{+}	乘法器饱和方式位。当 SMUL = 1 时,在 MAC 和 MAS 的加法指令使用前,乘法产生饱和结果。SMUL 位应在 OVM = 1 和 FRCT = 1 时使用有效。一般为保留位
0	SST^{+}	存储饱和位。当 SST = 1 时,在把累加器内容存储到程序存储器之前,数据进行饱和操作。饱和操作在移位操作之后,一般为保留位

2.3.8　寻址单元

TMS320C54x 有 2 个地址发生器:PAGEN(Program Address Generation Logic)和 DAGEN (Data Address Generation Logic)。PAGEN 包括程序计数器 PC、IPTR、块循环寄存器(RC、BRC、RSA 和 REA),这些寄存器可支持程序存储器寻址。DAGEN 包括循环缓冲区大小寄存器 BK、数据页指针(DP)寄存器、堆栈指针(SP)寄存器、8 个辅助寄存器(AR0~AR7)和 2 个辅助寄存器算术单元(ARAU0 和 ARAU1)。8 个辅助寄存器和 2 个辅助寄存器算术单元一道可进行 16 位无符号数算术运算,支持间接寻址模块,AR0~AR7 由 ST0 中的 ARP 来指定。

2.4　TMS320C54x 存储器和 I/O 空间

通常我们在设计一个 DSP 系统时,需存储大量的信息(如程序、数据、外部设备配置等),而 TMS320C54x DSP 的片内资源非常丰富,具有较大的存储空间,我们应尽可能有效地利用片内资源,当 DSP 片内存储器不能满足系统设计要求时,再进行存储器扩展。片内存储器与外部存储器相比,具有不需插入等待状态、成本和功耗低等优点。当然,外部存储器能寻址很大的存储空间,这是片内存储器所无法比拟的。

DSP 扩展存储器主要分为两类:ROM 和 RAM。ROM 包括 EPROM、EEPROM、Flash 等。这一类存储器主要用于存储用户程序和系统常数表,一般映像在程序存储空间。RAM 主要指静态 RAM(SRAM)。本章主要讨论片内存储器,而片外扩展存储器将在第 8 章中详细介绍。

所有 TMS320C54x 芯片内都包含随机存储器(RAM)和只读存储器(ROM)。在芯片中有两类 RAM:双寻址 RAM(DARAM)和单寻址 RAM(SARAM),分别也可称为双口 RAM 和单口 RAM。DARAM 每个机器周期可被访问两次。TMS320C54x 因具体器件不同,片内存储器的类型或容量也有些差异。表 2-6 列出了几种常用的 TMS320C54x 存储器的容量。

TMS320C54x 有 26 个 CPU 寄存器和片内外设寄存器被映像在数据存储空间,各类 TMS320C54x 存储器的特征、组织及使用不同的片内存储器块将在后文有详细介绍。

表 2-6   几种常用的 TMS320C54x 存储器的容量   (单位:K 字)

存储器类型		TMS320C 541	TMS320C 542	TMS320C 543	TMS320C 545	TMS320C 546	TMS320C 548	TMS320C 5402	TMS320C 5410
ROM	程序	20	2	2	32	32	2	4	16
	程序/数据	8	0	0	16	16	0	4	16
DARAM[①]		5	10	10	6	6	8	16	8
SARAM[①]		0	0	0	0	0	24	0	56

注:① 用户可以将 DARAM 和 SARAM 配置为数据存储器或程序/数据存储器。

2.4.1　存储器空间

TMS320C54x 采用改进的哈佛结构。存储空间由 3 个独立可选的存储空间组成,这 3 个独立可选的存储空间包括 64K 字的程序存储空间、64K 字的数据存储空间和 64K 字的 I/O 空间。片内或片外的 ROM 和 RAM、外部的 EPROM 和 EEPROM 以及芯片中的存储器映像寄存器都包括在这 3 个空间中。这 3 个空间总共可以寻址 192K 字存储空间。程序存储空间用于装载程序指令和系数表,它存放执行指令使用的数据;I/O 空间则为外部设备提供了一个存储器映像接口,并且还可以作为附加的数据存储空间使用。

在 TMS320C54x 中,片内存储器有 DARAM、SARAM 和 ROM 三种类型。它们通常配置在数据存储空间,但也可以配置在程序存储空间。片内 ROM 则一般配置在程序存储空间,但一部分 ROM 也可以配置在数据存储空间。

TMS320C54x 的处理器工作方式状态寄存器(PMST)提供了 3 个控制位:MP/$\overline{\text{MC}}$、OVLY 和 DROM,用于在存储空间中配置片内存储器。使用这 3 个控制位可以设置片内存储器是否配置到存储空间,并指定片内存储器是配置到程序存储空间还是数据存储空间。

- MP/$\overline{\text{MC}}$:微处理器/微型计算机工作方式位。

当 MP/$\overline{\text{MC}}$ = 0 时,允许片内 ROM 配置到程序存储空间;

当 MP/$\overline{\text{MC}}$ = 1 时,禁止片内 ROM 配置到程序存储空间。

- OVLY：RAM 重叠位。

当 OVLY = 1 时，片内 RAM 配置到程序和数据存储空间；

当 OVLY = 0 时，片内 RAM 仅配置到数据存储空间。

- DROM：数据 ROM 位。

当 DROM = 1 时，片内 ROM 配置到程序和数据存储空间；

当 DROM = 0 时，禁止 ROM 配置到数据存储空间。

DROM 的用法与 MP/$\overline{\text{MC}}$ 的状态无关。

图 2-8～图 2-12 是 TMS320C54x 系列芯片的数据和程序存储器配置图。从中我们可以看到上述 3 个控制位与内存储器的关系。

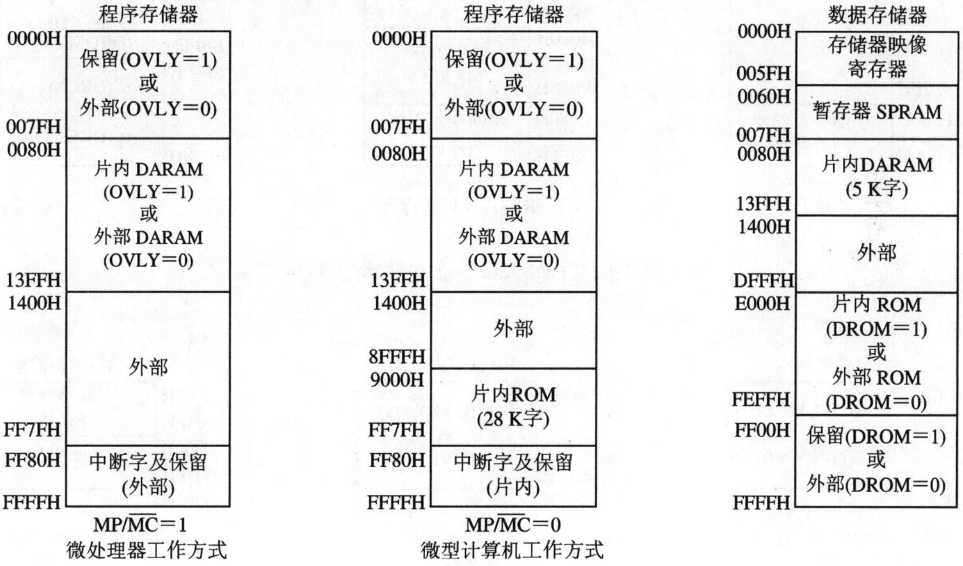

图 2-8　TMS320C541 存储器配置图

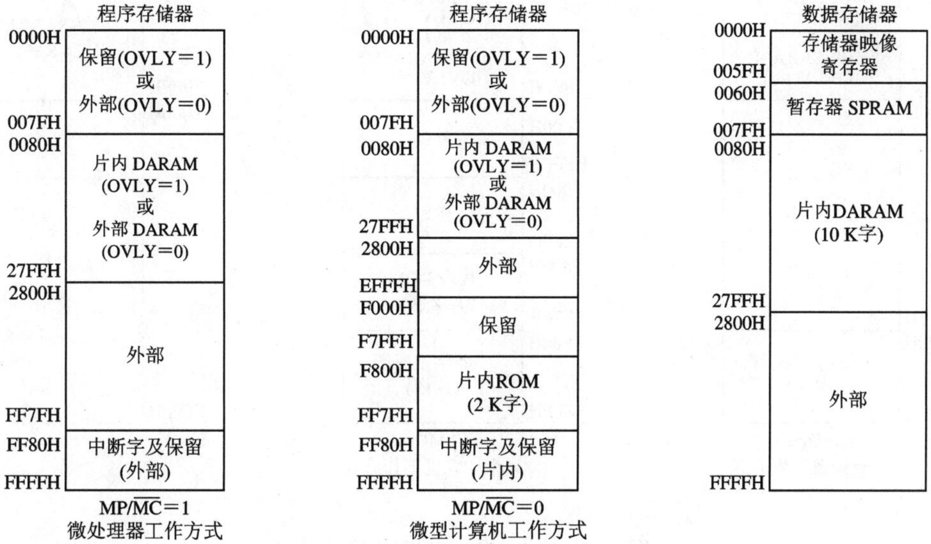

图 2-9　TMS320C543 存储器配置图

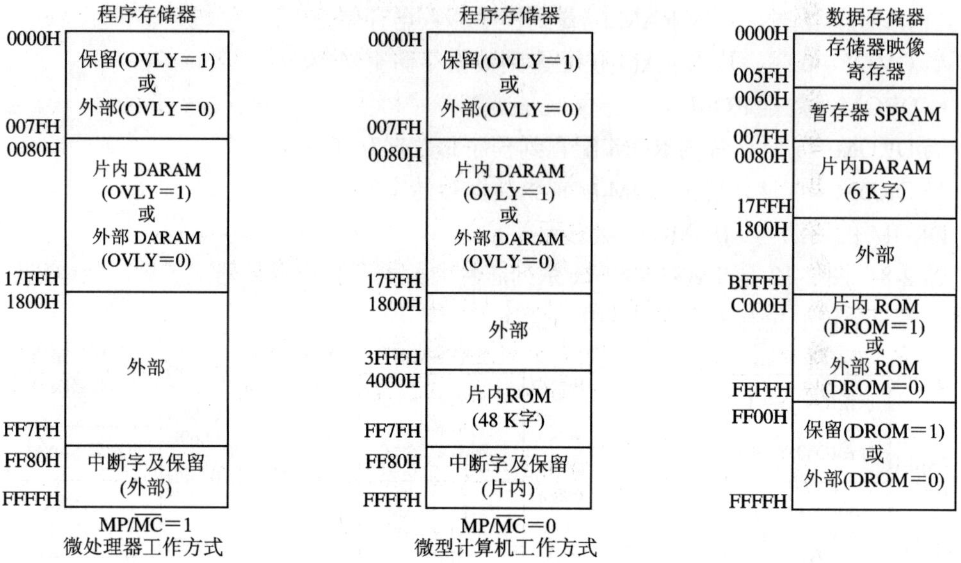

图 2-10　TMS320C545 存储器配置图

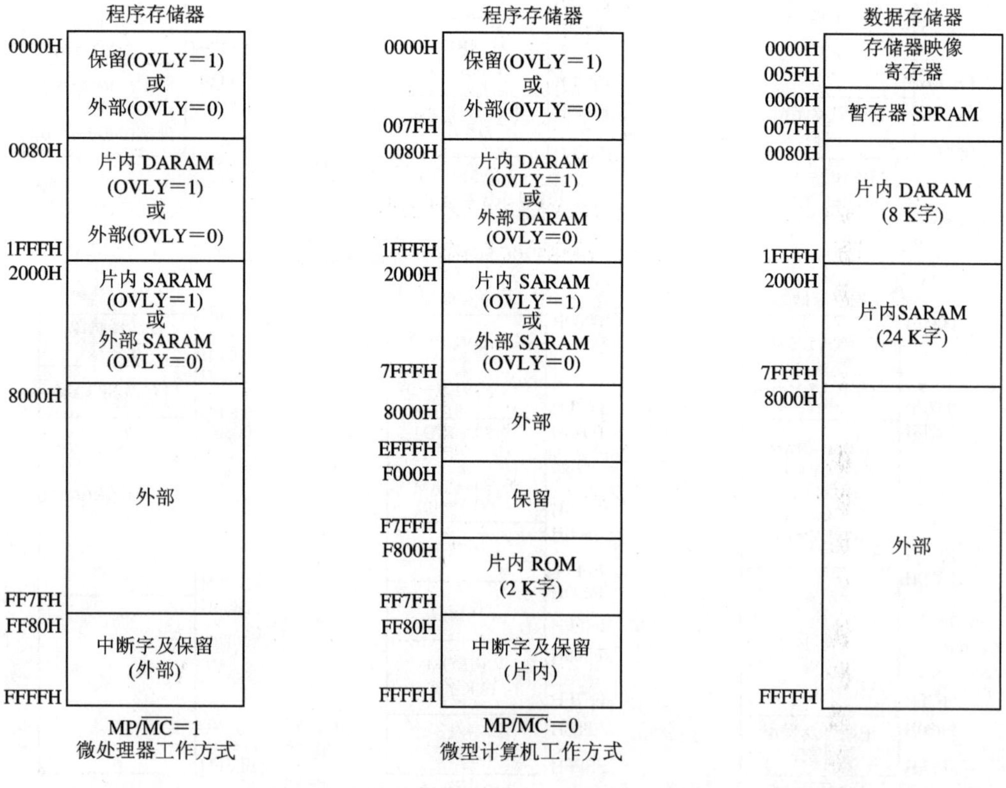

程序存储器（MP/$\overline{\text{MC}}$＝1，微处理器工作方式）

地址	内容
0000H – 007FH	保留(OVLY＝1) 或 外部(OVLY＝0)
0080H – 17FFH	片内 DARAM (OVLY＝1) 或 外部 DARAM (OVLY＝0)
1800H – FF7FH	外部
FF80H – FFFFH	中断字及保留 (外部)

程序存储器（MP/$\overline{\text{MC}}$＝0，微型计算机工作方式）

地址	内容
0000H – 007FH	保留(OVLY＝1) 或 外部(OVLY＝0)
0080H – 17FFH	片内 DARAM (OVLY＝1) 或 外部 DARAM (OVLY＝0)
1800H – 3FFFH	外部
4000H – FF7FH	片内 ROM (48 K字)
FF80H – FFFFH	中断字及保留 (片内)

数据存储器

地址	内容
0000H – 005FH	存储器映像寄存器
0060H – 007FH	暂存器 SPRAM
0080H – 17FFH	片内DARAM (6 K字)
1800H – BFFFH	外部
C000H – FEFFH	片内 ROM (DROM＝1) 或 外部 ROM (DROM＝0)
FF00H – FFFFH	保留(DROM＝1) 或 外部(DROM＝0)

图 2-11　TMS320C548 存储器配置图

程序存储器（MP/$\overline{\text{MC}}$＝1，微处理器工作方式）

地址	内容
0000H – 007FH(隐)	保留(OVLY＝1) 或 外部(OVLY＝0)
0080H – 1FFFH	片内 DARAM (OVLY＝1) 或 外部(OVLY＝0)
2000H – 7FFFH	片内 SARAM (OVLY＝1) 或 外部 SARAM (OVLY＝0)
8000H – FF7FH	外部
FF80H – FFFFH	中断字及保留 (外部)

程序存储器（MP/$\overline{\text{MC}}$＝0，微型计算机工作方式）

地址	内容
0000H – 007FH	保留(OVLY＝1) 或 外部(OVLY＝0)
0080H – 1FFFH	片内 DARAM (OVLY＝1) 或 外部 DARAM (OVLY＝0)
2000H – 7FFFH	片内 SARAM (OVLY＝1) 或 外部 SARAM (OVLY＝0)
8000H – EFFFH	外部
F000H – F7FFH	保留
F800H – FF7FH	片内 ROM (2 K字)
FF80H – FFFFH	中断字及保留 (片内)

数据存储器

地址	内容
0000H – 005FH	存储器映像寄存器
0060H – 007FH	暂存器 SPRAM
0080H – 1FFFH	片内 DARAM (8 K字)
2000H – 7FFFH	片内SARAM (24 K字)
8000H – FFFFH	外部

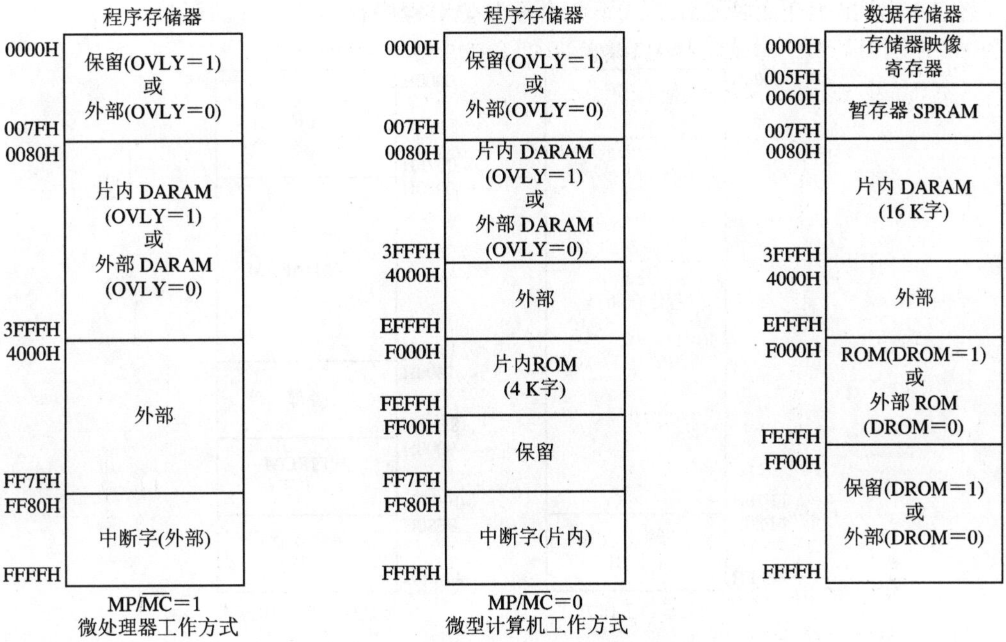

图 2-12　TMS320C5402 存储器配置图

2.4.2　程序存储器

TMS320C54x 可以寻址 64 K 字的程序存储空间(TMS320C548、TMS320C549、TMS320C5410、TMS320C5402 和 TMS320C5420 可以扩展到 8 M 字)。TMS320C54x 的片内 ROM、片内双寻址 RAM(DARAM)和片内单寻址 RAM(SARAM)可以通过软件配置在程序存储空间。如果片内存储器配置在程序存储器，则芯片在访问程序存储器时会自动访问这些存储单元。当 PAGEN 产生了一个不在片内存储器的地址时，会自动使用一个外部总线操作。表 2-7 是 TMS320C54x 系列芯片的片内程序存储器配置。

表 2-7　TMS320C54x 系列芯片的片内程序存储器配置　　　　　　(单位：K 字)

型　　号	ROM	DARAM	SARAM	型　　号	ROM	DARAM	SARAM
TMS320C541	28	5	—	TMS320C548	2	8	24
TMS320C542	2	10	—	TMS320C549	16	8	24
TMS320C543	2	10	—	TMS320C5402	4	16	—
TMS320C545	48	6	—	TMS320C5410	16	8	56
TMS320C546	48	6	—	TMS320C5420	—	32	168

1. 程序存储器配置

MP/$\overline{\text{MC}}$ 和 OVLY 位决定片内存储器是否配置到程序存储空间。复位时，MP/$\overline{\text{MC}}$ 引脚上的逻辑电平将设置 PMST 寄存器的 MP/$\overline{\text{MC}}$ 位。MP/$\overline{\text{MC}}$ 引脚在复位时有效。复位后，PMST 寄存器的 MP/$\overline{\text{MC}}$ 位决定芯片的工作方式，直到下一次复位。

下面以 TMS320C541 芯片(如图 2-8 所示)为例，介绍 TMS320C54x 器件的地址映像与程序存储器的分配。

图 2-13 给出了在两种工作方式下 2 个控制位对程序存储器配置的影响。

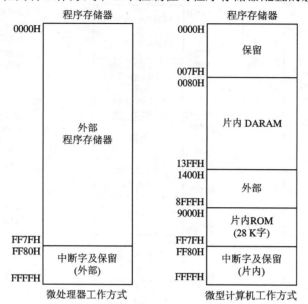

图 2-13   TMS320C541 程序存储器配置图

• 当 MP/$\overline{\text{MC}}$ = 1，OVLY = 0 时，TMS320C541 在微处理器工作方式下工作，片内 ROM、片内 RAM 不安排到程序存储空间。

• 当 MP/$\overline{\text{MC}}$ = 0，OVLY = 1 时，TMS320C541 在微型计算机工作方式下工作，片内 28K 字 ROM(9000H～FF7FH)、片内复位和中断向量(FF80H～FFFFFH)可作为程序存储器；片内 5K 字的 DARAM 可作为程序存储器。

2. 片内 ROM 的组织

为了提高芯片的性能，对片内 ROM 按照块的方式组织，片内 ROM 的分块图如图 2-14 所示。这样，可以在一个块中取指的同时不会影响在另一个块中读取操作数。

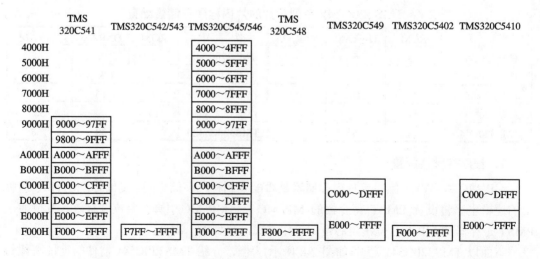

图 2-14   片内 ROM 的分块图

3．片内 ROM 在程序存储空间中的地址配置

当芯片复位时，复位、中断向量被分配在 FF80H 开始的程序存储空间中，然而，TMS320C54x 的中断矢量表可以重定位到任意一个 128 字的边界上去，这就很容易将中断矢量表从引导 ROM 中移出来，再根据存储器配置图安排。在片内 ROM 中，有 128 个字用于保存检测设备的目的，应用程序不要写到这段存储器中(FF00H～FF7FH)。

4．片内 ROM 的内容和配置

TMS320C54x 的片内 ROM 的容量有大有小，大的 ROM(24 K 字、28 K 字或 48 K 字)可把用户的程序代码写进去；小的 ROM(片内高 2 K 字)由 TI 公司定义。根据不同的型号，TMS320C54x 的 2 K 字程序存储空间中包含以下内容：

- 自举加载程序：完成串行口、外部存储器、I/O 口或并行口 BOOT-LOAD 功能的程序代码。
- 256 字的 μ 律扩展表。
- 256 字的 A 律扩展表。
- 256 字的正弦表。
- 中断向量表。

图 2-15 是片内 ROM 程序存储配置图。当 MP/$\overline{\text{MC}}$ = 0 时，FF80H～FFFFH 配置成片内 ROM。

图 2-15　片内 ROM 程序存储器配置图

5．扩展程序存储器

TMS320C548/549/5402/5410/5420 采用分页技术，可以将程序存储空间扩展为 8 M 字。因此，这些芯片提供了以下一些增强的特性：

- 23 条地址线(TMS320C5402、TMS320C5420 均各有 18 条地址线)。
- 额外的存储器映像寄存器、程序计数器扩展寄存器(XPC)。
- 6 条额外的指令用于寻址扩展的程序存储空间，改变 XPC 的值。它们是：

　　FB[D]：远跳转。

　　FBACC[D]：远跳转到累加器 A 或 B 指定的地址。

　　FCALA[D]：远调用累加器 A 或 B 指定的子程序。

　　FCALL[D]：远调用。

　　FRET[D]：远返回。

FRETE[D]：远返回且中断允许。

以下两条指令使用累加器的 23 位数进行寻址。

READA：从累加器 A 或 B 指定的程序存储器地址中读取操作数，并把它写到数据存储器地址中。

WRITA：从累加器 A 或 B 指定的数据存储器地址中读取操作数，并把它写到程序存储器地址中。

除此之外的其他指令不能影响 XPC，它们只能在当前页中进行操作。

TMS320C548、TMS320C549 和 TMS320C5410 的程序存储空间为 128 页，每页 64K 字；TMS320C5402 则仅有 16 页存储空间。下面分两种情况介绍 TMS320C548 的扩展程序空间。

当 MP/$\overline{\text{MC}}$ = 1，OVLY = 0 时，片内 RAM 不映像到程序空间。TMS320C548 将程序空间分为 128 页，XPC = 0、…、127，每页 64K 字，其扩展程序空间示意图如图 2-16 所示。

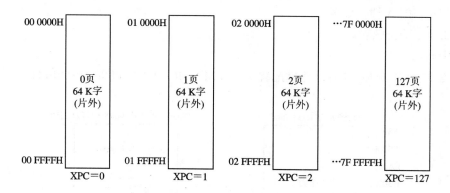

图 2-16   TMS320C548 的扩展程序空间示意图

当 MP/$\overline{\text{MC}}$ = 1，OVLY = 1 时，片上 RAM 配置到程序存储空间后，扩展程序存储器的所有页都被分成两个部分：共享部分和独立部分。共享部分有 32K 字，在任何一页中都可以访问；而每页独立的 32K 字仅在特定页中被访问。图 2-17 给出了 OVLY = 1 时 TMS320C548 的扩展程序空间映像图。

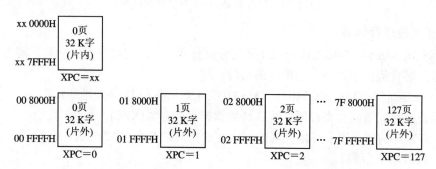

图 2-17   TMS320C548 的扩展程序空间映像图

如果片内 ROM 被寻址(MP/$\overline{\text{MC}}$ = 0)，则它只能在 0 页，不能映像到程序存储器的其他页。

芯片通过 XPC 的值来访问程序存储器的各个页，XPC 作为存储器映像寄存器被放到数据存储空间的 001EH 处。当硬件复位时，XPC 的值被初始化为 0。

2.4.3　数据存储器

TMS320C54x 可以寻址 64 K 字的数据存储空间，其片内 ROM、片内双口 RAM(DARAM)和片内单口 RAM(SARAM)可以通过软件配置到数据存储空间。如果片内存储器配置到数据存储空间，则芯片在访问程序存储器时会自动访问这些存储单元。当 DAGEN 产生的地址不在片内存储器的范围内时，处理器会自动地对外部数据存储器寻址。表 2-8 是 TMS320C54x 系列芯片的片内数据存储器配置。

表 2-8　TMS320C54x 系列芯片的片内数据存储器配置　　(单位：K 字)

型　号	ROM	DARAM	SARAM
TMS320C541	8	5	—
TMS320C542	—	10	—
TMS320C543	—	10	—
TMS320C545	16	6	—
TMS320C546	16	6	—
TMS320C548	—	8	24
TMS320C549	16	8	24
TMS320C5402	4	16	—
TMS320C5410	16	8	56
TMS320C5420	—	32	168

1. 数据存储器配置

数据存储器包含片内或片外 RAM，片内 DARAM 映像到数据存储空间。一些 TMS320C54x 芯片还能够把一部分片内 ROM 配置在数据存储空间，这种配置需要修改 PMST 寄存器的 DROM 位。这部分片内 ROM 既可以在数据空间使能(DROM = 1)，也可以在程序空间使能(MP/$\overline{\text{MC}}$ = 0)。在复位时，处理器将 DROM 位清零。

在单周期单数据存储器操作数寻址指令中，数据 ROM 可以在单个周期内访问，这包括 32 位的长操作数。在双操作数寻址指令中，若两个操作数在同一块片内 ROM 中，则指令执行需要两个周期；若两个操作数不在同一块片内 ROM 中，则指令执行只需要一个周期。有关片内 ROM 的分块图如图 2-14 所示。

下面以 TMS320C541 芯片(如图 2-18 所示)为例，介绍 TMS320C54x 器件的地址映像与程序存储器的分配。图 2-18 给出了在两种情况下两个控制位对数据存储器配置的影响。

* 当 MP/$\overline{\text{MC}}$ = 1，OVLY = 0，DROM = 0 时，片内 RAM 仅配置到数据存储空间。
* 当 MP/$\overline{\text{MC}}$ = 0，OVLY = 1，DROM = 1 时，片内 8 K 字 ROM(E000H～FEFFH)可作为数据存储器，片内保留单元(FF00H～FFFFH)也可作为数据存储器。

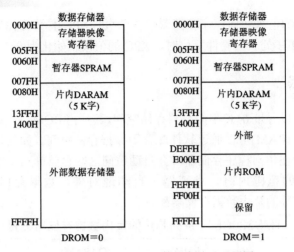

图 2-18　TMS320C541 数据存储器配置图

2. 片内 RAM 配置

片内 RAM 可细分成若干块以提高性能。例如，分块后允许用户在同一周期内从同一块 DARAM 中提取两个操作数，并将一个操作数写到另一块 DARAM 中。图 2-19 给出了片内 RAM 的分块图。

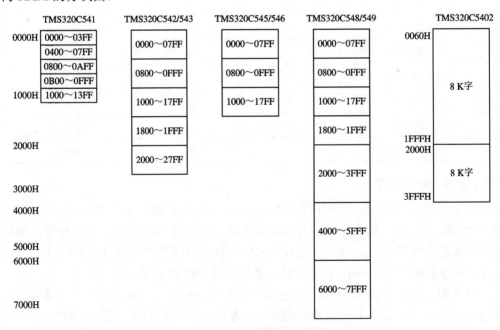

图 2-19　片内 RAM 的分块图

3. 存储器映像寄存器

在数据存储器的 64 K 字空间中，包含存储器映像寄存器(MMR)，它们都放在存储空间的第 0 页(0000H～007FH)。第 0 页包含如下内容：

• CPU 存储器映像寄存器(0000H～001FH)(共 26 个)，当寻址这些寄存器时，不需插入等待状态。

• 外围电路寄存器(0020H～005FH)，访问它们时需使用专门的外设总线结构。

• 32 字的暂存器 SPRAM(0060H～007FH)。

表 2-9 给出了 CPU 存储器映像寄存器的地址及名称。各种 TMS320C54x 存储器映像外围电路寄存器参见附录 4。

表 2-9　CPU 存储器映像寄存器的地址及名称

地　址	名　称	说　明
0H	IMR	中断屏蔽寄存器
1H	IFR	中断标志寄存器
2H～5H	—	保留
6H	ST0	状态寄存器 0
7H	ST1	状态寄存器 1
8H	AL	累加器 A 低字，15～0 位
9H	AH	累加器 A 高字，31～16 位
AH	AG	累加器 A 保护位，39～32 位
BH	BL	累加器 B 低字，15～0 位
CH	BH	累加器 B 高字，31～16 位
DH	BG	累加器 B 保护位，39～32 位
EH	T	暂存器
FH	TRN	转换寄存器
10H	AR0	辅助寄存器 0
11H	AR1	辅助寄存器 1
12H	AR2	辅助寄存器 2
13H	AR3	辅助寄存器 3
14H	AR4	辅助寄存器 4
15H	AR5	辅助寄存器 5
16H	AR6	辅助寄存器 6
17H	AR7	辅助寄存器 7
18H	SP	堆栈指针
19H	BK	循环缓冲区大小寄存器
1AH	BRC	块重复计数器
1BH	RSA	块重复首址寄存器
1CH	REA	块重复尾址寄存器
1DH	PMST	处理器工作方式状态寄存器
1EH	XPC	程序计数器扩展寄存器

2.4.4　I/O 空间

TMS320C54x 除了程序存储空间和数据存储空间之外，还提供一个 64 K 字的 I/O 空间 (0000H～0FFFFH)。I/O 空间都在片外，它的作用是与片外设备连接。使用 PORTR 和 PORTW 两条指令可对 I/O 空间进行寻址。I/O 空间的读/写时序不同于程序和数据存储器，它适用于访问映像到 I/O 空间的设备，而不是存储器。

TMS320C54x 还有一个可屏蔽存储器保护选项，用来保护片内存储器的内容。当选定这项时，所有外部产生的指令都不能访问片内存储器空间。

第3章 指令系统

TMS320C54x 是 TMS320 系列中的一种定点数字信号处理器，其指令系统有两种形式：助记符形式和代数形式。本章主要介绍助记符指令系统。TMS320C54x 有 7 种寻址方式，指令系统共有 129 条指令，由于操作数的寻址方式不同，以至于派生出 205 条指令。TMS320C54x 包括 TMS320C541、TMS320C5416 和 TMS320C55xx，虽然它们的指令系统不完全相同，但相互之间是兼容的，所以我们只需学习其中的一种即可。

3.1 数据寻址方式

寻址方式

3.1.1 指令的表示方法

1. 指令的基本形式

与所有的微处理器助记符指令一样，TMS320C54x 的助记符指令也是由操作符和操作数两部分组成的。在汇编前，操作符是用助记符表示的，指出指令应完成何种操作；操作数用来描述该指令的操作对象，它可以是数据本身，也可以是指出如何获取操作数的信息。

助记符指令的基本形式为：

标号，操作符，操作数 1，操作数 2，操作数 3

其中，标号是可选项，操作数可以没有或有多个，其内容可以是立即数、寄存器、程序地址、数据地址、I/O 地址等。TMS320C54x 中源操作数一般在操作数 1 的位置，目的操作数则在操作数 3 的位置，指令执行结果存放到目的操作数单元中，源操作数不变。

例如：

LD　#0FFH, A

上述指令的执行结果是将立即数 0FFH 传送至累加器 A 中。这里的 LD 为操作符，#0FFH 为操作数 1，累加器 A 为操作数 2。

2. 指令的数据类型

TMS320C54x 的寻址存储器有两种基本的数据形式：16 位数和 32 位数。大多数指令能够寻址 16 位数，只有双精度和长字指令才能寻址 32 位数，如表 3-1 所示。

表 3-1　寻址 32 位数的指令

指　令	描　　述
DADD	双精度/双 16 位数加到累加器
DADST	双精度/双 16 位数与 T 寄存器值相加/减
DLD	双精度/双 16 位长字加载累加器
DRSUB	从双精度/双 16 位数中减去累加器值
DSADT	长操作数与 T 寄存器值相加/减
DST	累加器值存到长字单元中
DSUB	从累加器中减去双精度/双 16 位数
DSUBT	从长操作数中减去 T 寄存器值

在对 32 位数进行寻址时，先处理高有效字，然后处理低有效字。如果寻址的第一个字处在偶地址，那么第二个字就处在下一个(较高的)地址；如果第一个字处在奇地址，那么第二个字就处在前一个(较低的)地址，如图 3-1 所示。

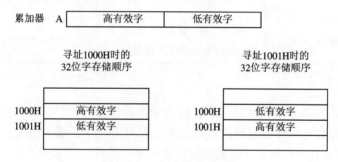

图 3-1　32 位字的存储顺序

在讨论寻址方式时，要用到一些缩写语，表 3-2 给出了部分寻址方式缩写语的名称和含义。

表 3-2　部分寻址方式缩写语的名称和含义

缩写语	含　　义
Smem	16 位单寻址操作数
Xmem	16 位双寻址操作数，用于双操作数指令及某些单操作数指令，从 DB 数据总线上读出
Ymem	16 位双寻址操作数，用于双操作数指令，从 CB 数据总线上读出
dmad	16 位立即数——数据存储器地址(0～65 535)
pmad	16 位立即数——程序存储器地址(0～65 535)
PA	16 位立即数——I/O 口地址(0～65 535)
src	源累加器 A 或 B
dst	目的累加器 A 或 B
lk	16 位长立即数

3.1.2　数据寻址方式

TMS320C54x 共有 7 种数据寻址方式，如表 3-3 所示。

表 3-3　TMS320C54x 的数据寻址方式

寻址方式	举　例	用　途	指 令 含 义
立即寻址	LD #10H，A	主要用于初始化	将立即数 10H 传送至累加器 A
绝对寻址	STL A，*(y)	利用 16 位地址寻址存储单元	将累加器的低 16 位存放到变量 y 所在的存储单元
累加器寻址	READA x	把累加器的内容作为地址	将累加器 A 作为地址读程序存储器，并存入变量 x 所在的数据存储单元
直接寻址	LD @x，A	数据页面和堆栈指针相对寻址	(DP + x 的低 7 位地址) →A
间接寻址	LD *AR1，A	利用辅助寄存器作为地址指针	(AR1)→A
存储器映像寄存器寻址	LDM ST1，B	快速寻址存储器映像寄存器	ST1→B
堆栈寻址	PSHM AG	压入 / 弹出数据存储器和 MMR(存储器映像寄存器)	SP – 1→SP，AG→TOS

1. 立即寻址

立即寻址就是在指令中已经包含有执行指令所需的操作数(一个固定的立即数)。立即寻址方式中的立即数有两种数值形式，数值的位数为 3、5、8 或 9 位时为短立即数；数值的位数为 16 位时是长立即数。立即数可以包含在单字节或双字节指令中，短立即数在单字节指令中，长立即数在双字节指令中。在一条指令中，立即数的形式是由所使用的指令的类型决定的。

在立即寻址方式的指令中，在数字前面加一个"#"符号，表示此数为一个立即数，否则会误认为是一个地址。

例如，用一个十六进制数 80H 加载累加器 A，可以写成如下指令：

　　LD　#80H，A　　；执行后，A = 0080H

如果将立即数 10H 先左移 4 位后，再加载累加器 A，可以写成如下指令：

　　LD　#10H，4，A　；执行后，A = 0000 0100H

　　LD　#32768，B　　；执行后，B = FFFF 8000H，状态寄存器 ST1 中的标志位 SXM 等于 1，数据进入 ALU 之前进行符号扩展

如果没有"#"符号，那么指令"LD　80H，A"的执行结果就变成把数据存储器地址为 80H 的内容加载到累加器 A 中。如果(0080H) = 0034H，那么指令执行后，A = 0034H。

2. 绝对寻址

绝对寻址就是指令中包含要寻址的存储单元的 16 位地址，指令按照此地址进行数据寻址。这种寻址方式为双字指令，速度慢。绝对寻址有以下四种形式：

(1) 数据存储器地址(dmad)寻址：用程序标号或数据来确定指令中所需的数据空间地址。其指令如下：

```
MVDK    Smem, dmad
MVDM    dmad，MMR
MVKD    dmad，Smem
MVMD    MMR，dmad
```

例如：

MVKD   SAMPLE，*AR5 　　　; SAMPLE 是一个符号常数，表示一个数据存储单元的地址。把数据空间 SAMPLE 标注的地址单元中的数据传送到由 AR5 所指的数据存储单元中

(2) 程序存储器地址(pmad)寻址：用一个符号或一个具体的数来确定程序存储器中的地址。其指令如下：

```
FIRS    Xmem, Ymem, pmad
MACD    Smem，pmad，src
MACP    Smem，pmad，src
MVDP    Smem，pmad
MVPD    pmad，Smem
```

例如：

MVPD   TABLE，*AR7+ 　　　; TABLE 是一个地址标号，表示一个程序存储单元的地址。把用 TABLE 标注的程序存储单元中的内容传送到 AR7 所指的数据存储单元

(3) 端口地址(PA)寻址：用一个符号或一个常数来确定外部 I/O 端口地址。其指令如下：

```
PORTR    PA，Smem
PORTW    Smem，PA
```

例如：

PORTR   FIFO，*AR5 　　　; 从 FIFO 读入一个数据，将其放入 AR5 寄存器所指的数据存储单元中。FIFO 是一个 I/O 端口的标号

(4) *(lk)寻址：16 位符号常数所指的数据存储单元(Smem)中的操作数。

例如：

STL   A，*(SAMPLE) 　　　; SAMPLE 是一个 16 位符号常数

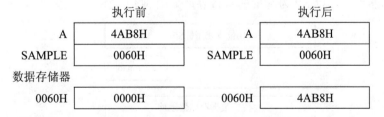

由于指令中的绝对地址总是 16 位，因此绝对寻址指令的长度至少为 2 个字。

3. 累加器寻址

累加器寻址是以累加器内容作为一个地址来读取程序存储器中的数据的。有两条指令可以用累加器寻址：

READA　Smem　　；把累加器 A 所确定的程序存储单元中的内容传送到由 Smem 所指定的
　　　　　　　　　　数据存储单元中

WRITA　Smem　　；将 Smem 所指定的数据存储单元中的一个数传送到累加器 A 确定的
　　　　　　　　　　程序存储单元中

对于上述两条指令，如果前面有一条 RPT 重复指令，则累加器 A 能够自动增量寻址，但累加器 A 的值不变。对大多数 TMS320C54x 而言，用累加器的低 16 位作为程序存储器的地址。而对于 TMS320C548 来说，用累加器的低 23 位作为程序存储器的地址。

4．直接寻址

直接寻址是指在指令中包含有数据存储器地址(dmad)的低 7 位，用这 7 位作为偏移地址，并与基地址值(数据页指针)(DP)的 9 位或堆栈指针(SP)的 16 位)组成一个 16 位的数据存储器地址。直接寻址分为数据页指针直接寻址和堆栈指针直接寻址两种。这两种寻址方式可以在不改变 DP 或 SP 的情况下，随机地寻找 128 个存储单元中的任何一个单元地址。直接寻址的优点是访问方便快捷，每条指令只需要一个字。直接寻址指令的格式如下：

15　　　　　　　8	7	6　　　　　　　0
操作码	I = 0 (表示使用直接寻址方式)	dmad

当状态寄存器 ST1 中的 CPL 位等于 0 时，ST0 中的 DP 值(9 位地址)与指令中的 7 位地址一起形成 16 位数据存储器地址，以 DP 为基准的直接寻址如图 3-2 所示。

9 位数据页指针DP	7位dmad

图 3-2　　以 DP 为基准的直接寻址

因为 DP 值的范围是 0～511，所以以 DP 为基准的直接寻址把存储器分成 512 页；又因为 7 位 dmad 值的范围是 0～127，所以每页有 128 个可访问的单元。也就是说，DP 指向 512 页中的一页，dmad 就指向该页中的特定单元。DP 值可以由 LD 指令装入，RESET 指令将 DP 值赋为 0。DP 不能通过上电进行初始化，只有在程序中对它进行初始化后，才能保证程序正常工作。

当 ST1 中的 CPL 位等于 1 时，将指令中的 7 位地址与 16 位堆栈指针 SP 相加，形成 16 位的数据存储器地址，以 SP 为基准的直接寻址如图 3-3 所示。

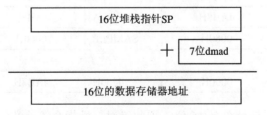

图 3-3　　以 SP 为基准的直接寻址

直接寻址的句法是利用一个符号"@"(加在变量的前面)或者一个常数来确定偏移地址值的。例如：

(1) 数据页指针直接寻址：x = 01FFH，y = 0200H。

指　令	执 行 前				执 行 后			
	数据存储器		DP	累加器 A	数据存储器		DP	累加器 A
	地址	数据			地址	数据		
ST　#0001，*(0180H)	0180H	0000			0180H	0001H		
	⋮	⋮			⋮	⋮		
ST　#1000，*(x)	01FFH	0000			01FFH	03E8H		
ST　#500，*(y)	0200H	0000			0200H	01F4H		
LD　#x，DP			000H				003H	
LD　@x，A				0000H				03E8H
LD　#y，DP			003H	03E8H			004H	03E8H
ADD　@y，A				03E8H				05DCH

(2) 堆栈指针直接寻址：SP = 0010H。

数据存储器		指　令	执 行 前			执 行 后		
SP	0020H		SP	CPL	累加器 A	SP	CPL	累加器 A
	0100H							
	0050H	SSBX　CPL	0010H			0010H	1	
	A000H	LD　@1，A	0010H	1	0000H	0010H	1	0100H
		ADD　@2，A	0010H	1	0100H	0010H	1	0150H

编程时直接寻址和立即寻址容易混淆。例如，ST1 中的 CPL = 1，SP = 0120H，指令"LDU 34H，A"是一条直接寻址指令，表示将数据空间 0120H + 34H = 0154H 单元的内容装入累加器 A。如果要装入一个立即数，立即数前一定要加"#"符号。值得注意的是，在直接寻址时，常数前面加符号"@"与不加是一样的，但地址范围必须是 0～127。

5. 间接寻址

在间接寻址中，64 K 字数据空间中的任意单元都可以通过一个辅助寄存器中的 16 位地址进行访问，同时可以预调整或修改辅助寄存器值，完成循环寻址和位码倒序寻址等特殊功能。TMS320C54x 有 8 个 16 位辅助寄存器(AR0～AR7)、2 个辅助寄存器算术运算单元(ARAU0 和 ARAU1)，它们与 8 个辅助寄存器一起完成 16 位无符号数算术运算。

间接寻址很灵活。它不仅能在单条指令中对存储器读/写一个 16 位操作数，还能在单条指令中读两个独立的数据存储单元，读/写两个顺序的数据存储单元，或者在读一个数据存储单元的同时写另一个数据存储单元。

1) 单数据存储器操作数间接寻址

单数据存储器操作数间接寻址指令的格式如下：

15　　　　　8	7　　　　　　6	3　2　　　0
操作码　I = 1(表示使用间接寻址方式)	MOD(间接寻址的类型)	ARP

2～0 位：3 位辅助寄存器域，它定义了寻址所使用的辅助寄存器。ARP 由状态寄存器 ST1 中的修正方式位 CMPT 来决定。

CMPT = 0：标准方式。ARP 始终设置为 0，不能修改。

CMPT = 1：兼容方式。

表 3-4 给出了 16 种单数据存储器操作数间接寻址类型。

表 3-4 16 种单数据存储器操作数间接寻址类型

间接寻址类型	操作码句法	功 能	说 明
0000	*ARx	地址 = ARx	ARx 中的内容就是数据存储器的地址
0001	*ARx-	地址 = ARx ARx = ARx − 1	寻址结束后，ARx 中的地址减 1[①]
0010	*ARx+	地址 = ARx ARx = ARx + 1	寻址结束后，ARx 中的地址加 1[①]
0011	*+ARx	地址 = ARx + 1 ARx = ARx + 1	寻址之前，ARx 中的地址加 1[①②]，再寻址
0100	*ARx-0B	地址 = ARx AR = B(ARx − AR0)	寻址结束后，从 ARx 中按位倒序借位的方式减去 AR0
0101	*ARx-0	地址 = ARx ARx = ARx − AR0	寻址结束后，从 ARx 中减去 AR0
0110	*ARx+0	地址 = ARx ARx = ARx + AR0	寻址结束后，将 AR0 加到 ARx 中
0111	*ARx+0B	地址 = ARx ARx = B(ARx + AR0)	寻址结束后，把 AR0 按位倒序进位的方式加到 ARx 中
1000	*ARx-%	地址 = ARx ARx = circ(ARx − 1)	寻址结束后，ARx 中的地址以循环寻址的方式减 1[①]
1001	*ARx-0%	地址 = ARx ARx = circ(ARx − AR0)	寻址结束后，从 ARx 中以循环寻址的方式减去 AR0
1010	*ARx+%	地址 = ARx ARx = circ(ARx + 1)	寻址结束后，ARx 中的地址以循环寻址的方式加 1[①]
1011	*ARx+0%	地址 = ARx ARx = circ(ARx + AR0)	寻址结束后，把 AR0 以循环寻址的方式加到 ARx 中
1100	*ARx(lk)	地址 = ARx + lk ARx = ARx	ARx 与 16 bit 的长偏移(lk)数的和作为数据存储器的地址。访问后，ARx 中的值不变[③]
1101	*+ARx(lk)	地址 = ARx + lk ARx = ARx+lk	寻址前，把一个带符号的 16 bit 的长偏移加到 ARx 中，用新的 ARx 值作为数据存储器的地址后再寻址[③]
1110	*+ARx(lk)%	地址 = circ(ARx + lk) ARx = circ(ARx + lk)	寻址前,把一个带符号的 16 bit 的长偏移以循环寻址的方式加到 ARx 中，用新的 ARx 值作为数据存储器的地址后再寻址[③]
1111	*(lk)	地址 = lk	把一个无符号数的 16 bit 长偏移作为数据存储器的绝对地址(相当于绝对寻址)[③]

注：① 寻址 16 位字时增量/减量为 1，寻址 32 位字时增量/减量为 2。

② 这种方式只能用写操作命令。

③ 这种方式不允许对存储器映像寄存器寻址。

例如：

ST	#1000H, *(0060H)	；把立即数 1000H 放到数据存储器地址为 0060H 的单元中
STM	#0060H, AR1	；执行后，AR1 = 0060H
STM	#2, AR0	；执行后，AR0 = 0002H
LD	*AR1+0, A	；执行后，累加器 A = 1000H，即 0060H 单元中的内容，
		AR1 = 0062H

2) 位码倒序寻址功能

位码倒序寻址提高了执行速度，在 FFT 算法中，经常要用到位码倒序寻址功能。在这种寻址方式中，AR0 存放的整数 N 是 FFT 点数的一半。一个辅助寄存器指向一个数据存放的物理单元，当使用位码倒序寻址把 AR0 加到辅助寄存器中时，地址以位码倒序的方式产生，即进位是从左向右，而不是通常的从右向左。

例如：AR0 = 0000 1010B，AR2 = 0110 0110B，如执行 *AR2 + 0B 寻址功能，也就是 (0110 0110) + (000 1010)，结果 AR2 = 0110 1101B。应注意计算是采用进位从左到右运算的。

以 16 点 FFT 为例，其运算结果的顺序为 X(0)、X(8)、X(4)、…、X(15)。该位码倒序寻址如表 3-5 所示。

表 3-5 位码倒序寻址

存储单元的地址	FFT 变换结果	位码倒序	位码倒序寻址结果	存储单元的地址	FFT 变换结果	位码倒序	位码倒序寻址结果
0000	X(0)	0000	X(0)	1000	X(1)	0001	X(8)
0001	X(8)	1000	X(1)	1001	X(9)	1001	X(9)
0010	X(4)	0100	X(2)	1010	X(5)	0101	X(10)
0011	X(12)	1100	X(3)	1011	X(13)	1101	X(11)
0100	X(2)	0010	X(4)	1100	X(3)	0011	X(12)
0101	X(10)	1010	X(5)	1101	X(11)	1011	X(13)
0110	X(6)	0110	X(6)	1110	X(7)	0111	X(14)
0111	X(14)	1110	X(7)	1111	X(15)	1111	X(15)

由表 3-5 可见，如果按照位码倒序寻址方式寻址，可以将乱序的结果整序。

3) 循环寻址

在卷积、相关和 FIR 滤波器等算法中，都需要在存储器中设置一个循环缓冲区，它是一个滑动窗口，保存着最新的一批数据。当新的数据到来时，循环缓冲区中最早的数据就会被新的数据覆盖。循环缓冲区实现的关键是循环寻址的实现。循环缓冲区大小寄存器 (BK) 的内容确定了循环缓冲区的大小。BK 中的数值由指令"STM #lk，BK"设定。长度为 R 的循环缓冲区必须从 N 位地址的边界开始(即循环缓冲区基地址的 N 个最低有效位必须为 0)，N 应满足 $2^N > R$ 的最小整数。例如，长度 R = 127 的循环缓冲区必须从二进制地址 XXXX XXXX X000 0000B(N = 7，$2^7 > 127$，该地址的最低 7 位为 0)开始，同时必须将 R 的值加载到 BK 中。

循环缓冲区的有效基地址(EFB)就是用户选定的辅助寄存器(ARx)的低 N 位置 0 后所得到的值,循环缓冲区的尾地址(EOB)是通过用 BK 的低 N 位代替 ARx 的低 N 位得到的。循环缓冲区的指针(index)就是 ARx 的低 N 位,step 就是加到辅助寄存器或从辅助寄存器中减去的值。

循环寻址的算法如下:

if $0 \leqslant$ index + step $\leqslant$ BK;

index = index + step.

else if index + step $\geqslant$ BK;

index = index + step - BK.

else if index + step $<$ 0;

index = index + step + BK.

上述循环寻址算法实际上是以 BK 中的值为模的取模运算。对于不同的指令,其步长的大小必须小于 BK。如果 BK 等于 0,那就是不做修正的辅助寄存器间接寻址。

例如,一个循环缓冲区大小 BK = 6 = N,AR1 = 0060H,用 *AR1 + % 间接寻址。第一次寻址后,AR1 = 0061H;第二次寻址后,AR1 = 0062H …… 第六次寻址后,AR1 指向 0066H,再按 BK 的值 6 取模,此时 AR1 又指向 0060H 单元(当前面 5 次按 BK 取模时,AR1 的值不变)。

4) 双数据存储器操作数间接寻址

双数据存储器操作数间接寻址用来完成两个读操作,或一个读和一个并行存储操作。采用这种方式的指令只有一个长字,并且只能以间接寻址的方式工作。用 Xmem 和 Ymem 来代表这两个数据存储器操作数。在完成两个读操作过程中,Xmem 表示读操作数(访问 D 数据总线),Ymem 表示读操作数(访问 C 数据总线);在进行一个读操作同时并行一个并行存储操作的过程中,Xmem 表示读操作数(访问 D 数据总线),Ymem 表示一个写(访问 E 数据总线)操作数。如果源操作数和目的操作数指向同一个单元,则在并行存储指令中(如 ST‖LD),读在写之前。如果一个双操作指令(如 ADD)指向同一辅助寄存器,并且这两个操作数的寻址方式不同,那么就按 Xmod 域所确定的方式来寻址。

双数据存储器操作数间接寻址指令的格式如下:

15	8	7	6	5	4	3	2	1	0
操作码		Xmod		Xar		Ymod		Yar	

双数据存储器操作数间接寻址指令代码的位说明如表 3-6 所示。

表 3-6　双数据存储器操作数间接寻址指令代码的位说明

位	名　称	功　能
15~8	操作码	这 8 位包含了指令的操作码
7~6	Xmod	访问 Xmem 操作数的间接寻址方式的类型
5~4	Xar	标明包含 Xmem 地址的辅助寄存器
3~2	Ymod	访问 Ymem 操作数的间接寻址方式的类型
1~0	Yar	标明包含 Ymem 地址的辅助寄存器

由指令的 Xar 或 Yar 域选择的辅助寄存器如表 3-7 所示。

表 3-7　由指令的 Xar 或 Yar 域选择的辅助寄存器

Xar 或 Yar 域	辅助寄存器
00	AR2
01	AR3
10	AR4
11	AR5

双数据存储器操作数的间接寻址类型如表 3-8 所示。

表 3-8　双数据存储器操作数的间接寻址类型

Xmod 或 Ymod 域	操作数语法	功　能	描　述
00	*ARx	addr = ARx	ARx 是数据存储器地址
01	*ARx-	addr = ARx ARx = ARx − 1	访问后，ARx 中的地址减 1
10	*ARx+	addr = ARx ARx = ARx + 1	访问后，ARx 中的地址加 1
11	*ARx+0%	addr = ARx ARx = circ(ARx + AR0)	访问后，AR0 以循环寻址的方式加到 ARx 中

6. 存储器映像寄存器寻址

存储器映像寄存器寻址是用来修改存储器映像寄存器的，但不影响当前数据页指针(DP)或堆栈指针(SP)的值。由于 DP 和 SP 不需要改变，因此写一个寄存器的开销是最小的。存储器映像寄存器寻址可以在直接寻址和间接寻址中使用。

存储器映像寄存器(MMR)地址的产生有两种方法：

(1) 在直接寻址方式下，不管当前 DP 或 SP 的值为何值，使数据寄存器地址的高 9 位(MSBs)强制置 0，数据存储器地址的低 7 位(LSBs)则来自于指令字。

(2) 在间接寻址方式下，只使用当前辅助寄存器的低 7 位作为数据存储器地址的低 7 位，地址的高 9 位为 0，指定的辅助寄存器的高 9 位在寻址后被强制置 0。例如，AR1 是用来指向一个存储器映像寄存器的，如果 AR1 = FF25H，由于 AR1 的低 7 位是 25H，所指的数据存储器地址是 0025H，定时器周期寄存器 PDR 的地址是 25H，那么 AR1 指向了定时器周期寄存器，执行后，AR1 中的值为 0025H。

存储器映像寄存器寻址如图 3-4 所示。对于

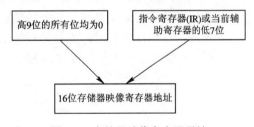

图 3-4　存储器映像寄存器寻址

存储器映像寄存器寻址方式，无论当前的 DP 或 SP 指向哪里，都可以直接访问位于地址 0000H～007FH 的寄存器，这类指令的操作符的最后一个字母为 M。

例如：

```
LDM   MMR, A    ; 将 MMR 放入累加器 A。MMR 表示任何映像的寄存器名或地址号，
                  如 TCR(等效地址为 0026H)
```

存储器映像寄存器寻址指令只有 8 条，具体如下：

```
LDM      MMR，dst
```

MVDM	dmad，MMR
MVMD	MMR，dmad
MVMM	MMRx，MMRy
POPM	MMR
PSHM	MMR
STLM	src，MMR
STM	#lk，MMR

以上这些指令的操作数中至少有一个是 MMR，MMR 地址位于 0000H～005FH 的数据空间。

虽然有些指令操作符的最后一个字母为 M，但不是存储器映像寄存器寻址。例如，指令"ADDM #1，AR7"，虽然对 AR7 辅助寄存器操作，但受 DP 或 SP 的影响，属于直接寻址。当高位地址由 DP 决定时，只有在 DP = 0 时才是对 AR7 辅助寄存器进行操作，若 DP ≠ 0，则是对指定数据页中偏移量(低 7 位地址)为 17H(AR7 地址为 17H)的存储单元进行在直接寻址方式下的操作。

7. 堆栈寻址

系统堆栈用来在中断或调用子程序期间自动存放程序计数器，也能用来存放用户当前的程序环境或传递数据值。处理器使用一个 16 位存储器映像寄存器的一个 SP 来寻址堆栈，SP 始终指向存放在堆栈中的最后一个单元。当调用一个子程序或一个中断响应发生时，PC 会被自动压栈，SP 指向存放最后一个数据的堆栈单元；返回时，返回地址从堆栈中弹出并装入 PC。

使用堆栈寻址方式访问堆栈的指令共有 4 条：

(1) PSHD：把一个数据存储器的值压入堆栈。

(2) PSHM：把一个存储器映像寄存器的值压入堆栈。

(3) POPD：把一个数据存储器的值弹出堆栈。

(4) POPM：把一个存储器映像寄存器的值弹出堆栈。

堆栈存放数据是从高地址向低地址进行的。在压入堆栈时，先减小 SP 的值，再将数据压入堆栈；在弹出堆栈时，先从堆栈弹出数据，再增加 SP 的值。

图 3-5 说明了压入堆栈操作对 SP 的影响。

图 3-5　压入堆栈操作对 SP 的影响

3.1.3　程序转移地址寻址方式

指令是按顺序存放在存储器中的，而程序执行顺序是由程序计数器(PC)的内容来决定的。当 TMS320C54x 程序执行分支转移、调用与返回、条件操作、单条指令或块指令重复操作、硬件中断和复位时，需脱离程序的正常顺序执行，而将一个不是顺序增加的地址加载到 PC，就可改变程序执行顺序。对于 TMS320C548 等具有外部扩展程序存储器的芯片来说，可通过程序计数器扩展寄存器(XPC)来访问程序存储器的各个页。相应地，有远分支转移、远调用和远返回指令。下面以无条件分支转移指令为例说明程序存储器地址是如何生成并加载到程序计数器的。指令的汇编语言格式如下：

B	pmad	；PC = pmad(15 − 0)
BACC	src	；PC = src(15 − 0)
FB	extpmad	；PC = pmad(15 − 0), XPC = pmad(22 − 16)
FBACC	src	；PC = src(15 − 0), XPC = src(22 − 16)

这里，B 为无条件分支转移指令，FB 为无条件远分支转移指令；pmad 表示用一个符号或 16 位立即数表示的程序存储器地址($0 \leqslant$ pmad $\leqslant 65\ 535$)，src 为累加器。

硬件中断和复位影响 PC 的程序控制操作在后续相关章节中介绍。

3.2 TMS320C54x 的指令系统

TMS320C54x 可以使用两套指令系统：代数表达式形式指令和助记符形式指令。代数表达式形式指令易学易记，运算关系清楚明了；助记符形式指令与计算机汇编语言比较接近，便于阅读和记忆。因为两者的汇编器不同，所以两种形式的指令不能混淆。TMS320C54x 指令系统按功能可以分成以下四种基本类型：

- 算术运算指令。
- 逻辑运算指令。
- 程序控制指令。
- 加载和存储指令。

指令系统

3.2.1 指令系统概述

1. 指令系统中规定的符号与缩写

TMS320C54x 指令系统中规定了许多符号与缩写，在介绍指令系统之前，我们应有所了解。为了便于学习和使用，表 3-9 和表 3-10 分别给出了指令系统和操作码中规定的符号和缩写，以备查用。

表 3-9 指令系统中规定的符号和缩写

符 号	含 义
A	累加器 A
ALU	算术逻辑单元
AR	辅助寄存器
ARx	指定的辅助寄存器($0 \leqslant x \leqslant 7$)
ARP	ST0 中的 3 位辅助寄存器指针位，指出当前辅助寄存器为 AR(ARP)
ASM	ST1 中的 5 位累加器移位方式位($-16 \leqslant$ ASM $\leqslant 15$)
B	累加器 B

续表一

符　号	含　义
BRAF	ST1 中的执行块重复指令标志位
BRC	块循环计数器
C16	ST1 中的双 16 位/双精度算术运算方式位
C	ST0 中的进位标志位
CC	2 位条件码(0≤CC≤3)
CMPT	ST1 中的 ARP 修正方式位
CPL	ST1 中的直接寻址编译方式位
Cond	表示一种条件的操作数，用于条件执行指令
[d]，[D]	延时选项
DAB	D 地址总线
DAR	DAB 地址寄存器
dmad	16 位立即数表示的数据存储器地址(0≤dmad≤65 535)
Dmem	数据存储器操作数
DP	ST0 中的 9 位数据页指针(0≤DP≤511)
dst	目的累加器 A 或 B
dst_	另一个目的累加器。如果 dst＝A，则 dst_＝B；如果 dst＝B，则 dst_＝A
EAB	E 地址总线
EAR	EAB 地址寄存器
extpmad	23 位立即数表示的程序寄存器地址
FRCT	ST1 中的小数方式位
Hi(A)	累加器的高 16 位(31～16 位)
HM	ST1 中的保持方式位
IFR	中断标志寄存器
INTM	ST1 中的中断屏蔽位
K	少于 9 位的短立即数
k3	3 位立即数(0≤k3≤7)
k5	5 位立即数(−16≤k5≤15)
k9	9 位立即数(0≤k9≤511)
lk	16 位长立即数
Lmem	利用长字寻址的 32 位单数据存储器操作数
mmr，MMR	存储器映像寄存器
MMRx，MMRy	存储器映像寄存器，AR0～AR7 或 SP
n	XC 指令后面的字数，n＝1 或 2
N	RSBX 和 SSBX 指令中指定修正的状态寄存器 N＝0，状态寄存器 ST0 N＝1，状态寄存器 ST1
OVA	ST0 中的累加器 A 的溢出标志位
OVB	ST0 中的累加器 B 的溢出标志位

符　号	含　义
OVdst	目的累加器 A 或 B 的溢出标志位
OVdst_	另一个目的累加器 A 或 B 的溢出标志位
OVsrc	源累加器 A 或 B 的溢出标志位
OVM	ST1 中的溢出方式标志位
PA	16 位立即数表示的端口地址($0 \leqslant$ PA $\leqslant$ 65 535)
PAR	程序存储器地址寄存器
PC	程序计数器
pmad	16 位立即数表示的程序存储器地址($0 \leqslant$ pmad $\leqslant$ 65 535)
Pmem	程序存储器操作数
PMST	处理器工作方式状态寄存器
prog	程序存储器操作数
[R]	舍入选项
rnd	舍入
RC	重复寄存器
RTN	RETF[D]指令中用到的快速返回寄存器
REA	块重复结束寄存器
RSA	块重复起始寄存器
SBIT	用 RSBX 和 SSBX 指令所修改的指定状态寄存器的移位数(4 位移位数,$0 \leqslant$ SBIT $\leqslant$ 15)
SHFT	4 位移位数($0 \leqslant$ SHFT $\leqslant$ 15)
SHIFT	5 位移位数($-16 \leqslant$ SHIFT $\leqslant$ 15)
Sind	间接寻址的单数据寻址操作数
Smem	16 位单数据存储器操作数
SP	堆栈指针
src	源累加器 A 或 B
ST0，ST1	状态寄存器 0，状态寄存器 1
SXM	ST1 中的符号扩展标志位
T	暂存器
TC	ST0 中的测试/控制位
TOS	堆栈顶部
TRN	状态转移寄存器
TS	由 T 寄存器的第 5 至第 0 位所规定的移位数($-16 \leqslant$ TS $\leqslant$ 31)
uns	无符号数
XF	ST1 中的外部标志状态位
XPC	程序计数器扩展寄存器
Xmem	在双操作数指令以及单操作数指令中用的 16 位双数据存储器操作数
Ymem	在双操作数指令中所用的 16 位双数据存储器操作数
--SP	堆栈指针减 1
++SP	堆栈指针加 1
++PC	程序计数器指针加 1

表 3-10　操作码中规定的符号和缩写

符　号	含　义
A	数据存储器的地址位
ARx	指定辅助寄存器的 3 位数
BITC	4 位码区
CC	2 位条件码
CCCC	8 位条件码
COND	4 位条件码
D	目的累加器(dst)位。D = 0 时，表示累加器 A；D = 1 时，表示累加器 B
I	寻址方式位。I = 0 时，表示直接寻址方式；I = 1 时，表示间接寻址方式
K	少于 9 位的短立即数
MMRx	指定 9 个存储器映像寄存器中的某一个 4 位数(0≤MMRx≤8)
MMRy	指定 9 个存储器映像寄存器中的某一个 4 位数(0≤MMRy≤8)
N	单独一位数
NN	决定中断形式的 2 位数
R	舍入(rnd)选项位。R = 0 时，不带舍入执行指令；R = 1 时，对执行结果进行舍入处理
S	源累加器(src)位。S = 0 时，表示累加器 A；S = 1 时，表示累加器 B
SBIT	状态寄存器的 4 位移位数
SHFT	4 位移位数(0≤SHFT≤15)
SHIFT	5 位移位数(−16≤SHIFT≤15)
X	数据暂存位
Y	数据暂存位
Z	延迟指令位。Z = 0 时，表示不带延迟操作执行指令；Z = 1 时，表示带延迟操作执行指令

2. 指令系统中所用的记号和运算符

指令系统中所用的记号如表 3-11 所示。

表 3-11　指令系统中所用的记号

记　号	含　义
[X]	方括号内的操作数是任选的 例如：ADD　Xmem[, SHIFT], src[, dst] 必须用一个 Smem 值和源累加器，但移位和目的累加器是任选的
#	在立即寻址指令中所用的常数前缀。"#"用在那些容易与其他寻址方式相混淆的指令中 例如：RPT　#15；短立即数寻址，下条指令重复执行 16 次 　　　　RPT　15；直接寻址，下条指令重复执行的次数取决于存储器中的数值
(abc)	小括号表示一个寄存器或一个存储单元中的内容 例如：(src)表示源累加器中的内容

记　号	含　义
x→y	x 值被传送到 y(寄存器或存储单元)中 例如：(Smem)→dst；将数据存储单元中的内容加载到目的累加器中
R(n~m)	寄存器或存储单元 R 的第 n 至第 m 位 例如：src(15~0)；源累加器中的第 15 至第 0 位
<< nn	左移 nn 位(负数为右移)
‖	并行操作指令
\\	循环左移
//	循环右移
$\overline{x}$	x 取反(1 的补码)
|x|	x 取绝对值
AAH	AA 代表一个十六进制数

指令系统中所用的运算符如表 3-12 所示。

表 3-12　指令系统中所用的运算符

运　算　符	运　算	求　值　顺　序
+、−、~	一元的加法、减法，1 的补码	从右到左
*、/、%	乘法、除法、取模	从左到右
+、−	加法、减法	从左到右
<<、>>	左移、右移	从左到右
<、≤	小于、小于或等于	从左到右
>、≥	大于、大于或等于	从左到右
≠ 或 !=	不等于	从左到右
&	按位与运算	从左到右
^	按位异或运算	从左到右
|	按位或运算	从左到右

注：一元的加法、减法和乘法比二进制形式有较高的优先级。

3.2.2　指令系统的分类

TMS320C54x 的指令一共有 129 条，由于操作数的寻址方式不同，以至于派生出 205 条指令。TMS320C54x 指令系统的分类有两种方法：一是按指令执行时所需的周期分类；二是按指令的功能分类。按指令的功能可分为四类：算术运算指令、逻辑运算指令、程序控制指令、加载和存储指令。

1. 算术运算指令

算术运算指令用于完成加、减、乘、除等算术运算，可分为加法指令、减法指令、乘法指令、乘加指令、乘减指令、双操作数指令和专用指令。其中，大部分指令只需要一个指令周期，只有个别指令需要 2~3 个指令周期。

1) 加法指令

指令中的整数分为有符号数和无符号数两种。TMS320C54x 提供了多条用于加法的指令，如 ADD、ADDC、ADDM 和 ADDS。表 3-13 是对加法指令的说明。其中，ADDS 用于无符号数的加法运算，ADDC 用于带进位的加法运算，ADDM 专用于立即数的加法运算。影响指令执行的状态位有符号扩展标志位 SXM、溢出方式标志位 OVM 和进位标志位 C(ADDC 指令)；执行指令后产生的状态位有进位标志位 C、累加器溢出标志位 OVdst 或 OVsrc 或 OVA。

表 3-13 加法指令的说明

操作符	操作数	代数表达式	注 释
ADD	Smem，src	src = src + Smem	操作数加到累加器
ADD	Smem，TS，src	src = src + Smem << TS	操作数移位后加到累加器
ADD	Smem，16，src[，dst]	dst = src + Smem << 16	操作数左移 16 位后加到累加器
ADD	Smem[，SHIFT]，src[，dst]	dst = src + Smem << SHIFT	操作数移位后加到累加器
ADD	Xmem，SHFT，src	src = src + Xmem << SHFT	操作数移位后加到累加器
ADD	Xmem，Ymem，dst	dst = Xmem << 16 + Ymem << 16	两个操作数分别左移 16 位，然后相加
ADD	#lk[，SHFT]，src[，dst]	dst = src + #lk << SHFT	长立即数移位后加到累加器
ADD	#lk，16，src[，dst]	dst = src + #lk << 16	长立即数左移 16 位后加到累加器
ADD	src[，SHIFT] [，dst]	dst = dst + src << SHIFT	累加器移位后相加
ADD	src，ASM [，dst]	dst = dst + src << ASM	累加器按 ASM 移位后相加
ADDC	Smem，src	src = src + Smem + C	操作数带进位加至累加器
ADDM	#lk，Smem	Smem = Smem + #lk	长立即数加至存储器中
ADDS	Smem，src	src = src + uns(Smem)	不进行符号扩展的加法

ADD 指令有 10 种句法。如果目的累加器 dst 被指定，则结果存放在 dst 中；如果没有被指定，则结果存放在源累加器 src 中。移位操作数的范围为 $-16 \leqslant SHIFT \leqslant 15$，$0 \leqslant SHFT \leqslant 15$。正数为左移位，左移位低位填 0，高位受标志位 SXM 影响。如果 SXM = 1，则高位进行符号扩展；如果 SXM = 0，则高位清零。负数为右移位，受标志位 SXM 影响。如果 SXM = 1，则高位进行符号扩展；如果 SXM = 0，则高位清零。

【例 1】   ADD   *AR3+，14，A

	指令执行前		指令执行后
A	00 0000 1200H	A	00 0540 1200H
C	1	C	0
AR3	0100H	AR3	0101H
SXM	1	SXM	1
数据存储器			
0100H	1500H	0100H	1500H

说明：(AR3)左移 14 位等于 00 0540 0000H，00 0540 0000H + A→A = 00 0540 1200H。

【例 2】   ADD   A，−8，B

	指令执行前		指令执行后
A	00 0540 1200H	A	00 0540 1200H
B	00 0000 1800H	B	00 0005 5812H
C	1	C	0

说明：A 右移 8 位为 00 0005 4012H，加上 B，得出 B = 00 0005 5812H，无进位，C = 0。

【例 3】   ADD   #4568H，8，A，B

	指令执行前		指令执行后
A	00 0000 1200H	A	00 0000 1200H
B	00 0000 1800H	B	00 0045 7A00H
C	1	C	0

说明：4568H 左移 8 位为 0045 6800H，加上 A，得出 B = 00 0045 7A00H，无进位，C = 0。

【例 4】   ADDC   *+ AR2(5)，A   ；不受标志位 SXM 影响

	指令执行前		指令执行后
A	00 0000 0030H	A	00 0000 0045H
C	1	C	0
AR2	0100H	AR2	0105H
数据存储器			
0100H	0000H	0100H	0000H
0105H	0014H	0105H	0014H

说明：寻址前，AR2 = 0100H + 5，(AR2) + A + 1→A = 00 0000 0045H，无进位，C = 0。

【例 5】   ADDM   #123BH，*AR4+   ；该指令不能循环执行

	指令执行前		指令执行后
AR4	0100H	AR4	0101H
数据存储器			
0100H	0014H	0100H	124FH

说明：(AR4) + 123BH = 0014H + 123BH = 124FH→(0100H)，AR4 + 1→AR4。

【例 6】   ADDM   #0F088H，*AR2+

	指令执行前		指令执行后
OVM	1	OVM	1
SXM	1	SXM	1
AR2	0105H	AR2	0106H

数据存储器

0105H	8007H	0105H	8000H

说明：如果执行前 SXM = 1，OVM = 0，则执行后 0F088H + 8007H = 708FH→(0105H)，OVA = 1，C = 1；如果执行前 SXM = 1，OVM = 1，则结果不可能为正值，故为负的最大值 8000H→(0105H)，OVA = 1，C = 1。

【例 7】   ADDS *AR2−，B   ；无论 SXM 为何值，都不进行符号扩展

指令执行前   指令执行后

B	00 0000 0003H		B	00 0000 F004H
C	x		C	0
AR2	0106H		AR2	0105H

数据存储器

0106H	F001H	0106H	F001H

说明：无符号数 0F001H + B→B = 00 0000 F004H。

2) 减法指令

TMS320C54x 中减法指令有许多，如 SUB、SUBB、SUBC 和 SUBS。表 3-14 是对减法指令的说明。其中，SUBS 是无符号数的减法运算，SUBB 是带借位的减法运算，而 SUBC 是有条件减法。在 TMS320C54x 中，没有专门的除法指令，要实现除法运算一般有两种方法：一种方法是用乘法进行，如要除以某个数，则可以先求出该数的倒数，再乘以其倒数；另一种方法是用 SUBC 指令，再重复 16 次减法运算，可实现两个无符号数的除法运算。减法指令中的状态位与加法指令中的基本相同。

表 3-14 减法指令的说明

操作符	操 作 数	代数表达式	注 释
SUB	Smem，src	src = src − Smem	从累加器中减去一个操作数
SUB	Smem，TS，src	src = src − Smem << TS	从累加器中减去移位后的操作数
SUB	Smem，16，src[，dst]	dst = src − Smem << 16	从累加器中减去左移 16 位后的操作数
SUB	Smem[，SHIFT]，src[,dst]	dst = src − Smem << SHIFT	操作数移位后与累加器相减
SUB	Xmem，SHFT，src	src = src − Xmem << SHFT	操作数移位后与累加器相减
SUB	Xmem，Ymem，dst	dst = Xmem << 16 − Ymem << 16	两个操作数分别左移 16 位再相减
SUB	#lk[，SHFT]，src[，dst]	dst = src − #lk << SHFT	长立即数移位后与累加器相减
SUB	#lk，16，src[，dst]	dst = src − #lk << 16	长立即数左移 16 位后与累加器相减
SUB	src[，SHIFT] [，dst]	dst = dst − src << SHIFT	源累加器移位后与目的累加器相减

续表

操作符	操 作 数	代数表达式	注　　释
SUB	src，ASM [，dst]	dst = dst − src << ASM	源累加器按 ASM 移位后与目的累加器相减
SUBB	Smem，src	src = src − Smem − $\overline{C}$	带借位的减法
SUBC	Smem，src	if(src − Smem << 15)≥0 src = (src − Smem << 15) << 1 + 1 else src = src << 1	有条件减法
SUBS	Smem，src	src = src − uns(Smem)	不进行符号扩展的减法

　　SUB 有 10 种句法，受标志位 SXM 和 OVM 的影响；SUBB 受标志位 OVM 和 C 的影响；SUBC 受标志位 SXM 的影响；SUBS 受标志位 OVM 的影响。以上指令执行后均影响标志位 C 和 OVdst。

【例 8】　SUB　#12345，8，A，B

	指令执行前			指令执行后
A	00 0000 1200H		A	00 0000 1200H
B	00 0000 1800H		B	FF FFCF D900H
C	X		C	0
SXM	1		SXM	1

　　说明：12345 = 3039H，A − 3039H 左移 8 位→B = FF FFCF D900H，有借位，C = 0。

【例 9】　LD　#8，DP　　　　；使 DP = 8
　　　　　LD　#0006H，A　　　；加载累加器 A
　　　　　SSBX　C　　　　　　；置进位标志位 C 为 1
　　　　　SUBB　@5，A　　　　；完成带借位的减法运算。数据地址 = 0405H，为直接寻址

	指令执行前			指令执行后
A	00 0000 0006H		A	FF FFFF FFFEH
C	1		C	0
DP	008H		DP	008H
数据存储器				
0405H	0008H		0405H	0008H

　　说明：本例应用了直接寻址，数据地址由 DP 的高 9 位加上 SUBB 指令中操作数 5 的低 7 位组成，其结果为 0405H。指令执行 A − (0405H) − 0→A = FF FFFF FFFEH，有借位，C = 0。

【例 10】　利用 SUBC 完成整除法，41H ÷ 7H = 9H，余数是 2H。

　　　　　LD　　#0041H，B　　　；将被除数 41H 装入累加器 B 的低 16 位
　　　　　STM　#0100H，AR2　　；寄存器 AR2 = 0100H
　　　　　STM　#0110H，AR3　　；寄存器 AR3 = 0110H
　　　　　ST　　#0007H，*AR2　；设置 AR2 寄存器的内容，(AR2) = 0007H
　　　　　RPT　#15　　　　　　；重复 SUBC 指令 15 + 1 次

```
        SUBC    *AR2，B          ; 使用 SUBC 指令完成除法运算
        STL     B，*AR3+         ; 将商(累加器 B 的低 16 位)存入变量 AR3 所指地址的数据单
                                     元，AR3 + 1→AR3
        STH     B，*AR3          ; 将余数(累加器 B 的高 16 位)存入变量 AR3 所指地址的数据
                                     单元
```

SUBC 指令重复执行前和最后一条指令执行完后各寄存器的状态如下：

	指令执行前		指令执行后
B	00 0000 0041H	B	00 0002 0009H
C	X	C	1
AR2	0100H	AR2	0100H
AR3	0110H	AR3	0111H

数据存储器

0100H	0007H	0100H	0007H
0110H	0000H	0110H	0009H
0111H	0000H	0111H	0002H

注意：除数和被除数在这条指令中都假设为正值，SXM 将影响该操作，即如果 SXM = 1，则除数的最高位必须为 0；如果 SXM = 0，则任何一个 16 位除数都可以。src 中的除数必须初始化为正值(31 位为 0)，并且在移位后也必须保持为正值。

在 TMS320C54x 中实现 16 位除法运算分两种情况：一种是 |被除数| ≥ |除数|，其商为整数；另一种是 |被除数| < |除数|，其商为小数。实现 16 位小数除法与实现整数除法基本一样，也是使用 SUBC 指令来完成的。由于 SUBC 指令仅对无符号数进行操作，因此在执行 SUBC 指令之前，必须先对被除数和除数取绝对值。商的符号可以利用乘法操作确定，最后通过条件执行指令给商加上适当的符号。

【例 11】 商为整数的除法：0.44 ÷ (−0.22) = −2 的程序段。

```
        .bss    num，1
        .bss    den，1
        .bss    quot，1
        .data
table:  .word   44*32768/100
        .word   −22*32768/100
        .text
start:  STM     #num，AR1        ; 把被除数的地址送入 AR1 中
        RPT     #1              ; 把下一条指令重复执行 2 次
        MVPD    table，*AR1+     ; 把被除数和除数送进数据存储单元
        LD      @den，16，A      ; 将除数装入累加器 A 的高 16 位
        MPYA    @num            ; 利用乘法操作确定商的符号
        ABS     A               ; 将除数取绝对值
        STH     A，@den          ; 将除数绝对值放回原位
```

```
        LD        @num，A          ；将被除数装入累加器 A 的低 16 位
        ABS       A               ；将被除数取绝对值
        RPT       #15             ；16 次减法循环，完成除法
        SUBC      @den，A
        XC        1，BLT          ；如果 B < 0，则商为负数，执行 NEG 指令，否则
                                    跳过 NEG 指令
        NEG       A
        STL       A，@quot        ；保存结果
done:   B         done
        .end
```

结果 y = FFFEH = −2。

【例 12】 商为小数的除法：44 ÷ (−176) = −0.25 的程序段。

```
        .bss      num，1
        .bss      den，1
        .bss      quot，1
        .data
table:  .word     44
        .word     -176
        .text
start:  STM       #num，AR1
        RPT       #1
        MVPD      table，*AR1+
        LD        @den，16，A
        MPYA      @num
        ABS       A
        STH       A，@den
        LD        @num，16，A      ；将被除数装入累加器 A 的高 16 位
        ABS       A
        RPT       #14             ；15 次减法循环，完成除法
        SUBC      @den，A
        XC        1，BLT
        NEG       A
        STL       A，@quot
done:   B         done
        .end
```

结果 y = E000H = −0.25。

3) 乘法指令

TMS320C54x 中有大量的乘法运算指令，其结果都是 32 位，放在累加器 A 或 B 中。表 3-15 是对乘法指令的说明。乘数在 TMS320C54x 的乘法指令中的使用很灵活，可以是 T 寄存器、立即数、存储单元以及累加器 A 或 B 的高 16 位。如果是无符号数相乘，则使用

一条专用于无符号数相乘的指令，即 MPYU 指令，其他指令都是有符号数的乘法。

表 3-15　乘法指令的说明

操作符	操 作 数	代数表达式	注　释
MPY	Smem，dst	dst = T × Smem	T 寄存器值与操作数相乘
MPYR	Smem，dst	dst = rnd(T × Smem)	T 寄存器值与操作数相乘(带舍入)
MPY	Xmem，Ymem，dst	dst = Xmem × Ymem，T = Xmem	两个操作数相乘
MPY	Smem，#lk，dst	dst = Smem × #lk，T = Smem	长立即数与操作数相乘
MPY	#lk，dst	dst = T × #lk	T 寄存器值与长立即数相乘
MPYA	dst	dst = T × A	T 寄存器值与累加器 A 的高位相乘
MPYA	Smem	B = Smem × A，T = Smem	操作数与累加器 A 的高位相乘
MPYU	Smem，dst	dst = uns(T) × uns(Smem)	两无符号数相乘
SQUR	Smem，dst	dst = SmemvSmem，T = Smem	操作数的平方
SQUR	A，dst	dst = A × A	累加器 A 的高位平方

注：累加器 A 的范围是 31～16 位。

在 TMS320C54x 中，小数的乘法与整数乘法基本相同，由于是两个有符号小数相乘，其结果的小数点的位置在次高位的后面，出现了冗余符号位，因此必须左移一位，才能得到正确结果。TMS320C54x 提供了一个标志位 FRCT，如果将其设为 1(用 SSBX FRCT 指令设置)，则在乘法器将结果传送至累加器时会自动地左移一位，从而消除冗余符号位。两个小数相乘时，乘积总是"向右增长"。在这种情况下，16 位数的乘积为 32 位，如果精度允许，可以只存放高 16 位，将低 16 位丢弃，只取 16 位结果，这样保存结果所使用的资源较少。

【例 13】　实现整数乘法。

```
LD      #0030H，A        ; 将 0030H 装入累加器 A
STM     #0100H，AR2      ; AR2 = 0100H
ST      #2000H，*AR2     ; (AR2) = 2000H
RSBX    FRCT            ; 清标志位 FRCT，准备整数乘法
LD      #2，DP           ; DP = 002H
LD      0，T             ; 将 AR2 中的内容 2000H 装入 T 寄存器
MPY     #-2，A           ; 完成 2000H 与 0FFFEH 相乘，结果放入累加器 A(32 位)，
                          A = FF FFFF C000H
```

说明：立即数 lk(−32 768≤lk≤32 767)在进入算术运算单元 ALU 之前需进行符号扩展。

【例 14】　实现小数乘法。

```
SSBX    FRCT            ; 置标志位 FRCT，准备小数乘法
LD      temp1，16，A      ; 将变量 temp1 装入累加器 A 的高 16 位
```

　　MPYA　　　temp2　　　　　；完成 temp2 与累加器 A 的高 16 位相乘，结果放入累加器 B，
　　　　　　　　　　　　　　　　 并将 temp2 装入 T 寄存器
　　STH　　　 temp3　　　　　；将乘积结果的高 16 位存入变量 temp3

4) 乘加指令

乘加指令完成一个乘法运算，将乘积再与源累加器的内容相加。指令后加 R 后缀的，其运算结果要进行凑整。表 3-16 是对乘加指令的说明。

表 3-16　乘加指令的说明

操作符	操 作 数	代数表达式	注 释
MAC	Smem，src	src = src + T × Smem	T 寄存器值与操作数相乘后加到累加器
MAC	Xmem，Ymem，src[，dst]	dst = src + Xmem × Ymem，T = Xmem	两个操作数相乘后加到累加器
MAC	#lk，src[，dst]	dst = src + T × #lk	长立即数与 T 寄存器值相乘后加到累加器
MAC	Smem，#lk，src[，dst]	dst = src + Smem × #lk，T = Smem	长立即数与操作数相乘后加到累加器
MACR	Smem，src	src = rnd(src + T × Smem)	T 寄存器值与操作数相乘后加到 A(带舍入)
MACR	Xmem，Ymem，src[，dst]	dst = rnd(src + Xmem × Ymem)，T = Xmem	两个操作数相乘后加到累加器(带舍入)
MACA	Smem[，B]	B = B + Smem × A，T = Smem	操作数与累加器 A 的高位相乘后加 B
MACA	T，src[，dst]	dst = src + T × A	T 与 A 的高位相乘后再累加
MACAR	Smem[，B]	B = rnd(B + Smem × A) T = Smem	操作数与 A 的高位相乘后再加 B(带舍入)
MACAR	T，src[，dst]	dst = rnd(src + T × A)	T 与 A 的高位相乘后再累加
MACD	Smem，pmad，src	src = src + Smem × pmad，T = Smem Smem = Smem + 1	带延时的操作数与程序存储器值相乘后再累加
MACP	Smem，pmad，src	src = src + Smem × pmad，T = Smem	操作数与程序存储器值相乘后再累加
MACSU	Xmem，Ymem，src	src = src + uns(Xmem) × Ymem，T = Xmem	无符号数与有符号数相乘后再累加

注：累加器 A 的范围是 31～16 位。

乘加指令共有 13 种句法，其中 MAC 有 4 种，MACR 有 2 种，MACA 有 2 种，MACAR 有 2 种，MACD 有 1 种，MACP 有 1 种，MACSU 有 1 种。

【例 15】   MAC #345H，A，B

	指令执行前		指令执行后
A	00 0000 1000H	A	00 0000 1000H
B	00 0000 0000H	B	00 000D 2400H
T	0400H	T	0400H
FRCT	0	FRCT	0

说明：FRCT = 0，执行整数乘法后再累加。A + T × 0345H = 1000H + 0400H × 0345H = 000D 2400H→B。

【例 16】   MAC #345H，A，B

	指令执行前		指令执行后
A	00 0000 1000H	A	00 0000 1000H
B	00 0000 0000H	B	00 001A 3800H
T	0400H	T	0400H
FRCT	1	FRCT	1

说明：FRCT = 1，执行小数的乘法，系统自动将乘积结果左移 1 位，以消除多余的符号位之后再累加。

【例 17】   MAC *AR3+，*AR4+，A，B

	指令执行前		指令执行后
A	00 0000 1000H	A	00 0000 1000H
B	00 0000 0004H	B	00 0C4C 10C0H
T	0008H	T	5678H
FRCT	1	FRCT	1
AR3	0100H	AR3	0101H
AR4	0200H	AR4	0201H

数据存储器			
0100H	5678H	0100H	5678H
0200H	1234H	0200H	1234H

说明：FRCT = 1，执行小数的乘法后再累加。A + (AR3) × (AR4) = 1000H + 5678H × 1234H = 0C4C 10C0H→B，T = (AR3)，AR3 + 1→AR3，AR4 + 1→AR4。

【例 18】   MACR *AR3+，*AR4+，A，B

	指令执行前		指令执行后
A	00 0000 1000H	A	00 0000 1000H
B	00 0000 0004H	B	00 0C4C 0000H
T	0008H	T	5678H
FRCT	1	FRCT	1
AR3	0100H	AR3	0101H
AR4	0200H	AR4	0201H

数据存储器			
0100H	5678H	0100H	5678H
0200H	1234H	0200H	1234H

说明：指令后加 R 后缀的为带舍入的乘累加运算，对目的累加器 B 的结果进行凑整运

算，即结果加上 2^{15}(8000H)，低 16 位清零。

【例 19】　MACA　T，A，B

	指令执行前		指令执行后
A	00 1234 0000H	A	00 1234 0000H
B	00 0002 0000H	B	00 12CF 4BA0H
T	0444H	T	0444H
FRCT	1	FRCT	1

说明：A + T × A(31～16) = 1234 0000H + 0444H × 1234H = 12CF 4BA0H→B。

【例 20】　MACA　T，B，B

	指令执行前		指令执行后
A	00 1234 0000H	A	00 1234 0000H
B	00 0002 0000H	B	00 009D 4BA0H
T	0444H	T	0444H
FRCT	1	FRCT	1

说明：当源累加器和目的累加器都为 B 时，B + T × A(31～16)→B，结果 B = 009D4BA0H。

【例 21】　MACD　*AR2-，COEFFS，A

	指令执行前		指令执行后
A	00 0077 0000H	A	00 007D 0B44H
T	0008H	T	0055H
FRCT	0	FRCT	0
AR2	0100H	AR2	00FFH

程序存储器

COEFFS	1234H	COEFFS	1234H

数据存储器

0100H	0055H	0100H	0055H
0101H	0066H	0101H	0055H

说明：A+(AR2)×(COEFFS)=0077 0000H+0055H×1234H=007D 0B44H→A，T = (AR2) = 0055H，带延时的操作数(AR2 + 1) = (AR2) = 0055H，AR2 − 1 = 00FFH→AR2。

【例 22】　MACSU　*AR3+，*AR4+，A

	指令执行前		指令执行后
A	00 0000 1000H	A	00 09A0 AA84H
T	0008H	T	8765H
FRCT	0	FRCT	0
AR3	0100H	AR3	0101H
AR4	0200H	AR4	0201H

数据存储器

0100H	8765H	0100H	8765H
0200H	1234H	0200H	1234H

说明：A + uns(AR3) × (AR4) = 1000H + 8765H × 1234H = 09A0 AA84H→A，T = 8765H。

【例 23】 编写计算 $Z_{64} = X_{32} * Y_{32}$ 的程序段。

STM	#x_0, AR2		AR2 →
STM	#y_0, AR3		
LD	*AR2,T	; T = x_0	AR3 →
MPYU	*AR3+,A	; A = uns(x_0)*uns(y_0)	
STL	A, @z_0	; z_0 = uns(x_0)*uns(y_0)	
LD	A, −16,A	; A = A >> 16	
MACSU	*AR2+, *AR3−, A	; A+ = y_1*uns(x_0)	
MACSU	*AR3+, *AR2, A	; A+ = x_1*uns(y_0)	
STL	A,@z_1	; z_1 = A	
LD	A,−16,A	; A = A >> 16	
MAC	*AR2, *AR3, A	; A+ = x_1*y_1	
STL	A, @z_2	; z_2 = AL	
STH	A, @z_3	; z_3 = AH	

寄存器排列：x_0，x_1，y_0，y_1，z_0，z_1，z_2，z_3。

5) 乘减指令

乘减指令完成从累加器 B、源累加器 src 或目的累加器 dst 中减去 T 寄存器或一个操作数与另一个操作数的乘积，结果存放在累加器 B、dst 或 src 中。表 3-17 是对乘减指令的说明。

表 3-17　乘减指令的说明

操作符	操作数	代数表达式	注释
MAS	Smem, src	src = src − T × Smem	从 src 中减去 T 与操作数的乘积
MASR	Smem, src	src = uns(src − T × Smem)	从 src 中减去 T 与操作数的乘积(带舍入)
MAS	Xmem, Ymem, src[, dst]	dst = src − Xmem × Ymem, T = Xmem	从 src 中减去两操作数的乘积
MASR	Xmem, Ymem, src[, dst]	dst = rnd(src − Xmem × Ymem), T = Xmem	从 src 中减去两操作数的乘积(带舍入)
MASA	Smem[, B]	B = B − Smem × A, T = Smem	从 B 中减去操作数与 A 高位的乘积
MASA	T, src[, dst]	dst = src − T × A	从 src 中减去 T 与 A 高位的乘积
MASAR	T, src[, dst]	dst = rnd(src − T × A)	从 src 中减去 T 与 A 高位的乘积(带舍入)
SQURA	Smem, src	src = src + Smem × Smem, T = Smem	平方后累加
SQURS	Smem, src	src = src − Smem × Smem, T = Smem	平方后做减法

注：累加器 A 的范围是 31～16 位。

乘减指令共有 9 种句法，其中 MAS 有 2 种，MASR 有 2 种，MASA 有 2 种，MASAR 有 1 种，SQURA 有 1 种，SQURS 有 1 种。

【例 24】　　MAS　*AR3+，*AR4+，A，B

	指令执行前			指令执行后
A	00 0000 1000H		A	00 0000 1000H
B	00 0000 0004H		B	FF F3B4 0F40H
T	0008H		T	5678H
FRCT	1		FRCT	1
AR3	0100H		AR3	0101H
AR4	0200H		AR4	0201H

数据存储器

0100H	5678H		0100H	5678H
0200H	1234H		0200H	1234H

说明：A − (AR3) × (AR4) = 1000H − 5678H × 1234H = F3B4 0F40H→B，T = 5678H。

【例 25】　　MASR　*AR3+，*AR4+，A，B

	指令执行前			指令执行后
A	00 0000 1000H		A	00 0000 1000H
B	00 0000 0004H		B	FF F3B4 0000H
T	0008H		T	5678H
FRCT	1		FRCT	1
AR3	0100H		AR3	0101H
AR4	0200H		AR4	0201H

数据存储器

0100H	5678H		0100H	5678H
0200H	1234H		0200H	1234H

说明：若在指令后加 R 后缀，则指令就会对结果进行凑整计算。本例中对目的累加器 B 的结果进行了凑整运算。

【例 26】　　编制计算 y = 0.1 * 0.8 + (−0.2) * 0.6 + (−0.3) * (−0.9)的程序段。

```
           .bss      x，3
           .bss      a，3
           .bss      y，1
           .data
table:     .word     1*32768/10，-2*32768/10，-3*32768/10
           .word     8*32768/10，6*32768/10，-9*32768/10
           .text
start:     STM       #table，AR1      ; AR1 指向程序地址 table
           STM       #x，AR2          ; AR2 指向 x
           STM       #5，AR0
           LD        #0，A
loop:      LD        *AR1+，A         ; 从程序存储单元向数据存储单元传送 6 个数据
```

```
       STL      A，*AR2+
       BANZ     loop，*AR0-        ；AR0 ≠ 0，执行标号 loop，否则执行下一条指令
       SSBX     FRCT
       CALL     SUM
end：   B        end
SUM：  STM      #a，AR3            ；被乘数单元
       STM      #x，AR4            ；乘数单元
       RPTZ     A，#2             ；重复执行下条指令 3 次，使累加器 A 清零
       MAC      *AR3+，*AR4+，A
       STH      A，@y
       RET
       .end
```

结果 y = 1D70H = 0.23。

6) 双操作数指令

双操作数指令中有一个操作数 Lmem 是长数据存储操作数，该指令为双长字(32 位)的指令。例如 DADD 指令，它在 C16 的控制下完成一个 32 位的加法运算或两个 16 位的加法运算。当 C16 = 0 时，指令以双精度(32 位)方式执行；当 C16 = 1 时，指令以双 16 位方式执行。表 3-18 是对双操作数指令的说明。

表 3-18　双操作数指令的说明

操作符	操 作 数	代数表达式	注 释
DADD	Lmem，src，[dst]	if C16 = 0　dst = Lmem + src If C16 = 1 dst(39~16) = Lmem(31~16) + src(31~16) dst(15~0) = Lmem(15~0) + src(15~0)	双精度/双 16 位数加到累加器
DADST	Lmem，dst	if C16 = 0　dst = Lmem + (T << 16 + T) if C16 = 1　dst(39~16) = Lmem(31~16) + T dst(15~0) = Lmem(15~0) − T	双精度/双 16 位数与 T 寄存器值相加/减
DRSUB	Lmem，src	if C16 = 0　dst = Lmem − src if C16 = 1 src(39~16) = Lmem(31~16) − src(31~16) src(15~0) = Lmem(15~0) − src(15~0)	双精度/双 16 位数减去累加器
DSADT	Lmem，dst	if C16 = 0　dst = Lmem − (T << 16 + T) if C16 = 1　dst(39~16) = Lmem(31~16) − T dst(15~0) = Lmem(15~0) + T	长立即数与 T 寄存器值相加/减
DSUB	Lmem，src	if C16 = 0　src = src − Lmem if C16 = 1 src(39~16) = src(31~16) − Lmem(31~16) src(15~0) = src(15~0) − Lmem(15~0)	从累加器中减去双精度/双 16 位数
DSUBT	Lmem，src	if C16 = 0　dst = Lmem − (T << 16 + T) if C16 = 1　dst(39~16) = Lmem(31~16) − T dst(15~0) = Lmem(15~0) − T	从长立即数中减去 T 寄存器值

【例 27】 DADD *AR3-，A，B

	指令执行前		指令执行后
A	00 5678 8933H	A	00 5678 8933H
B	00 0000 0000H	B	00 6BAC 1D89H
AR3	0100H	AR3	00FEH
C16	1	C16	1
数据存储器			
0100H	1534H	0100H	1534H
0101H	9456H	0101H	9456H

说明：C16 = 1，B 的高 16 位等于 AR3 的高 16 位加上 A 的高 16 位；B 的低 16 位等于 AR3 的低 16 位加上 A 的低 16 位。执行后，AR3 减 2。

【例 28】 编写计算 $W_{64} = X_{64} + Y_{64}$ 的程序段。

X、Y、W 均为 64 位数，它们都由两个 32 位的长字组成。低 32 位相加，可用长字指令完成，产生进位。由于没有长字带进位加指令，因此只能用 16 位带进位指令 ADDC。

DLD	@x_1, A	; A = $x_1 x_0$
DADD	@y_1, A	; A = $x_1 x_0 + y_1 y_0$
DST	A, w_1	
DLD	@x_3, B	; B = $x_3 x_2$
ADDC	@y_2, B	; B = $x_3 x_2 + y_2$ + C
ADD	@y_3, 16, B	; B = $x_3 x_2 + y_3 y_2$ + C
DST	B, w_3	

x_3
x_2
x_1
x_0
y_3
y_2
y_1
y_0
w_3
w_2
w_1
w_0

7) 专用指令

在 TMS320C54x 中，许多专用指令用来完成一些特殊的操作，这样不仅可以大大提高编写程序的速度，缩短程序的长度，还避免了汇编中为实现一种功能而需要多条语句的弊端，减少了指令执行的周期。表 3-19 是对专用指令的说明。

表 3-19 专用指令的说明

操作符	操 作 数	代数表达式	注 释
ABDST	Xmem，Ymem	B = B + A | (31～16) | A = (Xmem − Ymem) << 16	求绝对值
ABS	src，[dst]	dst = |src|	累加器取绝对值
CMPL	src，[dst]	dst = $\overline{\text{src}}$	累加器取反
DELAY	Smem	(Smem + 1) = Smem	存储单元延迟
EXP	src	T = 符号位所在的位数(src) − 8	求累加器的指数
FIRS	Xmem，Ymem，pmad	B = B + A(31～16) × pmad A = (Xmem + Ymem) << 16	有限冲激响应滤波器
LMS	Xmem，Ymem	B = B + Xmem × Ymem A = A + Xmem << 16 + 2^{15}	求最小均方值

操作符	操 作 数	代数表达式	注 释
MAX	dst	dst = max(A，B)	求累加器的最大值
MIN	dst	dst = min(A，B)	求累加器的最小值
NEG	src，[dst]	dst = −src	累加器变负号
NORM	src，[dst]	dst = src << TS dst = norm(src，TS)	归一化
POLY	Smem	B = Smem << 16 A = rnd(A(31~16) × T + B)	求多项式的值
RND	src，[dst]	dst = src + 2^{15}	累加器舍入运算
SAT	src	饱和运算(src)	对累加器的值做饱和计算
SQDST	Xmem，Ymem	B = B + A(31~16) × A(31~16) A = (Xmem − Ymem) << 16	求两点之间距离的平方

【例 29】   ABDST   *AR3+，*AR4+

	指令执行前		指令执行后
A	FF ABCD 0000H	A	FF FFAB 0000H
B	00 0000 0000H	B	00 0000 5433H
AR3	0100H	AR3	0101H
AR4	0200H	AR4	0201H
FRCT	0	FRCT	0
数据存储器			
0100H	0055H	0100H	0055H
0200H	00AAH	0200H	00AAH

说明：B = B + |A(31~16)| = 0000 5433H，(AR3) − (AR4) = FFABH，结果左移 16 位→A。

【例 30】   FIRS   *AR3+，*AR4+，COEFFS

	指令执行前		指令执行后
A	00 0077 0000H	A	00 00FF 0000H
B	00 0000 0000H	B	00 0008 762CH
AR3	0100H	AR3	0101H
AR4	0200H	AR4	0201H
FRCT	0	FRCT	0
数据存储器			
0100H	0055H	0100H	0055H
0200H	00AAH	0200H	00AAH
程序存储器			
COEFFS	1234H	COEFFS	1234H

说明：B = B + A(31~16) × 1234H = 0008 762CH，(AR3) + (AR4) = 00FFH，结果左移 16 位→A。

2．逻辑指令

按照功能的不同可将逻辑指令分为 5 组，即与指令(AND)、或指令(OR)、异或指令(XOR)、移位指令(ROL)和测试指令(BITF)。根据操作数的不同，指令的执行需要 1～2 个指令周期。前三组指令与计算机汇编语言中的逻辑指令一样，是按位进行操作的。

1) 与逻辑运算指令

表 3-20 是对与逻辑运算指令的说明。

表 3-20　与逻辑运算指令的说明

操作符	操 作 数	代数表达式	注 释
AND	Smem, src	src = src&Smem	操作数和累加器相与
AND	#lk[, SHFT], src[, dst]	dst = src&#lk << SHIFT	长立即数移位后和累加器相与
AND	#lk, 16, src[, dst]	dst = src&#lk << 16	长立即数左移 16 位后和累加器相与
AND	src[, SHIFT][, dst]	dst = dst&src << SHIFT	源累加器移位后和目的累加器相与
ANDM	#lk, Smem	Smem = Smem&#lk	操作数和长立即数相与

2) 或逻辑运算指令

表 3-21 是对或逻辑运算指令的说明。

表 3-21　或逻辑运算指令的说明

操作符	操 作 数	代数表达式	注 释
OR	Smem, src	src = src｜Smem	操作数和累加器相或
OR	#lk[, SHFT], src[, dst]	dst = src｜#lk << SHFT	长立即数移位后和累加器相或
OR	#lk, 16, src[, dst]	dst = src｜#lk << 16	长立即数左移 16 位后和累加器相或
OR	src[, SHIFT][, dst]	dst = dst｜src << SHIFT	源累加器移位后和目的累加器相或
ORM	#lk, Smem	Smem = Smem｜#lk	操作数和长立即数相或

3) 异或逻辑运算指令

表 3-22 是对异或逻辑运算指令的说明。

表 3-22　异或逻辑运算指令的说明

操作符	操 作 数	代数表达式	注 释
XOR	Smem, src	src = src∧Smem	操作数和累加器相异或
XOR	#lk[, SHFT], src[, dst]	dst = src∧#lk << SHFT	长立即数移位后和累加器相异或
XOR	#lk, 16, src[, dst]	dst = src∧#lk << 16	长立即数左移 16 位后和累加器相异或
XOR	src[, SHIFT][, dst]	dst = dst∧src << SHIFT	源累加器移位后和目的累加器相异或
XORM	#lk, Smem	Smem = Smem∧#lk	操作数和长立即数相异或

4) 移位指令

表 3-23 是对移位指令的说明。

表 3-23　移位指令的说明

操作符	操 作 数	代数表达式	注 释
ROL	src	C→src(0) src(30~0)→src(31~1) src(31)→C 0→src(39~32)	累加器经进位标志位循环左移
ROLTC	src	TC→src(0) src(30~0)→src(31~1) src(31)→C 0→src(39~32)	累加器经 TC 位循环左移
ROR	src	C→src(31) src(31~1)→src(30~0) src(0)→C 0→src(39~32)	累加器经进位标志位循环右移

SFTA	src，SHIFT[，dst]	dst = src << SHIFT
		If SHIFT < 0 then
		C = (src((−SHIFT) − 1))
		dst = src(39~0) << SHIFT
		If SXM = 1 then
		dst(39~(39 + (SHIFT + 1)))or src(39~(39 + (SHIFT + 1))) = src(39)
		Else
		dst(39~(39 + (SHIFT + 1))) or src(39~(39 + (SHIFT + 1))) = 0
		Else
		C = src(39~SHIFT)
		dst = src << SHIFT
		dst((SHIFT − 1)~0) or
		src((SHIFT − 1)~0) = 0
			累加器算术移位

SFTC	src	If src(31) = src(30) then src = src << 1	累加器条件移位

SFTL	src，SHIFT[，dst]	dst = src << SHIFT
		If SHIFT < 0 then
		C = src((−SHIFT) − 1)
		dst = src(31~0) << SHIFT
		dst(39~(31 + (SHIFT + 1))) = 0
		If SHIFT = 0 then
		C = 0
		Else
		C = src(31 − (SHIFT − 1))
		dst = src((31 − SHIFT)~0) << SHIFT
		dst((SHIFT − 1)~0) or src((SHIFT − 1)~0) = 0
		dst(39~32) [or src(39~32)] = 0
			累加器逻辑移位

【例 31】　SFTA　A，−8，B

	指令执行前		指令执行后
A	FF 8765 0055H	A	FF 8765 0055H
B	00 4321 1234H	B	FF FF87 6500H
C	X	C	0
SXM	1	SXM	1

说明：SXM = 1，累加器 A 右移 8 位→B，C = A(7) = 0。

【例 32】 SFTA A，−8，B

	指令执行前			指令执行后
A	FF 8765 0055H		A	FF 8765 0055H
B	00 4321 1234H		B	00 FF87 6500H
C	X		C	0
SXM	0		SXM	0
OVM	0		OVM	0
OVB	0		OVB	1

说明：SXM = 0，累加器 B 的 39～32 位等于 0。

【例 33】 SFTL A，−8，B

	指令执行前			指令执行后
A	FF 8765 0085H		A	FF 8765 0085H
B	FF 8000 0000H		B	00 0087 6500H
C	0		C	1

说明：逻辑右移 8 位，因为 SHIFT = −8 < 0，C = A((−SHIFT) − 1)位即累加器 A 的第 7 位，B(39～(31 + (SHIFT + 1)))位清零，B = A(31～0)右移 8 位。

【例 34】 SFTL B，+5

	指令执行前			指令执行后
B	FF A200 1234H		B	00 4002 4680H
C	0		C	0

说明：逻辑左移 5 位，因为 SHIFT = 5 > 0，C = B(31 − (SHIFT − 1))位即累加器 A 的第 27 位，B 的((SHIFT − 1)～0)清零，B = B((31 − SHIFT)～0)左移 5 位，B(39～32)位清零。

5) 测试指令

测试指令可以测试操作数的指定位的值，也可以比较两个操作数是否相等。这些指令的执行需要 1～2 个指令周期。表 3-24 是对测试指令的说明。

表 3-24 测试指令的说明

操作符	操 作 数	代数表达式	注 释
BIT	Xmem，BITC	TC = Xmem(15 − BITC)	测试指定位
BITF	Smem，#lk	If(Smem&#lk) = 0 then TC = 0 Else TC = 1	测试由立即数指定的位域
BITT	Smem	TC = Smem(15 − T(3～0))	测试由 T 寄存器指定的位
CMPM	Smem，#lk	If Smem = #lk then TC = 1 Else TC = 0	比较单数据存储器操作数和立即数的值
CMPR	CC，ARx	0≤CC≤3 CC = 00，测试 ARx = AR0 CC = 01，测试 ARx < AR0 CC = 10，测试 ARx > AR0 CC = 11，测试 AR x ≠ AR0 If (cond) then TC = 1 Else TC = 0	辅助寄存器 ARx 与 AR0 相比较

【例 35】　BIT　*AR2+，12

	指令执行前		指令执行后
TC	X	TC	1
AR2	0100H	AR2	0101H

数据存储器			
0100H	7688H	0100H	7688H

说明：测试(*AR2)中的第 3 位的值，然后将结果→TC 位，结果 TC = 1。

【例 36】　CMPR 2，AR4

	指令执行前		指令执行后
TC	1	TC	0
AR0	FFFFH	AR0	FFFFH
AR4	7FFFH	AR4	7FFFH

说明：比较寄存器 AR4 和 AR0，由于当 CC = 2，AR4 > AR0 时，TC = 1，而 7FFFH < FFFFH，因此 TC = 0。

3. 程序控制指令

程序控制指令用于控制程序的执行顺序。程序控制指令包括分支转移指令(B、BC)、调用指令(CALL)、中断指令(INTR、TRAP)、返回指令(RET)、重复指令(RPT)、堆栈操作指令(FRAME、POPD)和混合程序控制指令(IDLE、NOP)。这些指令根据不同情况分别需要 1～6 个指令周期。

条件分支转移指令或条件调用、条件返回指令都要用条件来限制分支转移、调用和返回操作，只有当一个条件或多个条件得到满足时才执行指令。条件运算符如表 3-25 所示。

表 3-25　条 件 运 算 符

第一组		第二组			说　　明
A 类	B 类	A 类	B 类	C 类	
EQ、NEQ	OV	TC	C	BIO	• 组内同一类中不能选两个条件； • 组内类与类之间的条件可以"与"/"或"； • 组与组之间的条件只能"或"； • 当组内的不同类组合时，必须针对同一累加器
LEQ、GEQ	NOV	NTC	NC	NBIO	
LT、GT					

1) 分支转移指令

分支转移指令可以改变程序指针 PC，使程序从一个地址跳转到另一个地址。分支转移指令分有条件转移和无条件转移两种。指令后有 D 后缀的指令是延迟转移，指令执行时先执行紧跟的下一条指令，紧接着延迟转移指令的两条单字指令和一条双字指令。延迟转移可以减少转移指令的执行时间，但程序的可读性变差。表 3-26 是对有 D 后缀的分支转移指令的说明。

表 3-26 有 D 后缀的分支转移指令的说明

操作符	操 作 数	代 数 表 达 式	注 释
B[D]	pmad	PC = pmad(15～0)	可选择延时的无条件分支转移
BACC[D]	src	PC = src(15～0)	可选择延时的按累加器规定的地址转移
BANZ[D]	pmad，Sind	If(Sind ≠ 0) then PC = pmad(15～0)	辅助寄存器不为 0 时转移
BC[D]	pmad，cond[，cond[，cond]]	If(cond(s) then PC = pmad(15～0)	可选择延时的条件分支转移
FB[D]	extpmad	PC = pmad(15～0) XPC = pmad(22～16)	可选择延时的无条件远程分支转移
FBACC[D]	src	PC = src(15～0) XPC = src(22～16)	按累加器规定的地址远程分支转移

【例 37】 用 AR2 作为循环计数器，设初值为 4，共执行 5 次加法运算。

     ⋮

     LOOP： ADD *AR1+，A

            BANZ LOOP，*AR2−

     ⋮

【例 38】 BC 3000H，AGT，AOV

	指令执行前		指令执行后
A	00 0000 0067	A	00 0000 0067
OVA	1	OVA	1
PC	2000	PC	3000

【例 39】 FBACC A

	指令执行前		指令执行后
A	00 0030 2000H	A	00 0030 2000H
PC	0100H	PC	2000H
XPC	00H	XPC	30H

说明：按累加器 A 规定的地址远程分支转移。

2) 调用指令

调用指令与分支转移指令的区别是，当采用调用指令时，被调用的程序段执行完后要返回程序的调用处继续执行原程序。

调用指令为非延时指令，PC + 1→TOS；当指令后加 D 后缀时，是延迟调用指令，紧接着指令的两条单字指令和一条双字指令先被取出执行，此时 PC + 3→TOS。对于 CC[D] 指令，当满足确定的条件时，PC + 2→TOS，pmad→PC，否则，PC + 2→PC；如果是延迟调用指令，则该指令后的双字指令先被取出执行，被测试的条件不会受影响，PC + 4→TOS。表 3-27 是对延迟调用指令的说明。

表 3-27　延迟调用指令的说明

操作符	操　作　数	代 数 表 达 式	注　　释
CALA[D]	src	SP = SP − 1，PC + 1[3] = TOS PC = src(15～0)	按累加器规定的地址调用子程序
CALL[D]	pmad	SP = SP − 1，PC + 2[4] = TOS PC = pmad(15～0)	无条件调用子程序
CC[D]	pmad, cond[, cond[, cond]]	if(cond(s)) then SP = SP − 1 PC + 2[4] = TOS，PC = pmad(15～0)	有条件调用子程序
FCALA[D]	src	SP = SP − 1，PC + 1[3] = TOS PC = src(15～0) XPC = src(22～16)	按累加器规定的地址远程调用子程序
FCALL[D]	extpmad	SP = SP − 1，PC + 2[4] = TOS PC = pmad(15～0) XPC = pmad(22～16)	无条件远程调用子程序

【例 40】　CALA　A

	指令执行前		指令执行后
A	00 0000 3000H	A	00 0000 3000H
PC	0025H	PC	3000H
SP	1111H	SP	1110H

数据存储器

1110H	4567H	1110H	0026H

说明：SP = SP − 1，PC + 1→(SP) = 0026H，A(15～0)→PC = 3000H。

【例 41】　CALAD　B
　　　　　ANDM　4444H，*AR1+

	指令执行前		指令执行后
B	00 0000 3000H	B	00 0000 3000H
PC	0025H	PC	3000H
SP	1111H	SP	1110H

数据存储器

1110H	4567H	1110H	0028H

说明：具有延迟的指令。执行过程为 SP = SP−1，PC + 3→(SP) = 0028H，B(15～0)→PC。

3) 中断指令

当有中断发生时，INTM 位置 1，屏蔽所有可屏蔽中断，并设置中断标志寄存器 IFR 中相应的中断标志位。中断向量地址是由处理器工作方式状态寄存器(PMST)中的中断向量指针 IPTR(9 位)和左移两位后的中断向量序号(中断向量序号为 0～31，左移两位后变为 7 位)组成的。表 3-28 是对中断指令的说明。

表 3-28 中断指令的说明

操作符	操作数	代 数 表 达 式	注 释
INTR	K	SP = SP − 1, TOS = PC + 1 PC = IPTR(15~7) + K << 2 INTM = 1	不可屏蔽的软件中断 关闭其他可屏蔽的软件中断
TRAP	K	SP = SP − 1, TOS = PC + 1 PC = IPTR(15~7) + K << 2	不可屏蔽的软件中断, 不影响 INTM 位

【例 42】 INTR 3

	指令执行前		指令执行后
PC	0025H	PC	FF8CH
INTM	0	INTM	1
IPTR	1FFH	IPTR	1FFH
SP	1000H	SP	0FFFH
数据存储器			
0FFFH	4567H	0FFFH	0026H

说明: SP = SP − 1, PC + 1→(SP) = 0026H, 中断向量指针 IPTR 为 PMST 寄存器的 15~
7 位, 中断向量地址的形成如图 3-6 所示。PC = IPTR + K << 2 = FF8CH, INTM = 1。

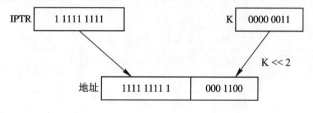

图 3-6 中断向量地址的形成

4) 返回指令

返回指令用于在执行完调用程序段或中断服务程序后, 使程序返回到调用指令或中断
发生的地方以继续执行。表 3-29 是对返回指令的说明。

表 3-29 返回指令的说明

操作符	操作数	代 数 表 达 式	注 释
FRET[D]		XPC = TOS, SP = SP + 1, PC = TOS, SP = SP + 1	远程返回
FRETE[D]		XPC = TOS, SP = SP + 1, PC = TOS, SP = SP + 1, INTM = 0	开中断, 从远程中断返回
RC[D]	cond[, cond[, cond]]	If(cond(s) then PC = TOS, SP = SP + 1 Else PC = PC + 1	条件返回
RET[D]		PC = TOS, SP = SP + 1	返回
RETE[D]		PC = TOS, SP = SP + 1, INTM = 0	开中断, 从中断返回
RETF[D]		PC = RTN, SP = SP + 1, INTM = 0	开中断, 从中断快速返回

【例 43】　　FRETE

	指令执行前			指令执行后
PC	2112H		PC	0110H
XPC	05H		XPC	006EH
ST1	2900H		ST1	2100H
SP	0300H		SP	0302H

数据存储器				
0300H	006EH		0300H	006EH
0301H	0110H		0301H	0110H

说明：TOS→XPC = 006EH，SP = SP + 1，TOS→PC = 0110H，SP = SP + 1，INTM = 0。

5) 重复指令

重复指令能使 DSP 重复执行一条指令或一段指令。在执行 RPT 或 RPTZ 期间，对 $\overline{\text{NMI}}$ 和所有可屏蔽中断都不响应。在执行 RPTB 指令前，必须把循环次数置入 BRC 寄存器中。在块重复执行期间，可以响应中断。表 3-30 是对重复指令的说明。

表 3-30　重复指令的说明

操作符	操作数	代数表达式	注　释
RPT	Smem	循环执行一条指令，RC = Smem	重复执行下条指令 (Smem) + 1 次
RPT	#K	循环执行一条指令，RC = #K	重复执行下条指令 #K + 1 次
RPT	#lk	循环执行一条指令，RC = #lk	重复执行下条指令 #lk + 1 次
RPTB[D]	pmad	循环执行一段指令，RSA = PC + 2[4]，REA = pmad	块重复指令
RPTZ	dst, #lk	循环执行一条指令，RC = #lk，dst = 0	重复执行下条指令，累加器清零

【例 44】　　RPT　　# 99　　；循环执行 NOP 指令 100 次，RC = 63H，单字指令
　　　　　　　NOP
　　　　　　　RPT　　# 999　　；将紧跟在 RPT 后面的下一条指令循环执行 1000 次，双字指令

6) 堆栈操作指令

堆栈操作指令可以对堆栈进行压入和弹出操作，操作数可以是立即数、数据存储单元 (Smem) 或存储器映像寄存器(MMR)。表 3-31 是对堆栈操作指令的说明。

表 3-31　堆栈操作指令的说明

操作符	操作数	代数表达式	注　释
FRAME	K	SP = SP + K，−128≤K≤127	堆栈指针偏移一个立即数
POPD	Smem	Smem = TOS，SP = SP + 1	将数据从栈顶弹出至数据存储器
POPM	MMR	MMR = TOS，SP = SP + 1	将数据从栈顶弹出至 MMR
PSHD	Smem	SP = SP − 1，Smem = TOS	将数据压入堆栈
PSHM	MMR	SP = SP − 1，MMR = TOS	将 MMR 压入堆栈

7) 其他程序控制指令

表 3-32 是对其他程序控制指令的说明。

表 3-32　其他程序控制指令的说明

操作符	操作数	代数表达式	注　释
IDLE	K	PC = PC + 1，1≤K≤3	保持空转状态，直到中断发生
MAR	Smem	if CMPT = 0 then 修改 ARx if CMPT = 1 and ARx ≠ AR0 then 修改 ARX，ARP = x if CMPT = 1 and ARx = AR0 then 修改 AR(ARP)，ARP 不变	修改辅助寄存器
NOP			空操作
RESET			软件复位
RSBX	N，SBIT	STN(SBIT) = 0	状态寄存器复位
SSBX	N，SBIT	STN(SBIT) = 1	状态寄存器置位
XC	n, cond[, cond[, cond]]	如果满足条件，则执行下面的 n 条指令，n = 1 或 2，否则执行 n 条 NOP 指令	有条件执行

【例 45】　　XC1，ALEQ　　；条件 ALEQ 指 A≤0

　　　　　　　MAR　*AR1+

　　　　　　　ADD　A，8

如果 A≤0，则执行下面一条"MAR　*AR1+"指令，XC 指令执行后，AR1 = AR1+1，否则执行一条 NOP 指令，再执行"ADD　A，8"指令。XC 指令的条件在前两条指令中就已被确定，无论条件满足与否，程序体的执行时间是一样的。XC 的效率比一般的跳转指令高。

4．加载和存储指令

加载和存储指令用于完成数据的读入和保存，包括一般的加载和存储指令(LD、ST)、条件存储指令(CMPS、SACCD)、并行的加载和乘法指令(LD‖MAC)、并行的加载和存储指令(ST‖LD)、并行的存储和加减指令(ST‖ADD、ST‖SUB)以及其他加载和存储指令(MVDD、PORTW、READA)。这些指令根据不同情况分别需要 1～5 个指令周期。

1) 加载指令

加载指令用于将数据存储单元中的数据、立即数或源累加器的值装入目的累加器、T 寄存器等，即给目的累加器、T 寄存器等赋值。表 3-33 是对加载指令的说明。

表 3-33　加载指令的说明

操作符	操作数	代数表达式	注　释
DLD	Lmem，dst	dst = Lmem	双精度/双 16 位长字加载累加器
LD	Smem，dst	dst = Smem	将操作数加载累加器
LD	Smem，TS，dst	dst = Smem << TS	操作数按 TREG(5～0)移位后加载累加器
LD	Smem，16，dst	dst = Smem << 16	操作数左移 16 位后加载累加器
LD	Smem[，SHIFT]，dst	dst = Smem << SHIFT	操作数移位后加载累加器

续表

操作符	操作数	代数表达式	注　释
LD	Xmem，SHFT，dst	dst = Xmem << SHFT	操作数移位后加载累加器
LD	#K，dst	dst = #K	短立即数加载累加器
LD	#lk[，SHFT]，dst	dst = #lk << SHFT	长立即数移位后加载累加器
LD	#lk，16，dst	dst = #lk << 16	长立即数左移 16 位后加载累加器
LD	src，ASM[，dst]	dst = src << ASM	源累加器被 ASM 移位后加载目地累加器
LD	src[，SHIFT]，dst	dst = src << SHIFT	源累加器移位后加载目的累加器
LD	Smem，T	T = Smem	操作数加载 T 寄存器
LD	Smem，DP	DP = Smem(15~7)	9 位操作数加载 DP
LD	#k9，DP	DP = #k9	9 位立即数加载 DP
LD	#k5，ASM	ASM = #k5	5 位立即数加载 ASM
LD	#k3，ARP	ARP = #k3	3 位立即数加载 ARP
LD	Smem，ASM	ASM = Smem(4~0)	5 位操作数加载 ASM
LDM	MMR，dst	dst = MMR	将 MMR 加载到累加器
LDR	Smem，dst	dst(31~16) = rnd(Smem)	操作数舍入并加载累加器的高位
LDU	Smem，dst	dst = uns(Smem)	无符号操作数加载累加器
LTD	Smem	T = Smem，(Smem+1) = Smem	操作数加载 T 寄存器并延迟

【例 46】　给累加器 A 加载一个双 16 位长字。

　　　　STM　#0100H，AR2

　　　　DLD　*AR2+，A

	指令执行前			指令执行后
A	00 0000 1000H		A	00 5678 1234H
AR2	0000H		AR2	0102H
数据存储器				
0100H	5678H		0100H	5678H
0101H	1234H		0101H	1234H

说明：AR2 = 0100H(偶地址)，低地址(0100H)→A 的高位，高地址(0101H)→A 的低位。

【例 47】　LD *AR1，A

	指令执行前			指令执行后
A	00 0000 0000H		A	FF FFFF FFDCH
AR1	0100H		AR1	0100H
SXM	1		SXM	1
数据存储器				
0100H	FFDCH		0100H	FFDCH

说明：当 SXM = 1，(AR1) = (0100H)→A 时，要进行符号扩展，A = FF FFFF FFDCH。

【例 48】　LDM　AR1，A

	指令执行前		指令执行后
A	00 0000 1111H	A	00 0000 0124H
AR1	0124H	AR1	0124H

说明：存储器映像寄存器加载累加器，AR1→A 的低位，其余位置 0，A = 00 0000 0124H。

【例 49】　LDM　*AR1，A

	指令执行前		指令执行后
A	00 0000 1111H	A	00 0000 3421H
AR1	1865H	AR1	0065H

数据存储器			
0065H	3421H	0065H	3421H

说明：无论 AR1 的 15～8 位为何值，先清零，再取 AR1 作为地址进行寻址。

【例 50】　LDM　0060H，B

	指令执行前		指令执行后
B	00 0000 1111H	B	00 0000 FFDCH

数据存储器			
0060H	FFDCH	0060H	FFDCH

说明：数据存储单元(0060H)→B 的低位，其余位置 0，B = 00 0000 FFDCH。

2) 存储指令

存储指令用于将源累加器、立即数、T 寄存器或状态转移寄存器 TRN 的值保存到数据存储单元或存储器映像寄存器中。表 3-34 是对存储指令的说明。

表 3-34　存储指令的说明

操作符	操作数	代数表达式	注释
DST	src，Lmem	Lmem = src	累加器值存储到长字单元中
ST	T，Smem	Smem = T	存储 T 寄存器值
ST	TRN，Smem	Smem = TRN	存储 TRN 寄存器值
ST	#lk，Smem	Smem = #lk	存储长立即数
STH	src，Smem	Smem = src(31～16)	存储累加器的高位
STH	src，ASM，Smem	Smem = src(31～16) << ASM	累加器的高位按 ASM 移位后存储
STH	src，SHFT，Xmem	Xmem = src(31～16) << SHFT	累加器的高位移位后存储
STH	Src[，SHIFT]，Smem	Smem = src(31～16) << SHIFT	累加器的高位移位后存储
STL	src，Smem	Smem = src(15～0)	存储累加器的低位
STL	src，ASM，Smem	Smem = src(15～0) << ASM	累加器的低位按 ASM 移位后存储
STL	src，SHFT，Xmem	Xmem = src(15～0) << SHFT	累加器的低位移位后存储
STL	Src[，SHIFT]，Smem	Smem = src(15～0) << SHIFT	累加器的低位移位后存储
STLM	src，MMR	MMR = src(15～0)	累加器的低位存储到 MMR 中
STM	#lk，MMR	MMR = #lk	长立即数存储到 MMR 中

【例 51】 DST　B，*AR1+

	指令执行前		指令执行后
B	00 6CAB BC9AH	B	00 6CAB BC9AH
AR1	0100H	AR1	0102H
数据存储器			
0100H	FFDCH	0100H	6CABH
0101H	0000H	0101H	BC9AH

说明： AR1 = 0100H(偶地址)，B 的高位→低地址(0100H)，B 的低位→高地址(0101H)。

【例 52】 DST　B，*AR1−

	指令执行前		指令执行后
B	00 6CAB BC9AH	B	00 6CAB BC9AH
AR1	0101H	AR1	00FFH
数据存储器			
0100H	FFDCH	0100H	BC9AH
0101H	0000H	0101H	6CABH

说明： AR1 = 0101H(奇地址)，B 的高位→高地址(0101H)，B 的低位→低地址(0100H)。

【例 53】 ST　#0FFFFH，0

	指令执行前		指令执行后
DP	004H	DP	004H
数据存储器			
0200H	1010H	0200H	FFFFH

　　说明： 直接寻址地址由 DP 的 9 位(0000 0010 0B)与 Smem 的低 7 位(000 0000B)组成，即为 0200H。

【例 54】 ST　T，*AR7−

	指令执行前		指令执行后
T	4231H	T	4231H
AR7	0333H	AR7	0332H
数据存储器			
0333H	1010H	0333H	4231H

说明： T→(AR7) = 4231H，AR7 = AR7 − 1 = 0332H。

【例 55】 STM　#0FFFFH，IMR

	指令执行前		指令执行后
IMR	4231H	IMR	FFFFH

【例 56】 STM　#8765H，*AR7+

	指令执行前		指令执行后
AR7	0333H	AR7	0034H
数据存储器			
0033H	0000H	0033H	8765H

说明：无论 AR7 的 15～8 位为何值，先清零，再取 AR7 作为地址进行寻址。立即数 8765H→(0033H)，AR7 = 0033H + 1 = 0034H。

3) 条件存储指令

条件存储指令是在条件满足的情况下，将源累加器、T 寄存器或块重复计数器 BRC 的值存储在数据存储单元中。表 3-35 是对条件存储指令的说明。

表 3-35　条件存储指令的说明

操作符	操作数	代数表达式	注　释
CMPS	src，Smem	if src(31～16) > src(15～0) Smem = src(31～16) else Smem = src(15～0)	比较、选择并存储最大值
SACCD	src，Xmem，cond	if(cond) Xmem = src << (ASM−16) else Xmem = Xmem	有条件存储累加器值
SRCCD	Xmem，cond	if(cond) Xmem = BRC else Xmem = Xmem	有条件存储块重复计数器
STRCD	Xmem，cond	if(cond) Xmem = T else Xmem = Xmem	有条件存储 T 寄存器值

【例 57】　SRCCD　*AR5−，AGT

	指令执行前		指令执行后
A	00 70FF FFFFH	A	00 70FF FFFFH
AR5	0212H	AR5	0211H
BRC	1234H	BRC	1234H

数据存储器

0212H	5555H	0212H	1234H

说明：A = 00 70FF FFFFH > 0，块重复计数器 BRC→(AR5) = 1234H，AR5 = AR5 − 1 = 0211H。

【例 58】　SACCD　A，*AR3+0，ALT

	指令执行前		指令执行后
A	FF FE00 4321H	A	FF FE00 4321H
AR3	0212H	AR3	0214H
AR0	0002H	AR0	0002H
ASM	01H	ASM	01H

数据存储器

0212H	5555H	0212H	FC00H

说明：A = FF FE00 4321H < 0，(AR3) = A << (ASM−16)，即 A 右移 15 位→(AR3) = FC00H，AR3 = AR3 + AR0 = 0214H。

4) 其他加载和存储指令

其他加载和存储指令可以实现两个数据存储单元间数据的传送、两个存储器映像寄存器单元间数据的传送等，不受状态位影响。表 3-36 是对其他加载和存储指令的说明。

表 3-36 其他加载和存储指令的说明

操作符	操 作 数	代数表达式	注 释
MVDD	Xmem，Ymem	Ymem = Smem	在数据存储器内部传送数据
MVDK	Smem，dmad	dmad = Smem	向数据存储器内部指定地址传送数据
MVDM	dmad，MMR	MMR = dmad	数据存储器向 MMR 传送数据
MVDP	Smem，pmad	pmad = Smem	数据存储器向程序存储器传送数据
MVKD	dmad，Smem	Smem = dmad	向数据存储器内部指定地址传送数据
MVMD	MMR，dmad	dmad = MMR	MMR 向数据存储器传送数据
MVMM	MMRx，MMRy	MMRy = MMRx	MMRx 向 MMRy 传送数据
MVPD	pmad，Smem	Smem = pmad	程序存储器向数据存储器传送数据
PORTR	PA，Smem	Smem = PA	从 PA 口输入数据
POPTW	Smem，PA	PA = Smem	从 PA 口输出数据
READA	Smem	Smem = Pmem(A)	按累加器 A 寻址读程序寄存器并存入数据存储器
WRITA	Smem	Pmem(A) = Smem	将数据按累加器 A 寻址并写入程序寄存器

【例 59】   MVDD   *AR3+，*AR5+

	指令执行前		指令执行后
AR3	0800H	AR3	0801H
AR5	0200H	AR5	0201H

数据存储器

0200H	ABCDH	0200H	5555H
0800H	5555H	0800H	5555H

说明：数据存储器内部传送数据，(AR3)→(AR5) = 5555H。

【例 60】   MVDK   *AR3−，1000H

	指令执行前		指令执行后
AR3	01FFH	AR3	01FEH

数据存储器

1000H	ABCDH	1000H	5678H
01FFH	5678H	01FFH	5678H

说明：向数据存储器内部指定地址传送数据，(AR3)→指定地址(1000H) = 5678H。

5. 并行执行指令

TMS320C54x DSP 的 CPU 结构使 TMS320C54x 可以在不引起硬件资源冲突的情况下支持某些并行执行指令，并行指令同时利用 D 总线和 E 总线。D 总线用来执行加载或算术运算，E 总线用来存放先前的结果。这些并行执行指令有并行加载和存储指令、并行加载和乘法指令、并行存储和加减指令及并行存储和乘法指令，而且都是单字单周期指令。

1) 并行加载和存储指令

并行加载和存储指令受标志位 OVM 和 ASM 影响，寻址后影响标志位 C。表 3-37 是对并行加载和存储指令的说明。

表 3-37 并行加载和存储指令的说明

操作符	句 法	代数表达式	注 释
ST ‖ LD	ST src，Ymem ‖ LD Xmem，dst	Ymem = src << (ASM − 16) ‖ dst = Xmem << 16	存储累加器并加载累加器
ST ‖ LD	ST src，Ymem ‖ LD Xmem，T	Ymem = src << (ASM − 16) ‖ T = Xmem	存储累加器并加载 T 寄存器

【例 61】　ST　B，*AR4−
　　　　　‖LD　*AR5+，A

	指令执行前		指令执行后
A	00 0000 001CH	A	FF 8001 0000H
B	FF 8421 1234H	B	FF 8421 1234H
SXM	1	SXM	1
ASM	1CH	ASM	1CH
AR4	0200H	AR4	01FFH
AR5	0201H	AR5	0202H

数据存储器

0200H	0000H	0200H	F842H
0201H	8001H	0201H	8001H

当(ASM−16)≥0 时，源累加器的保护位与左移出的位数组成的 16 位加载数据存储单元。

【例 62】　ST　B，*AR4−
　　　　　‖LD　*AR5+，A

	指令执行前		指令执行后
A	00 0000 001CH	A	FF 8001 0000H
B	FF 8421 1234H	B	FF 8421 1234H
SXM	1	SXM	1
ASM	04H	ASM	04H
AR4	0200H	AR4	01FFH
AR5	0201H	AR5	0202H

数据存储器

0200H	0000H	0200H	4211H
0201H	8001H	0201H	8001H

当(ASM−16)<0 时，源累加器右移后所得的低 16 位加载数据存储单元。

【例 63】　ST　A，*AR4+
　　　　　‖LD　*AR4−，A

	指令执行前		指令执行后
A	00 6660 001CH	A	FF 8001 0000H
SXM	1	SXM	1
ASM	04H	ASM	04H
AR4	0200H	AR4	01FFH
数据存储器			
0200H	8001H	0200H	6600H

说明：(ASM−16) = (04H−16) = (−12) < 0，A 右移 12 位后的低 16 位→(AR4) = 6600H；(AR4)左移 16 位→A = FF 8001 0000H。

在并行加载和存储指令中，如果源操作数和目的操作数指向同一个单元，应先读后写。例如"ST A，*AR4+ ‖LD *AR4−，A"指令，指令执行时，先对累加器 A 进行读操作，再对累加器 A 进行写操作，同样先读 AR4 所指的数据存储单元，再把数据写入此单元中。

2) 并行加载和乘法指令

并行加载和乘法指令受标志位 OVM、SXM 和 FRCT 影响，寻址后影响标志位 OVdst。指令中目的累加器 dst 可以是累加器 A 或 B，如果 dst 为累加器 A，那么 dst_为累加器 B；反之亦然。表 3-38 是对并行加载和乘法指令的说明。

表 3-38 并行加载和乘法指令的说明

操作符	句 法	代 数 表 达 式	注 释
LD ‖ MAC	LD Xmem，dst ‖ MAC Ymem，dst_	dst = Xmem << 16 ‖ dst_ = dst_ + T × Ymem	加载累加器并行乘法累加运算
LD ‖ MACR	LD Xmem，dst ‖ MACR Ymem，dst_	dst = Xmem << 16 ‖ dst_ = rnd(dst_ + T × Ymem)	加载累加器并行乘法累加运算(带舍入)
LD ‖ MAS	LD Xmem，dst ‖ MAS Ymem，dst_	dst = Xmem << 16 ‖ dst_ = dst_ − T × Ymem	加载累加器并行乘法减法运算
LD ‖ MASR	LD Xmem，dst ‖ MASR Ymem，dst_	dst = Xmem << 16 ‖ dst_ = rnd(dst_ − T × Ymem)	加载累加器并行乘法减法运算(带舍入)

【例 64】 LD *AR4−，A
‖MAC *AR5，B

	指令执行前		指令执行后
A	00 0010 1111H	A	00 1234 0000H
B	00 0000 1111H	B	00 010C 9511H
T	0400H	T	0400H
FRCT	0	FRCT	0
AR4	0100H	AR4	00FFH
AR5	0200H	AR5	0200H
数据存储器			
0100H	1234H	0100H	1234H
0200H	4321H	0200H	4321H

说明：(AR4)左移 16 位→A = 00 1234 0000H；B + T × (AR5) = 1111H + 0400H × 4321H = 010C 9511H→B。

如果上例中的指令操作符为 LD ‖ MACR，那么指令执行后 B = 010D 0000H，带舍入。

3) 并行存储和加减指令

并行存储和加减指令受标志位 OVM、SXM 和 ASM 影响，寻址后影响标志位 C 和 OVdst。指令中目的累加器 dst 可以是累加器 A 或 B，如果 dst 为累加器 A，那么 dst_为累加器 B，反之亦然。表 3-39 是对并行存储和加减指令的说明。

表 3-39　并行存储和加减指令的说明

操 作 符	句　法	代 数 表 达 式	注　释
ST ‖ ADD	ST src，Ymem ‖ ADD Xmem，dst	Ymem = src << (ASM−16) ‖ dst = dst_ + Xmem << 16	存储累加器值并行加法运算
ST ‖ SUB	ST src，Ymem ‖ SUB Xmem，dst	Ymem = src << (ASM−16) ‖ dst = Xmem << 16−dst_	存储累加器值并行减法运算

【例 65】　ST　A，*AR4
　　　　　　‖ADD　*AR5+0%，B

	指令执行前		指令执行后
A	FF 8421 1000H	A	FF 8421 1000H
B	00 0000 1111H	B	FF 2742 1000H
OVM	0	OVM	0
SXM	1	SXM	1
ASM	1	ASM	1
C	0	C	1
OVB	0	OVB	1
AR0	0002H	AR0	0002H
AR4	0100H	AR4	0100H
AR5	0200H	AR5	0202H

数据存储器

0100H	0101H	0100H	0842H
0200H	A321H	0200H	A321H

说明：(AR4) = A << (ASM−16) = 0842H，B = A + (AR5) << 16 = FF 2742 1000H，C = 1，OVB = 1。

当溢出方式标志位 OVM = 1 时，上述指令执行后，除影响标志位 C 和 OVB 以外，累加器 B 被设置为负的最大值，即 FF 8000 0000H。

4) 并行存储和乘法指令

并行存储和乘法指令受标志位 OVM、SXM、ASM 和 FRCT 影响，寻址后影响标志位 C 和 OVdst。表 3-40 是对并行存储和乘法指令的说明。

表 3-40　并行存储和乘法指令的说明

操作符	句　法	代数表达式	注　释
ST ‖ MAC	ST src，Ymem ‖ MAC Xmem，dst	Ymem = src << (ASM−16) ‖ dst = dst + T × Xmem	存储累加器值并行乘法累加运算
ST ‖ MACR	ST src，Ymem ‖ MACR Xmem，dst	Ymem = src << (ASM−16) ‖ dst = rnd(dst + T × Xmem)	存储累加器值并行乘法累加运算(带舍入)
ST ‖ MAS	ST src，Ymem ‖ MAS Xmem，dst	Ymem = src << (ASM−16) ‖ dst = dst − T × Xmem	存储累加器值并行乘法减法运算
ST ‖ MASR	ST src，Ymem ‖ MASR Xmem，dst	Ymem = src << (ASM−16) ‖ dst = rnd(dst − T × Xmem)	存储累加器值并行乘法减法运算(带舍入)
ST ‖ MPY	ST src，Ymem ‖ MPY Xmem，dst	Ymem = src << (ASM−16) ‖ dst = T × Xmem	存储累加器值并行乘法运算

【例 66】　ST　A，*AR4−
　　　　　‖MAC　*AR5，B

指令执行前

A	00 0010 1111H
B	00 0000 1111H
T	0400H
ASM	5
FRCT	0
AR4	0100H
AR5	0200H

指令执行后

A	00 0010 1111H
B	00 010C 9511H
T	0400H
ASM	5
FRCT	0
AR4	00FFH
AR5	0200H

数据存储器

0100H	1234H
0200H	4321H

0100H	0202H
0200H	4321H

说明：$(AR4) = A << (ASM−16) = 0202H$；$B = B + T × (AR5) = 00\ 010C\ 9511H$。

【例 67】　编写计算 $z = x + y$ 和 $w = c + d$ 的程序段。

在此程序段主要完成并行计算，其中用到了并行加载和存储指令。即在同一周期内利用 D 总线执行加载或算术运算，E 总线用来存放先前结果。

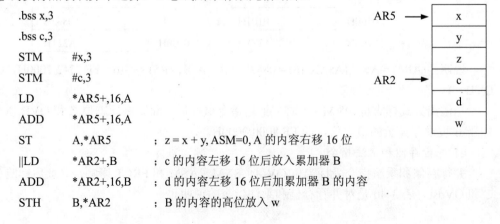

```
.bss x,3
.bss c,3
STM      #x,3
STM      #c,3
LD       *AR5+,16,A
ADD      *AR5+,16,A
ST       A,*AR5      ; z = x + y, ASM=0, A 的内容右移 16 位
‖LD      *AR2+,B     ; c 的内容左移 16 位后放入累加器 B
ADD      *AR2+,16,B  ; d 的内容左移 16 位后加累加器 B 的内容
STH      B,*AR2      ; B 的内容的高位放入 w
```

6. 重复指令

在 TMS320C54x 中有单个循环指令，它能使下一条指令重复执行。指令重复的次数由单个循环指令中的操作数决定，并等于操作数加 1。该操作数的值被赋给 16 位重复寄存器 RC，RC 的值只能由单个循环指令中的操作数赋给，不能用程序赋值。当一条指令被重复执行时，绝对程序或数据地址将自动加 1。

一旦重复指令被解码，除 RS 之外的所有中断均被屏蔽，直到下一条指令被重复执行完之后。重复功能用于一些指令中，如对乘加和块移动指令可以执行重复操作，重复操作的结果使这些多周期指令在第一次执行后变成单周期指令。重复操作可使表 3-41 所列的指令由多重循环变成单重循环。

表 3-41　指 令 说 明

名　　称	说　　　明
FIRS	有限冲激响应滤波器
MACD	乘和移动结果延迟存于累加器
MACP	乘和移动结果存于累加器
MVDK	从数据到数据传送
MVDM	从数据到 MMR 传送
MVDP	从数据到程序传送
MVKD	从数据到数据传送
MVMD	从 MMR 到数据传送
MVPD	从程序到数据传送
READA	从程序存储器读到数据存储器
WRITA	从数据存储器写入程序存储器

对于单个数据存储器操作数指令，如果有一个长偏移地址或绝对地址，如*ARn(lk)、*+ARn(lk)、*+ARn(lk)%和*(lk)，则指令将不能被重复执行。表 3-42 中的指令不能用 RPT 或 RPTZ 指令循环执行。

表 3-42　不能用 RPT 或 RPTZ 指令循环执行的指令

指　令	指　令	指　令	指　令	指　令
ADDM	CC[D]	FRETE[D]	RESET	RSBX
ANDM	CMPR	IDLE	RET[D]	SSBX
B[D]	DST	INTR	RETE[D]	TRAP
BACC[D]	FB[D]	LD ARP	RETF[D]	XC
BANZ[D]	FBACC[D]	LD DP	RND	XORM
BC[D]	FCALA[D]	MVMM	RPT	
CALA[D]	FCALL[D]	ORM	RPTB[D]	
CALL[D]	FRET[D]	RC[D]	RPTZ	

第 4 章 TMS320C54x 汇编语言程序设计

在学习了 TMS320C54x 的 DSP 结构、存储器配置和指令系统后，就具备用汇编语言进行程序设计的能力了。一个或多个 TMS320C54x 源程序经过汇编和链接，生成公共目标文件格式(COFF)的可执行文件，再通过软件仿真或硬件在线仿真器的调试，就可将程序加载到用户的应用系统中。本章主要介绍汇编语言源程序(.asm 文件)和命令文件(.cmd 文件)的编写方法，并给出了一些汇编语言源程序的示例。

汇编语言程序设计

4.1 TMS320C54x 汇编语言的基本概念

DSP 汇编语言源程序包括指令性语句、伪指令语句和宏命令语句，其中，前两种是最常见、最基本的语句。指令性语句就是第 3 章介绍的用各种助记符表示的机器指令，每条指令在汇编时都要产生相应的机器代码或指令代码，这种语句是可执行语句。伪指令语句(汇编命令)是指示性语句，一般不生成最终代码(即不占存储单元)，但对汇编器、链接器具有重要的指示作用。这类指令在汇编过程中与汇编程序"通信"，说明源程序的起止、段定义，安排各类信息的存储结构以及说明有关的变量等。TMS320C54x 系列各种 DSP 的伪指令是相同的。宏命令是源程序中具有独立功能的一段程序代码，是由用户在源程序中自己定义的指令。

4.1.1 TMS320C54x 汇编语句的组成

汇编语言源程序中的每一行语句都可以由四部分组成，句法格式如下：

[标号][:] 助记符 [操作数] [;注释]

其中，[ ]为选项。书写规则如下：

(1) 所有语句必须以标号、空格、星号(*)或分号开始。

(2) 所有包含伪指令的语句必须在一行内完全指定。

(3) 若使用标号，则标号必须从第一列开始。

(4) 语句的每部分必须用一个或多个空格分开，Tab 键与空格等效。

1. 标号

所有指令或大多数伪指令前面都可带有语句标号，供本程序的其他部分或其他程序调用。标号是任选项，标号后可以加也可以不加冒号(:)。标号必须从第一列开始，其最多可长达 32 个字符(A~Z、a~z、0~9、_ 和 $)，但第一个字符不能是数字。在引用标号时，标号的大小写必须一致，标号的值就是段程序计数器(SPC)的当前值。若不用标号，则第一个字母必须为空格、分号或星号(*)。

2．助记符

助记符跟在标号的后面。助记符不能从第一列开始。助记符包含指令、伪指令、宏命令和宏调用。作为指令，一般用大写；伪指令和宏命令则以句号(.)开始且为小写。伪指令可以形成常数和变量，当用它控制汇编和链接过程时，可以不占存储空间。

3．操作数

操作数是指指令中的操作数或伪指令中定义的内容。操作数之间必须用逗号(,)分开。有的指令无操作数，如指令 NOP。指令中的操作数可以是寄存器、地址、常数、算术或逻辑表达式。

4．注释

注释从分号(;)开始，可以放在指令或伪指令的后面，也可以单独占一行或数行。注释是任选项。如果注释从第一列开始，则可以用星号(*)。

4.1.2　TMS320C54x 汇编语言中的常数、字符串、符号与表达式

1．常数和字符串

常数就是指令中出现的那些固定值。汇编器支持七种类型的常数：二进制数、十进制数、八进制数、十六进制数、字符常数、字符串和浮点常数。

(1) 二进制数：二进制数字(0 或 1)，其后缀为 B(或 b)，如 1100 1011B 或 1001 1010b。

(2) 十进制数：用数字 0~9 表示，无后缀，如 1780。

(3) 八进制数：用数字 0~7 表示，其后缀为 Q 或 q，如 234Q。

(4) 十六进制数：用数字 0~9 及字母 A~F 表示，其后缀为 h 或 H，如 3AB6H。

(5) 字符常数：是由单撇号('')括起来的 1 或 2 个字符组成的字符串，每个字符在内部表示为 8 位 ASCII 码，如 'C'。

(6) 字符串：是由双撇号(" ")括起来的一串字符，如 "simulator"。

(7) 浮点常数：是一串十进制数，可带小数点、分数和指数部分。浮点数仅在 C 语言程序中能用，汇编程序中不能用，如 4.627e−16。

2．符号

符号用作标号、常数和替代符号。符号名可以是长达 200 个字符的字母(A~Z、a~z)、数字(0~9)加上$或下划线(_)。第一个字符不能是数字，符号中间不能有空格。符号分大小写，如 Abc。如果希望不分大小写，则可在调用汇编器时使用 -c 选项，汇编器将变换所有的符号为大写。符号仅在定义它的汇编程序中有效，除非使用 .global 伪指令将它声明为全局符号。

3．表达式

表达式可以是常数、符号或由运算符隔开的常数和符号序列。表达式值的有效范围为 −32 768~32 767。

1) 运算顺序

影响表达式运算顺序的 3 个主要因素是：圆括号、优先级和同级运算顺序。

(1) 圆括号内的表达式最先运算，不能用 { } 或 [ ] 来代替 ( )。

(2) TMS320C54x 汇编器的优先级使用与 C 语言的类似，优先级高的运算先执行。例如，16/(8*2)=1。

(3) 同级运算的顺序是从左到右。例如，16/8*2 = 4。

表 4-1 给出了表达式的运算符及优先级。

表 4-1　表达式的运算符及优先级

符　号	操　作	计算顺序
+、−、~	取正、取负、按位求补	从右到左
*、/、%	乘、除、求模	从左到右
<<、>>	左移、右移	从左到右
+、−	加、减	从左到右
<、<=、>、>=	小于、小于等于、大于、大于等于	从左到右
!=、=	不等于、等于	从左到右
&	按位与	从左到右
^	按位异或	从左到右
|	按位或	从左到右

表 4-1 中运算符的优先级是从上到下，同级内从左到右。移位运算符(<<、>>)的优先级高于加减运算符(+、−)。

2) 表达式溢出

在汇编的过程中执行算术运算后，汇编器将检查溢出状态。一旦出现上溢和下溢，汇编器都会发出值被截断了的警告信息，但在做乘法时，它不检查溢出状态。

3) 条件表达式

汇编器在任何表达式中都支持关系操作，这对条件汇编特别有用。关系运算符如下：

$\quad$ =(等于)$\qquad\qquad$ ==(等于)$\qquad\qquad$!=(不等于)$\qquad\qquad$ >=(大于等于)

$\quad$ <=(小于等于)$\qquad$ >(大于)$\qquad\qquad$ <(小于)

条件表达式为真时其值为 1，否则为 0。表达式两边的操作数类型必须相同。

4) 表达式的合法性

表达式在使用符号时，汇编器对符号在表达式中的使用具有一些限制，由于符号的属性不同(即定义不同)，使表达式存在合法性问题。符号按属性可分为三种：外部符号、可重定位符号和绝对符号。

由 .global 伪指令定义的符号和寄存器被称为外部符号。在汇编和执行阶段，符号值、符号地址不同的是可重定位符号，相同的是绝对符号。含有乘、除法的表达式中只能使用绝对符号(其值不能改变)。表达式中不能使用未定义的符号。表 4-2 给出了表达式符号的合法性。

表 4-2　表达式符号的合法性

若 A 为…	若 B 为…	则 A+B 为…	则 A−B 为…
绝对	绝对	绝对	绝对
绝对	外部	外部	非法
绝对	可重新定位	可重新定位	非法
可重新定位	绝对	可重新定位	可重新定位
可重新定位	可重新定位	非法	绝对
可重新定位	外部	非法	非法
外部	绝对	外部	外部
外部	可重新定位	非法	非法
外部	外部	非法	非法

注：A 和 B 必须在相同的段，否则为非法。

4.1.3　TMS320C54x 伪指令

TMS320C54x 伪指令给程序提供数据、控制汇编过程。具体实现以下任务：

(1) 将数据和代码汇编到特定的段。

(2) 为未初始化的变量保留存储空间。

(3) 控制展开列表的形式。

(4) 存储器初始化。

(5) 汇编条件块。

(6) 定义全局变量。

(7) 指定汇编器可以获得宏的特定库。

(8) 检查符号调试信息。

常用的伪指令如表 4-3 所示。

表 4-3　常用的伪指令

伪指令	句　　法	作　　用
title	.title 'string'	标题名。如 .title 'example.asm'
end	.end	结束伪指令，放在汇编语言源程序的最后
text	.text[段起点]	包含可执行程序代码
data	.data[段起点]	包含初始化数据
int	.int $value_1[, \cdots, value_n]$	设置 16 位无符号整型量
word	.word $value_1[, \cdots, value_n]$	设置 16 位带符号整型量
bss	.bss 符号，字数	为未初始化的变量保留存储空间
sect	.sect　"段名"[，段起点]	建立包含代码和数据的自定义段
usect	符号 .usect　"段名"，字数	为未初始化的变量保留存储空间的自定义段
def	.def 变量 1[, …, 变量 n]	在当前模块中定义，并可在别的模块中使用
ref	.ref 变量 1[, …, 变量 n]	在当前模块中使用，并可在别的模块中定义
global	.global 变量 1[, …, 变量 n]	可替代 .def 和 .ref 伪指令
mmregs	.mmregs	定义存储器映像寄存器的替代符号

以下分别介绍段定义伪指令、常数初始化伪指令、段程序计数器定位伪指令、输出列表格式伪指令、文件引用伪指令、条件汇编伪指令、符号定义伪指令以及其他伪指令。

1．段定义伪指令

段定义伪指令有以下 5 个：

- .bss(未初始化段)。
- .data(已初始化段)。
- .sect(已初始化段)。
- .text(已初始化段)。
- .usect(未初始化段)。

下面分别介绍段定义伪指令的使用。

1) 未初始化段

.bss 和 .usect 伪指令建立未初始化段。未初始化段就是 TMS320C54x 数据存储器中的保留空间，它通常被定位在 RAM 区。在目标文件中，这些段中没有确切内容，在程序运行时，可以利用这些存储空间存放变量，变量一般存放于数据存储器区域中。这两条伪指令的句法如下：

> .bss 符号，字数
>
> 符号　　.usect "段名"，字数

其中，符号对应于保留的存储空间第一个字的变量名称。这个符号可以让其他段引用，也可以将其作为全局符号(用 .global 伪指令定义)；字数表示保留空间的大小；段名是用户为自定义段起的名字。

例如：

> .bss　x，4

上式表示为变量 x 在数据存储空间空出 4 个字单元，可用于定义数组。

例如：

> STACK　.usect　"STACK"，10H

上式表示在数据存储器中留出 16 个字单元作为堆栈区，段名为 STACK。变量名是保留的存储空间第一个字的名称。

2) 已初始化段

.text、.data 和 .sect 伪指令建立已初始化段。已初始化段包括可执行代码或已初始化的数据。在目标文件中，这些段中都有确切内容，当加载程序时，再将这些内容放到 TMS320C54x 数据存储器中。每个初始化段都可以重新定位，也可以引用在其他段中定义的符号，链接器会自动处理段间的相互引用。这三条伪指令的句法如下：

> .text [段起点]
>
> .data [段起点]
>
> .sect　"段名"[，段起点]

其中，段起点是段程序计数器(SPC)定义的一个起始值。汇编器为每个段都安排了一个单独的程序计数器，SPC 必须在第一次遇到这个段时定义，并且只能定义一次，如果缺省，则 SPC 从 0 开始。SPC 表示一个程序代码或数据段内的当前地址。一开始，汇编器将每个 SPC 置为 0，当汇编器将程序代码或数据加到一个段内时，相应的 SPC 就增加。如果重新汇编某个段，

则相应的 SPC 就在以前的数值上累加。在链接时，链接器要对每个段进行重新定位。

(1) .text 后是汇编语言程序的正文。经汇编后，.text 后的是可执行程序代码，一般存放于程序存储器区域中。

(2) .data 后是已初始化数据，有 int 和 word 两种数据形式。由命令文件可以将定义的数据存放于程序或数据存储器中。

(3) .sect 建立包含代码和数据的自定义段，常用于定义中断向量表。例如，.sect "vector" 定义向量表，紧随其后的是复位向量和中断向量，段名为 vector。

2. 常数初始化伪指令

常数初始化伪指令如表 4-4 所示。

表 4-4　常数初始化伪指令

伪指令	句　　法	作　　用
.bes	. bes size in bits	保留确定数目的位
.space	. space size in bits	保留确定数目的位
.byte	. byte value$_1$[, $\cdots$, value$_n$]	初始化一个或多个字节
.field	. field value[, size in bits]	将单个值放入当前字的指定位域
.int	. int value$_1$[, $\cdots$, value$_n$]	设置 16 位无符号整型量
.word	. word value$_1$[, $\cdots$, value$_n$]	设置 16 位带符号整型量
.float	. float value$_1$[, $\cdots$, value$_n$]	初始化一个或多个 32 位的数据，为 IEEE 浮点数
.xfloat	. xfloat value$_1$[, $\cdots$, value$_n$]	初始化一个或多个 32 位的数据，为 IEEE 单精度的浮点格式
.string	. string "string$_1$" [, $\cdots$, "string$_n$"]	初始化一个或多个文本字符串
.pstring	. pstring "string$_1$" [, $\cdots$, "string$_n$"]	初始化一个或多个已封装的文本字符串
.long	. long value$_1$[, $\cdots$, value$_n$]	设置 32 位无符号整型量
.xlong	. xlong value$_1$[, $\cdots$, value$_n$]	设置 32 位无符号整型量

注：这些伪指令都指在当前段中常数初始化。

(1) .bes 和 .space。汇编器对这些保留的位填 0，将位数乘以 16 来实现保留字。当标号和 .space 一起使用时，标号指向保留位的第一个字；当标号和 .bes 一起使用时，标号指向保留位的最后一个字。

(2) .byte。此伪指令可以把 8 位数放到当前段的连续字中，每 8 位数占一个字节。

(3) .field。此伪指令可以把多个域打包成一个字，汇编器不会增加 SPC 的值，直至填满一个字。

(4) .float 和 .xfloat。这两个伪指令将 32 位浮点数存放在当前段的连续字中，高位字先存。.float 伪指令能自动按长字(偶地址)边界排列，但 .xfloat 不能。

(5) .long 和 .xlong。这两个伪指令将 32 位数存放在当前段的连续字中，高位字先存。.long 伪指令能自动按长字(偶地址)边界排列，但 .xlong 不能。

(6) .string 和 .pstring。.string 类似于 .byte，把 8 位字符放到当前段的连续字中，每 8 位字符占一个字节。.pstring 也是 8 位宽度，只是把两个字节打包成一个字。对于 .pstring

而言，如果字符串没有占满最后一个字，则剩余位填 0。

(7) .int 和 .word。这两个伪指令分别用来设置一个或多个 16 位无符号整型量常数和有符号整型量常数，如"table：.int 1，2，3，4""table：.word 8，6，4，2"。

3．段程序计数器定位伪指令

段程序计数器定位伪指令的句法如下：

.align [size in bits]

该伪指令使段程序计数器(SPC)对准 1～128 字的边界，保证该伪指令后面的代码从一个字或页的边界开始。不同的操作数代表了不同的含义：

- "1"表示让 SPC 对准字边界。
- "2"表示让 SPC 对准长字/偶地址边界。
- "128"表示让 SPC 对准页边界。

当 .align 不带操作数时，其缺省值为 128，即对准页边界。

4．输出列表格式伪指令

表 4-5 列出了输出列表格式伪指令。

表 4-5　输出列表格式伪指令

伪 指 令	句 法	作 用
length	. length page length	控制列表文件的页长度
list/ nolist	. list/ .nolist	打开/关闭输出列表
drlist/ drnolist	. drlist/ .drnolist	伪指令加入/不加入列表文件
page	. page	在输出列表中产生一个页指针
title	. title "string"	打印每一页的标题
width	. width page width	设置列表文件的页宽度
fclist/ fcnolist	. fclist/ .fcnolist	允许/禁止假条件块出现在列表中
mlist/ mnolist	. mlist/ .mnolist	打开/关闭宏扩展和循环块的列表
sslist/ ssnolist	. sslist/ .ssnolist	允许/禁止替换符号扩展列表
tab	. tab size	定义制表键 Tab 的大小
option	. option{B|L|M|R|T|W|X}	控制列表文件中的某些属性

在表 4-5 中，.option 操作数所代表的含义如下：

B：把 .byte 伪指令的列表限制在一行里。

L：把 .long 伪指令的列表限制在一行里。

M：关掉列表中的宏扩展。

R：复位 B、M、T 和 W 选项。

T：把 .string 伪指令的列表限制在一行里。

W：把 .word 伪指令的列表限制在一行里。

X：产生一个交叉引用表。

5．文件引用伪指令

文件引用伪指令如表 4-6 所示。

表 4-6　文件引用伪指令

伪指令	句　法	作　用
.copy	. copy ["]filename["]	从其他文件读源文件，所读语句出现在列表中
.include	. include ["]filename["]	从其他文件读源文件，所读语句不出现在列表中
.def	. def symbol₁[, …, symbolₙ]	确认在当前段中定义且能被其他段使用的符号
.global	. global symbol₁[, …, symbolₙ]	声明一个或多个外部符号
.mlib	. mlib ["]filename["]	定义宏库名
.ref	. ref symbol₁[, …, symbolₙ]	确认在当前段中使用且在其他段中定义的符号

6. 条件汇编伪指令

以下分两种情况介绍条件汇编伪指令。

(1) 第一种情况：

　　　.if　　　well-defined expression

　　　.elseif　　well-defined expression

　　　.else

　　　.endif

以上这些伪指令告诉汇编器根据表达式的值条件汇编一块代码。.if 表示一个条件块的开始，如果条件为真，则汇编代码块。.elseif 表示如果 .if 的条件为假，.elseif 的条件为真，则汇编代码块。.endif 结束该条件块。

(2) 第二种情况：

　　　.loop　　[well-defined expression]

　　　.break　　[well-defined expression]

　　　.endloop

以上这些伪指令告诉汇编器根据表达式的值循环汇编一块代码。.loop expression 标注一块循环代码的开始。.break expression 告诉汇编器当表达式的值为假时，继续循环汇编；当表达式的值为真时，则结束汇编。.endloop 标注一个可循环块的末尾。.loop 后面的操作数是循环执行的次数，其默认值是 1024 次。

7. 符号定义伪指令

符号定义伪指令如表 4-7 所示。

表 4-7　符号定义伪指令

伪指令	句　法	作　用
asg	.asg ["]字符串["]，替换符号	将一个字符串赋给一个替换符号
endstruct	.endstruct	设置类似于 C 的结构定义
equ/ set	符号 .equ/.set　常数	将值赋给符号
eval	.eval 表达式，替换符号	将表达式的值传送到与替代符号等同的字符串中
label	.label 符号	定义一个特殊符号指向当前段中的装入地址
struct	.struct	设置类似于 C 的结构定义
tag	标号 .tag　结构名	将结构特性与一个标号联系起来

8. 其他伪指令

其他伪指令如表 4-8 所示。

表 4-8 其他伪指令

伪指令	句法	作用
.algebraic	. algebraic	指出文件包含代数式汇编源程序
.end	. end	结束程序
.mmregs	. mmregs	将存储器映像寄存器添加到符号表中
.version	. version	决定伪指令所运行的处理器
.emsg	. emsg 字符串	把错误信息发送到标准输出设备中
.mmsg	. mmsg 字符串	把编译时的信息发送到标准输出设备中
.wmsg	. wmsg 字符串	把警告信息发送到标准输出设备中
.sblock	. sblock ["]段名["][, …, "段名"]	指定几段为一个模块
.newblock	. newblock	使局部标号复位

4.1.4 TMS320C54x 宏命令

TMS320C54x 汇编器支持宏语言。宏命令是源程序中具有独立功能的一段程序代码，它可以根据用户的需要，由用户创建自己的指令。宏命令一经定义，便可在以后的程序中多次调用，从而可以简化和缩短源程序。其功能如下：

- 定义自己的宏，重新定义已存在的宏。
- 简化长的或复杂的汇编代码。
- 访问由归档器创建的宏库。
- 处理一个宏中的字符串。
- 控制展开列表。

宏的使用可分为 3 个过程：宏定义、宏调用和宏展开。

1. 宏定义

宏命令可以在源程序的任何位置定义，但必须在宏调用之前先定义好。宏定义也可以嵌套。定义如下：

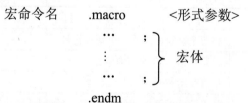

```
宏命令名      .macro        <形式参数>
              …          ;
              ⋮          ;  } 宏体
              …          ;
             .endm
```

注意：如果定义的宏命令名与某条指令或以前的宏定义重名，就将替代它们。宏命令名中仅前 32 个字符有效，当有多个形式参数时，参数之间必须以逗号隔开。宏体由指令或伪指令构成。.macro 与 .endm 必须成对出现。

例如，求 3 个数之和的宏定义如下：

add3	.macro	x1，x2，x3，sum3
	LD	x1，A
	ADD	x2，A
	ADD	x3，A
	STL	A，sum3
	.endm	

2．宏调用

宏命令定义好之后，就可以在源程序中将宏命令名作为指令来调用这个宏了。格式如下：

　　　　宏命令名　　　＜实际参数＞

注意：实际参数的数目应与相应宏定义的形式参数的数目相等。

例如，用上例的宏定义进行宏调用，句法如下：

　　　　add3　　abc，def，ghi，adr

这里的 abc、def、ghi 和 adr 都是由 .global 伪指令定义的符号。

3．宏展开

当源程序中调用宏命令时，汇编时就将宏命令展开。在宏展开时，汇编器将实际参数传递给形式参数，再用宏定义替代宏调用语句，并对其进行汇编。上例的宏展开如下：

```
1
1      00000    1000!    LD      abc，A
1      00001    0000!    ADD     def，A
1      00002    0000!    ADD     ghi，A
1      00003    8000!    STL     A，adr
```

4.2　TMS320C54x 汇编语言程序设计的基本方法

DSP 的软件开发一般有以下几种方式：

(1) 直接编写汇编语言源程序。

(2) 编写 C 语言程序。

(3) 混合编程(既有 C 代码，又含汇编代码)。

后面两种方式的程序设计及其开发环境将在第 7 章、第 8 章中介绍。本章重点介绍方式(1)汇编语言源程序的设计方法。

DSP 汇编语言源程序是由我们前面介绍的指令性语句、伪指令语句和宏命令语句组成的，也可以说，程序是由代码和数据组成的。要运行的程序代码和数据必须存放在可由 CPU 寻址的存储空间中，且以代码块和数据块的形式存放，这就涉及程序的定位方式。DSP 程序的定位不同于 MCU 和 PC 机系统，它在链接时定位，并且要有命令文件(.cmd 文件)。命令文件的编制参见 4.5 节。

4.2.1　TMS320C54x 汇编语言源程序的完整结构

汇编语言源程序以 .asm 为程序的扩展名，程序员用"段"伪指令来组织程序的结构。程序一般由数据段、堆栈段和代码段组成。在 4.1.3 小节中，我们介绍了 5 个段定义伪指令，.data 段用于存放有初值的数据块；.usect 段用于为堆栈保留一块存储空间；.text 段用于设置代码段。另外，.bss 段用于为变量保留一块存储空间；.sect 段常用于定义中断向量表。

程序的基本结构有四种：顺序结构、分支结构、循环结构和子程序结构。

4.2.2　顺序结构

顺序结构是最基本、最简单的程序结构形式，程序中的语句或结构被连续执行。

【例 1】　试编制程序，求出下列公式中 z 的值。

$$z = (x + y) \times 8 - w$$

源程序编制如下：

```
************************************************
* ex41.asm        z = (x + y) × 8 − w          *
************************************************
          .title    "ex41.asm"
          .mmregs
STACK     .usect    "STACK", 10H      ; 开辟堆栈空间
          .bss      x , 1             ; 为变量分配 4 个字的空间
          .bss      y , 1
          .bss      w , 1
          .bss      z , 1
          .def      start
          .data
table:    .word     6，7，9
          .text
start:    STM       #0 , SWWSR        ; 零等待状态
          STM       #STACK+10H, SP    ; 设置堆栈指针
          STM       #x, AR1           ; AR1 指向 x
          RPT       # 2               ; 从程序存储器传送 3 个值至数据存储器
          MVPD      table, *AR1+
          LD        @x, A
          ADD       @y, A             ; A = x + y
          LD        A, 3              ; A = (x + y) * 8
          SUB       @w, A             ; A = (x + y) * 8 − w
          STL       A, @z
end:      B         end
          .end
```

采用顺序结构编程时应注意：① 合理选取算法；② 采用合适的寻址方式进行指令选取；③ 存储数据及结果的方法涉及内存空间的分配和寄存器的使用。本例中主要采用的是直接寻址。

4.2.3 分支结构

程序的分支主要是靠条件转移指令来实现的。TMS320C54x 具有丰富的程序控制与转移指令(参见 3.2.2 小节)，利用这些指令可以执行分支转移、循环控制以及子程序操作。分支转移指令(如 B、BACC、BC 等)通过改写 PC，以改变程序的流向。分支结构也称条件结构。

【例2】 试编制程序，求一个数的绝对值，并送回原处。

源程序编制如下：

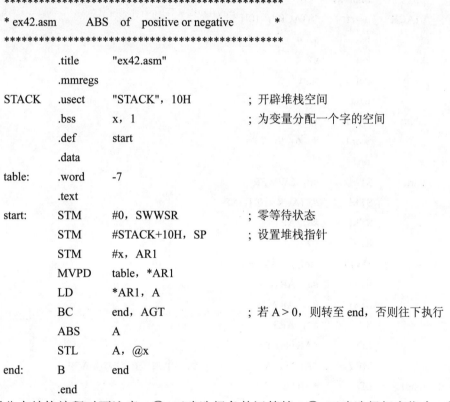

```
*************************************************
* ex42.asm        ABS  of  positive or negative    *
*************************************************
            .title      "ex42.asm"
            .mmregs
STACK       .usect      "STACK"，10H        ; 开辟堆栈空间
            .bss        x，1                ; 为变量分配一个字的空间
            .def        start
            .data
table:      .word       -7
            .text
start:      STM         #0，SWWSR           ; 零等待状态
            STM         #STACK+10H，SP      ; 设置堆栈指针
            STM         #x，AR1
            MVPD        table，*AR1
            LD          *AR1，A
            BC          end，AGT            ; 若 A>0，则转至 end，否则往下执行
            ABS         A
            STL         A，@x
end:        B           end
            .end
```

采用分支结构编程时要注意：① 正确选择条件运算符；② 正确选择相应指令；③ 每个分支中需有完整的结果(终结点)；④ 对于多分支程序，需逐个检查程序正确与否。另外，多次使用单分支结构可以得到多分支程序。

4.2.4 循环结构

循环结构程序设计主要用于某些需要重复进行的操作，它简化程序，节约内存。循环结构程序的设计可分为设置循环初始状态、循环体和循环控制条件三部分。其分述如下：

(1) 设置循环初始状态主要是指设置循环次数的计数初值，以及其他为能使循环体正常工作而设置的初始状态等(如循环缓冲区首地址)。

(2) 循环体是循环操作(重复执行)部分，包括循环的工作部分及修改部分。循环的工作部分是指实现程序功能的主要程序段；循环的修改部分是指当程序循环执行时，对一些参数(如地址、变量)的有规律的修正。

(3) 循环控制条件部分是循环程序设计的关键。每个循环程序必须选择一个控制循环程序运行和结束的条件。

使用循环指令 BANZ(当辅助寄存器不为 0 时转移)执行循环计数和操作是十分方便的。

【例 3】 试编制程序，在 4 项乘积 $a_i x_i (i = 1, 2, 3, 4)$ 中找出最大值，并存放在累加器 A 中。

源程序编制如下：

```
                .title      "ex43.asm"
                .mmregs
        STACK   .usect      "STACK"，10H
                .bss        a，4
                .bss        x，4
                .def        start
                .data
        table:  .word       1，2，3，4
                .word       8，6，9，7
                .text
        start:  STM         #0，SWWSR
                STM         #STACK+10H，SP
                STM         #a，AR1
                RPT         #7
                MVPD        table，*AR1+
                STM         #a，AR1
                STM         #x，AR2
                STM         #2，AR3
                LD          *AR1+，T
                MPY         *AR2+，A         ; 第一个乘积在累加器 A 中
        loop1:  LD          *AR1+，T
                MPY         *AR2+，B         ; 其他乘积在累加器 B 中
                MAX         A               ; 累加器 A 和 B 比较，选大的保存在累加器 A 中
                BANZ        loop1，*AR3-     ; 此循环中共进行 3 次乘法和比较
        end:    B           end
                .end
```

编制循环程序的关键在于找出循环的规律，确定控制循环的方法。

4.2.5　子程序结构

子程序是一个独立的程序段，具有确定的功能，可被其他程序调用，调用它的程序一

般为主程序。子程序调用指令(如 CALL、CALA、CC 等)将一个返回地址压入堆栈，执行返回指令(如 RET、RC 等)时复原。子程序的定义和调用的格式如下：

　　　　子程序名：
　　　　　　⋮　　　　　 子程序体
　　　　　　RET

在调用子程序时，只要在调用指令后写上该子程序名即可。返回指令总是放在子程序体的末尾，用来返回主程序。

注意：子程序名是子程序第一条指令的第一个字的地址，又常称为子程序的入口地址。

【例4】　试编制程序，求 $y = \sum_{i=1}^{4} a_i x_i$。这是一个典型的乘法累加运算，在数字信号处理中广泛使用。

源程序编制如下：

```
*****************************************************

* ex44.asm     y = a1 * x1 + a2 * x2 + a3 * x3 + a4 * x4         *

*****************************************************

        .title    "EX44.asm"
        .mmregs
STACK   .usect    "STACK"，10H         ; 开辟堆栈空间
        .bss      x，4                 ; 为变量分配 9 个字的空间
        .bss      a，4
        .bss      y，1
        .def      start
        .data
table:  .word     1*32768/10
        .word     2*32768/10
        .word     -3*32768/10
        .word     4*32768/10
        .word     8*32768/10
        .word     6*32768/10
        .word     -4*32768/10
        .word     -2*32768/10
        .text
start:  STM       #0，SWWSR            ; 零等待状态
        SSBX      FRCT
        STM       #STACK+10H，SP       ; 设置堆栈指针
        STM       #x，AR1              ; AR1 指向 x
        RPT       #7                  ; 从程序存储器传送 8 个值给数据存储器
        MVPD      table，*AR1+
```

```
        CALL    SUM                     ; 调用 SUM 子程序
end:    B       end
SUM:    STM     #x, AR2                 ; 子程序实现乘累加运算
        STM     #a, AR3
        RPTZ    A, #3
        MAC     *AR2+, *AR3+, A
        STH     A, @y
        RET
        .end
```

子程序的特点：模块化程序设计省内存、省时间，能独立编辑、编译，但不能运行；可将通用功能程序编成子程序，方便用户，但运行时间长。

本例中的乘累加运算求和部分采用子程序编制。子程序中的重复指令 RPTZ 允许重复紧随其后的 MAC 指令，并且重复执行 4 次，重复指令中应规定计数值为 3。由于重复指令只需要取指一次，比使用 BANZ 指令进行循环的效率高得多，并且使用重复伪指令可以使 MAC(如MVDK、MVDP、MVPD 等多周期指令)在执行一次后就变成单周期指令，因此大大提高了运行速度。

【例 5】　编写浮点乘法程序，完成 x1 × x2 = 0.4 × (−0.6)运算。

虽然 TMS320C54x 是定点 DSP，但它可通过以下 3 条指令支持浮点运算：

```
        EXP     A
        ST      T, EXPONENT
        NORM    A
```

假设定点数放在 A 中，这样就可以将定点数转换为浮点数了；反之，若将浮点数转换为定点数，则只要将指数取反号即可。

浮点数由尾数与指数两部分组成，其与定点数的关系如下：

$$定点数 = 尾数 × 2^{-(指数)}$$

指数与尾数均用补码表示。例如，当本例中 x1 的定点数 0x3333(0.4)用浮点数表示时，尾数为 0x6666(0.8)，指数为 1，即 $0.8 × 2^{-1} = 0.4$；x2 的定点数 0xb334(−0.6)用浮点数表示为 $−0.6 = −0.6 × 2^{-0}$。

程序中所用的数据变量如下：

x1：定点被乘数；e1：被乘数的指数；m1：被乘数的尾数；

x2：定点乘数；e2：乘数的指数；m2：乘数的尾数；

ep：乘积的指数；mp：乘积的尾数；

product：定点乘积；temp：暂存单元。

首先将定点数 x1、x2 转换为浮点数，浮点数相乘即指数相加，尾数相乘，最后将乘积(浮点数)转换为定点数。

```
**********************************************
* ex45.asm       x1 * x2 = 0.4 * (−0.6)          *
**********************************************
        .title      "EX45.asm"
```

```
              .mmregs
STACK    .usect    "STACK"，10H
              .bss      x1，1
              .bss      x2，1
              .bss      e1，1
              .bss      m1，1
              .bss      e2，1
              .bss      m2，1
              .bss      ep，1
              .bss      mp，1
              .bss      product，1
              .bss      temp，1
              .def      start
              .data
table:     .word     4*32768/10
              .word     -6*32768/10
              .text
start:     STM       #0，SWWSR
              STM       #STACK+10H，SP     ; 设置堆栈指针
              MVPD      table，@x1          ; 将 x1、x2 传送至数据存储器
              MVPD      table+1，@x2
              LD        @x1，16，A         ; 先将 x1 左移 16 位加载至 A(31~16 位)，因小数在高位
              EXP       A                   ; 提取指数
              ST        T，@e1              ; 保存 x1 的指数
              NORM      A                   ; 将 x1 规格化为浮点数，按指数将尾数移位
              STH       A，@m1              ; 保存 x1 的尾数
              LD        @x2，16，A
              EXP       A
              ST        T，@e2              ; 保存 x2 的指数
              NORM      A
              STH       A，@m2              ; 保存 x2 的尾数
              CALL      MULT                ; 调用浮点乘法子程序
done:      B         done
MULT:      SSBX      FRCT                ; 小数相乘以消去冗余符号位
              SSBX      SXM                 ; 符号扩展
              LD        @e1，A              ; 指数相加
              ADD       @e2，A
              STL       A，@ep
              LD        @m1，T              ; 尾数相乘(有符号数)，乘积左移 1 位
              MPY       @m2，A
              EXP       A                   ; 对尾数乘积规格化
              ST        T，@temp
```

```
        NORM    A
        STH     A，@mp          ; 保存乘积尾数
        LD      @temp，A        ; 修正乘积指数，ep+temp=ep
        ADD     @ep，A
        STL     A，@ep          ; 保存乘积指数
        NEG     A              ; 乘积指数取反号，将浮点乘积转换为定点数
        STL     A，@temp
        LD      @temp，T
        LD      @mp，16，A
        NORM    A              ; 按 T 移位
        STH     A，@product    ; 保存定点乘积
        RET
        .end
```

程序执行结果如下：

x1	3333H
x2	B334H
e1	0001H
m1	6666H
e2	0000H
m2	B334H
ep	0002H
mp	8520H
product	E148H
temp	FFFEH

最后得到 0.4*(−0.6)的乘积(浮点数)为：尾数是 0x8520H，指数是 0x0002H。乘积的定点数为 0xE148H。对应的十进制数约等于 −0.24。

4.3　TMS320C54x 汇编语言程序的编辑、汇编与链接过程

汇编语言源程序编好以后，必须经过汇编和链接才能运行。图 4-1 给出了对汇编语言源程序的编辑、汇编和链接过程。简述过程如下。

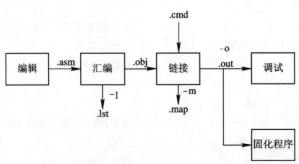

图 4-1　汇编语言程序的编辑、汇编和链接过程

1．编辑

程序代码的编写可以在任何一种文本编辑器中进行，如 EDIT、记事本、Word 等，生成 .asm 文件。

2．汇编

利用 TMS320C54x 的汇编器 asm500 对已经编好的一个或者多个源文件分别进行汇编，并生成 .lst 文件(列表文件)和 .obj 文件(目标文件)。常用的汇编命令格式如下：

　　　　asm500　%1　　-s　　-l　　-x

其中：

%l：用源文件名代入。

-s：将所有定义的符号放在目标文件的符号表中。

-l：产生一个列表文件。

-x：产生一个交叉引用表，并把它附加到列表文件的最后。

此外，asm500 还可以加入一些选项，以下将逐一说明。

-a：生成绝对列表文件。汇编器不产生目标文件(.obj 文件)。

-c：使汇编语言文件中的大小写没有区别。

-d：为名字符号设置初值，这与 .set 等效。例如，asm500 -d name=111 将使程序中的 name 设置值为 111，默认赋值为 1。

-hc：将选定的文件复制到汇编模块。格式为 -hc file name 所选定的文件被插入到源文件语句的前面，复制的文件将出现在汇编列表文件中。

-hi：将选定的文件包含到汇编模块。格式为 -hi file name 所选定的文件包含到源文件语句的前面，所包含的文件不出现在汇编列表文件中。

-i：规定一个目录，汇编器可以在这个目录下找到 .copy、.include 和 .mlib 命令所命名的文件。格式为 -i path name 时最多可规定 10 个目录，每条路径名的前面必须加上-i 选项。

-mg：源文件，包含有代数指令。

-q：静(quiet)处理，汇编器不产生任何程序的信息。

3．链接

利用 TMS320C54x 的链接器 lnk500，根据链接器命令文件(.cmd 文件)对已经汇编过的一个或是多个目标文件(.obj 文件)进行链接，生成 .map 文件和 .out 文件。

常用的链接器命令格式如下：

　　　　lnk500 1%.cmd

其中，1%为程序名。命令文件(.cmd 文件)是对存储器进行配置的文件，该文件如何生成将在后面详细介绍。

另外，运行链接器还有以下两种方法：

(1) 键入命令。其格式如下：

　　　　lnk500 file1.obj　　file2.obj　　-o link.out

上述链接器命令是链接 file1 和 file2 的两个目标文件，生成一个名为 link.out 的执行输出文件。当选项 -o link.out 缺省时，将生成一个名为 a.out 的输出文件。

(2) 键入命令 lnk500。链接器将给出如下提示：

Command files:

Object files[.obj]:

Output file[a.out]:

Options:

其中：

Command files(命令文件)：要求键入一个或多个命令文件。

Object files(目标文件)：要求键入一个或多个需要链接的目标文件名。缺省扩展名为 .obj，文件名之间要用空格或逗号分开。

Output file(输出文件)：要求键入一个输出文件名，也就是链接器生成的输出模块名。如果此项缺省，则链接器将生成一个名为 a.out 的输出文件。

Options(选项)：提示附加的选项，选项前应加一短横线，也可以在命令文件中安排链接选项。

如果没有链接器命令文件，或者缺省输出文件名，或者不给出链接选项，则只要在相应的提示行后键入回车键即可。但是，目标文件名是一定要给出的，其后缀(扩展名)可以缺省。

注意：除 -l 和 -i 选项外，其他选项的先后顺序并不重要。选项之间可以用空格分开。最常用的为 -m 和 -o。

-m filename：生成一个 filename.map 映像文件。.map 文件中列出了输入/输出段布局，以及外部符号重定位之后的地址等。

-o filename：指定可执行输出模块的文件名。如果缺省，则此文件名为 a.out。

另外，lnk500 还有一些选项，其内容如下：

-a：生成一个绝对地址的可执行输出模块。所建立的绝对地址输出文件中不包含重新定位信息。如果未指定 -a 或 -r，则默认为 -a。

-ar：生成地址可重新定位的可执行的目标模块。

-e global_symbol：定义一个全局符号，表明程序从这个标号开始运行。

-f fill_value：对输出模块各段之间的空单元设置一个 16 位常数值(fill_value)。

-r：生成一个可重新定位的输出模块。

-stack：设置堆栈大小，默认值为 1 K。

-i path name：链接器在此路径下搜索需要的文件。

-l file name：必须出现在 -i 之后。file name 一般为存档文件。

-vn：指定输出文件格式为 COFF。默认格式是 COFF2。

4.4　汇　编　器

汇编器(Assembler)将汇编语言源文件汇编成机器语言的 COFF 文件。源文件中包括指令、汇编伪指令以及宏指令。汇编器的功能如下：

- 将汇编语言源程序汇编成一个可重新定位的目标文件(.obj 文件)。
- 根据需要可以生成一个列表文件(.lst 文件)。

- 根据需要可以在列表文件后面附加一张交叉引用表。
- 将程序代码分成若干段，为每个目标代码段设置一个 SPC(段程序计数器)。
- 定义和引用全局符号。
- 汇编条件程序块。
- 支持宏功能，允许定义宏命令。

4.4.1　COFF 文件的一般概念

汇编器建立的目标文件格式称为公共目标文件格式(Common Object File Format，COFF)。由于在编写一个汇编语言程序时采用代码段和数据段的形式，因此 COFF 文件会使模块化编程和管理变得更加方便。汇编器和链接器都有建立并管理段的一些伪指令。

COFF 文件有三种形式：COFF0、COFF1 和 COFF2。每种形式的 COFF 文件都有不同的头文件，而其数据部分是相同的。TMS320C54x 汇编器和 C 编译器建立的是 COFF2 文件。链接器能够读/写所有形式的 COFF 文件，默认生成的是 COFF2 文件。用链接器-vn 选项可以选择不同形式的 COFF 文件。

所谓段(Section)，是指连续地占有存储空间的一个代码块或数据块，是 COFF 文件中最重要的概念。一个目标文件中的每一个段都是分开的和各不相同的。所有的 COFF 文件都包含以下三种形式的段：

　　　.text 段　　　　文本段
　　　.data 段　　　　数据段
　　　.bss 段　　　　保留空间段

此外，汇编器和链接器都可以建立、命名和链接自定义段，这些段的使用与 .text 段、.data 段和 .bss 段的类似。其优点是在目标文件中与 .text 段、.data 段和 .bss 段分开汇编，链接时作为一个单独的部分分配到存储器。

段有两类：已初始化段和未初始化段。已初始化段中包含有数据和程序代码，包括 .text 段、.data 段以及 .sect 段；未初始化段为未初始化过的数据保留存储空间，包括 .bss 段和 .usect 段。

在编程时，段没有绝对定位，每个段都认为是从 0 地址开始的一块连续的存储空间，因此程序员只需要用段伪指令来组织程序的代码和数据，而不需要关心这些段究竟定位于系统何处。

在汇编时，汇编器根据汇编命令用适当的段将各部分程序代码和数据连在一起，构成目标文件。

由于所有的段都是从 0 地址开始的，因此程序编译完成后无法直接运行。要让程序正确运行，必须对段进行重新定位，即把各个段重新定位到目标存储器中，这个工作由链接器完成。目标文件中的段与目标存储器之间的关系如图 4-2 所示。

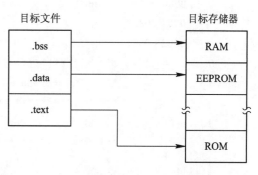

图 4-2　目标文件中的段与目标存储器之间的关系

4.4.2　汇编器对段的处理

汇编器依靠 5 条伪指令(.bss、.usect、.text、.data 和 .sect)识别汇编语言程序的各个部分。如果汇编语言程序中一个伪指令都没用，那么汇编器把程序中的内容都汇编到 .text 段。

当汇编器第一次遇到新段时，将该段的段程序计数器(SPC)置为 0，并将随后的程序代码或数据顺序编译进该段中。当汇编器遇到同名段时，先将它们合并，然后将随后的程序代码或数据顺序编译进该段中。

当汇编器遇到 .text、.data 和 .sect 这 3 个伪指令时，汇编器停止将随后的程序代码或数据顺序编译进当前段中，而是顺序编译进入遇到的段中。

当汇编器遇到 .bss 和 .usect 这两个伪指令时，汇编器并不结束当前段，而只是简单地暂时脱离当前段，随后的程序代码或数据仍将顺序编译进当前段中。.bss 和 .usect 这两个伪指令可以出现在 .text 段、.data 段和 .sect 段中的任何位置，它们不会影响这些段的内容。

汇编器为每个段都安排了一个单独的段程序计数器(SPC)。SPC 表示一个程序代码或数据段内的当前地址。最初，汇编器将每个 SPC 置为 0。当代码或数据被加到一个段内时，相应的 SPC 的值就增加。如果继续汇编进一个段，则汇编器会记住前面的 SPC 的值，并在该点继续增加 SPC 的值。链接器在链接时要对每个段进行重新定位。

汇编程序对源程序进行汇编时，如果采用 -l(小写的 L)选项，则汇编后将生成一个列表文件。下面给出了一个列表文件的示例，用来说明在汇编过程中段伪指令在不同的段之间来回交换，逐步建立 COFF 目标模块的过程和 SPC 的修改过程。

列表文件中每行由 4 个区域组成，即：

Field1：源程序的行号。

Field2：段程序计数器(SPC)。

Field3：目标代码。

Field4：源程序。

【例 6】　段定义伪指令应用举例。

```
 2                      ****************************************
 3              **    Assemble an initialized table into .data.    **
 4                      ****************************************
 5    0000                            .data
 6    0000 0011    coeff          .word          011H，022H，033H
      0001 0022
      0002 0033
 7                      ****************************************
 8              **      Reserve space in .bss for a variable.      **
 9                      ****************************************
10    0000                            .bss          buffer，10
11                      ****************************************
12              **            Still in .data.                      **
13                      ****************************************
```

```
14   0003 0123     ptr         .word        0123H
15                 ******************************************
16                 **      Assemble code into the .text section.    **
17                 ******************************************
18   0000                      .text
19   0000 100F     add:        LD           0FH，A
20   0001 F010     aloop:      SUB          #1，A
     0002 0001
21   0003 F842                 BC           aloop，AGEQ
     0004 0001'
22                 ******************************************
23                 **      Another initialized table into .data.    **
24                 ******************************************
25   0004                      .data
26   0004 00aa     ivals       .word        0AAH，0BBB，0CCH
     0005 00bb
     0006 00cc
27                 ******************************************
28                 **   Define another section for more variables.   **
29                 ******************************************
30   0000          var2        . usect      "newvars"，1
31   0001          inbuf       .usect       "newvars"，7
32                 ******************************************
33                 **        Assemble more code into .text.      **
34                 ******************************************
35   0005                      .text
36   0005 ll0a     mpy:        LD           0AH，B
37   0006 f166     mloop:      MPY          #0AH，B
     0007 000a
38   0008 f868                 BC           mloop，BNOV
     0009 0006'
39                 ******************************************
40                 **   Define a named section for int. vectors.   **
41                 ******************************************
42   0000                      .sect        "vectors"
43   0000 0011                 .word        011H，033H
44   0001 0033
```

Field1 Field2 Field3　　　　　　　　　Field4

此例共生成以下 5 个段：

① .text：包含 10 个字的目标代码。

② .data：包含 7 个字的数据。

③ vectors：由 .sect 伪指令产生的自定义段，包含 2 个字的初始化数据。

④ .bss：为变量保留 10 个字的存储空间。

⑤ newvars：由 .usect 伪指令产生的自定义段，为变量保留 8 个字的存储空间。

本例的目标代码如图 4-3 所示。

Line Numbers	Object Code	Section
19	100F	.text
20	F010	
20	0001	
21	F842	
21	0001'	
36	110A	
37	F166	
37	000A	
38	F868	
38	0006'	
6	0011	.data
6	0022	
6	0033	
14	0123	
26	00AA	
26	00BB	
26	00CC	
43	0011	vectors
44	0033	
	Nodata-10words reserved	.bss
10		
	Nodata-8words reserved	newvars
30		
31		

图 4-3　目标代码

4.5　链 接 器

TMS320C54x 链接器的作用就是根据链接命令或链接命令文件(.cmd 文件)，将一个或多个 COFF 文件链接起来，生成存储器的映像文件(.map 文件)和可执行文件的输出文件(.out 文件)，也就是生成了 COFF 目标模块。链接器的功能如下：

- 将各个段配置到目标系统的存储器中。
- 对各个符号和段进行重新定位，并给它们指定一个最终的地址。
- 解决输入文件之间未定义的外部引用问题。

　　链接器的主要功能就是对程序进行定位，它采用的是一种相对的程序定位方式。程序的定位方式有三种：编译时定位、链接时定位和加载时定位。MCU 系统采用编译时定位，编程时由 ORG 语句确定代码块和数据块的绝对地址，编译器以此地址为首地址，连续、顺序地存放该代码块或数据块。DSP 系统采用链接时定位，在编程时由段伪指令来区分不同的代码块和数据块；编译器每遇到一个段伪指令，就从 0 地址重新开始一个代码块或数据块；链接器将同名的段合并，并按 .cmd 文件中的伪指令进行实际的定位。PC 机系统采用加载时定位，在编程、编译和链接时均未对系统进行绝对定位，而是在程序运行前，由操作系统对程序进行重定位，并加载到存储空间中。由此可见，编译时定位简单、容易上手，但程序员必须熟悉硬件资源。对于链接时定位，程序员不必熟悉硬件资源，可将软件开发人员和硬件开发人员基本上分离开，虽定位灵活，但上手较难。而加载时定位则必须要有操作系统支持。

　　本节重点讨论 TMS320C54x 程序在链接时的定位方式。

4.5.1　链接器对段的处理

　　链接器对段的处理具有两个功能。其一，将输入段组合生成输出段，即将多个 .obj 文件中的同名段合并成一个输出段；也可将不同名的段合并产生一个输出段。其二，将输出段定位到实际的存储空间中。链接器提供 MEMORY 命令和 SECTIONS 命令来完成上述功能。MEMORY 命令用于描述系统实际的硬件资源；SECTIONS 命令用于描述段如何定位到恰当的硬件资源上。链接器通过命令文件(.cmd 文件)来获得上述信息。

1. 缺省的存储器分配

　　图 4-4 说明了两个文件的链接过程，即链接器将输入段组合成一个可执行的目标模块。

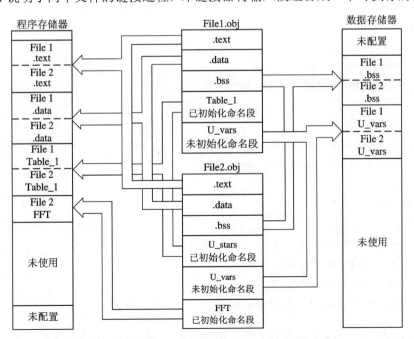

图 4-4　链接器将输入段组合成一个可执行的目标模块

在图 4-4 中，file1.obj 和 file2.obj 为已经汇编后的文件，用来作为链接器的输入。每个目标文件中都有默认的 .text 段、.data 段和 .bss 段，此外还有自定义段，可执行的输出模块将这些段进行了合并。链接器首先将两个文件的 .text 段组合在一起而形成一个 .text 段，然后组合 .data 段，再组合 .bss 段，最后将自定义段放在结尾。如果链接命令文件中没有 MEMORY 命令和 SECTIONS 命令(缺省情况)，则链接器起始在地址 0080H，并将段按上述的顺序一个接着一个地进行配置。

2．将段放入存储器空间

如果有时希望采用其他的组合方法，例如，不希望将所有的 .text 段合并到一个 .text 段，或者希望将自定义段放在 .data 段的前面，又或者想将代码与数据分别存放到不同的存储器(如 RAM、ROM、EPROM 等)中，则此时就需要定义一个 .cmd 文件，采用 MEMORY 命令和 SECTIONS 命令，告诉链接器如何安排这些段。下面将详细介绍链接器命令文件的构成。

4.5.2 链接器命令文件

链接器命令文件含有链接时所需要的信息。命令文件(.cmd 文件)由三部分组成：输入/输出定义、MEMORY 命令和 SECTIONS 命令。输入/输出定义这部分包括输入文件(目标文件(.obj 文件)、库文件(.lib 文件)和映像文件(.map 文件))、输出文件(.out 文件)和链接器选项。

下面我们列出本章中例 1 汇编源程序的链接器命令文件。

【例 7】 链接 ex41.cmd 文件。

```
ex41.obj                /*输入文件*/
-o ex41.out             /*链接器选项*/
-m ex41.map             /*链接器选项*/
-e start                /*链接器选项*/
MEMORY
{
  PAGE 0:
        EPROM : org=0E000H，len=100H


  PAGE 1:
        SPRAM : org=0060H，len=20H
        DARAM : org=0080H，len=100H
}
SECTIONS
{
  .text  : >EPROM   PAGE 0
  .data  : >EPROM   PAGE 0
  .bss   : >SPRAM   PAGE 1
  STACK  : >DARAM   PAGE 1
}
```

MEMORY 命令和 SECTIONS 命令分别定义目标存储器的配置及各段放在存储器的位

置。存储器配置图如图 4-5 所示。

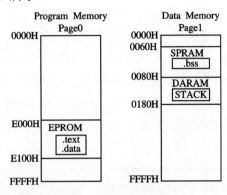

图 4-5　存储器配置图

由上例可见，链接器命令文件都是 ASCII 码文件，文件名区分大小写。链接器命令可以加注释，注释的内容应当用"/*""*/"符号括起来。

注意：在链接器命令文件中，不能采用下列符号作为段名或符号名：

align	DSECT	len	o	run
ALIGN	f	length	org	RUN
attr	fill	LENGTH	origin	SECTIONS
ATTR	FILL	load	ORIGIN	spare
block	group	LOAD	page	type
BLOCK	GROUP	MEMORY	PAGE	TYPE
COPY	l(小写的 L)	NOLOAD	range	UNION

下面我们将详细介绍 MEMORY 命令和 SECTIONS 命令的用法。

1. MEMORY 命令

MEMORY 命令可用来定义用户设计的系统中所包含的各种形式的存储器，以及它们占据的地址范围。MEMORY 命令的句法格式如下：

```
MEMORY
{
    PAGE 0:name 1[(attr)]: origin=constant，length=constant;
    PAGE 1:name n[(attr)]: origin=constant，length=constant;
}
```

在链接器命令文件中，MEMORY 命令用大写字母，紧随其后的是用大括号括起来的一个定义存储器范围的清单。其中：

(1) PAGE：存储空间标记，最多可规定 255 页。PAGE 0 定为程序存储器；PAGE 1 定为数据存储器，如果缺省，则默认为 PAGE 0。

(2) name：定义存储器区间名字。一个存储器名字可以包含 8 个字符(A～Z、a～z、$、、_均可)。对链接器来说，存储器区间名字都是内部记号。不同页中的存储器空间可以取相同的名字，但在同页内的名字不能相同，而且不许重叠配置。

(3) attr：定义已命名地址空间的属性。属性选项一共有四项：R(读)、W(写)、X(可为代码空间)、I(可初始化)。当 attr 缺省时，默认四种特性都有，一般使用缺省的情况。

(4) origin：指定存储区的起始位置，可缩写成 org 或 o。

(5) length：指定存储区的长度，可缩写成 len 或 l。

(6) fill：填充值，为没有定位输出段的存储单元填充一个数，可缩写成 f。此选项不常用。

2. SECTIONS 命令

SECTIONS 命令可将输出段定位到所定义的存储器中。具体任务如下：说明如何将输入段组合成输出段；在可执行程序中定义输出段；规定输出段在存储器中的存放位置；允许重新命名输出段。SECTIONS 命令的一般语法如下：

```
SECTIONS
    {
       name:[property，property，property，…]
       name:[property，property，property，…]
       name:[property，property，property，…]
    }
```

在链接器命令文件中，SECTIONS 命令用大写字母，紧随其后并用大括号括起来的是输出段的详细说明。每一个输出段的说明都从段名开始，段名后面是一行说明段的内容和如何给段分配存储单元的性能参数。一个段的性能参数有：

(1) Load allocation：定义将输出段加载到存储器的什么位置。

句法：load=allocation 或者 >allocation 或者 allocation

其中，allocation 是关于输出段地址的说明，即给输出段分配存储单元。

(2) Run allocation：定义输出段的运行空间和地址。

句法：run=allocation 或者 run>allocation

链接器为每个输出段在存储器中分配两个地址：加载地址和运行程序地址。通常，这两个地址是相同的，可以认为每个输出段只有一个地址。要想区分程序的加载区和运行区，则先将程序从低速 EPROM 装入到 RAM，然后在 RAM 中以较快的速度运行。

(3) Input sections：定义由哪些输入段组成输出段。

句法：{input-sections}

(4) Section type：用它为输出段定义特殊形式的标记。

句法：type=COPY 或者 type=DSECT 或者 type=NOLOAD

这些参数将对程序的处理产生影响，这里就不做介绍了。

(5) Fill value：对未初始化空单元定义一个数值。

句法：fill=value 或者 name：…{…}=value

3. MEMORY 命令和 SECTIONS 命令的缺省算法

如果没有利用 MEMORY 命令和 SECTIONS 命令，则链接器就按缺省算法来定位输出段。具体算法如下：

```
MEMORY
    {
       PAGE 0:PROG:origin=0x0080，length=0xFF00
       PAGE 1:DATA:origin=0x0080，length=0xFF80
```

```
        }
        SECTIONS
        {
          .text:   PAGE=0
          .data:   PAGE=0
          .cinit:  PAGE=0          ; cflag option only
          .bss:    PAGE=1

        }
```

在缺省 MEMORY 命令和 SECTIONS 命令的情况下，链接器将所有输入文件的 .text
段链接成一个 .text 输出段；将所有的 .data 输入段组合成 .data 输出段，并将 .text 段和 .data
段定位到程序存储空间 PAGE 0。同理，所有的 .bss 段则组合成一个 .bss 输出段，定位到数
据存储空间 PAGE 1。

如果输入文件中含有自定义已初始化段，则链接器将它们定位到程序存储空间，紧
随 .data 段之后；如果输入文件中含有自定义未初始化段，则链接器将它们定位到数据存储
空间，并接在 .bss 段之后。

下面列出本章中例 2～例 5 汇编源程序的链接命令文件。

【例 8】　链接 ex42.cmd 文件。

```
        ex42.obj
        -o ex42.out
        -m ex42.map
        -e start
        MEMORY
        {
          PAGE 0:
                EPROM : org=0E000H，len=100H


          PAGE 1:
                SPRAM : org=0060H，len=20H
                DARAM : org=0080H，len=100H
        }
        SECTIONS
        {
          .text   : >EPROM    PAGE 0
          .data   : >EPROM    PAGE 0
          .bss    : >SPRAM    PAGE 1
          STACK   : >DARAM    PAGE 1

        }
```

【例 9】　链接 ex43.cmd 文件。

```
        ex43.obj
        -o ex43.out
```

```
-m ex43.map
-e start
MEMORY
{
    PAGE 0:
            EPROM : org=0E000H，len=100H

    PAGE 1:
            SPRAM : org=0060H，len=20H
            DARAM : org=0080H，len=100H
}
SECTIONS
{
    .text   : >EPROM   PAGE 0
    .data   : >EPROM   PAGE 0
    .bss    : >SPRAM   PAGE 1
    STACK   : >DARAM   PAGE 1
}
```

【例 10】   链接 ex44.cmd 文件。

```
ex44.obj
-o ex44.out
-m ex44.map
-e start
MEMORY
{
    PAGE 0:
            EPROM : org=0E000H，len=100H

    PAGE 1:
            SPRAM : org=0060H，len=20H
            DARAM : org=0080H，len=100H
}
SECTIONS
{
    .text   : >EPROM   PAGE 0
    .data   : >EPROM   PAGE 0
    .bss    : >SPRAM   PAGE 1
    STACK   : >DARAM   PAGE 1
}
```

【例 11】　链接 ex45.cmd 文件。

```
ex45.obj
-o ex45.out
-m ex45.map
-e start
MEMORY
{
  PAGE 0:
        EPROM : org=0E000H，len=100H

  PAGE 1:
        SPRAM : org=0060H，len=20H
        DARAM : org=0080H，len=100H
}
SECTIONS
{
  .text   : >EPROM   PAGE 0
  .data   : >EPROM   PAGE 0
  .bss    : >SPRAM   PAGE 1
  STACK   : >DARAM   PAGE 1
}
```

4.5.3　程序重定位

汇编器处理每个段时都从 0 地址开始，每段中所有需要重新定位的符号(标号)都是相对于 0 地址而言的。事实上，所有段都不可能从存储器中的 0 地址开始，因此链接器必须通过下列方法对各个段进行重新定位：

- 将各个段定位到存储器图中，使每个段有合适的起始地址。
- 调整符号值，使之对应于新的段地址。
- 调整对重新定位后符号的引用。

汇编器对源程序进行汇编时，汇编后将生成一个列表文件。列表文件中目标代码后面在需要引用重新定位的符号处留了一个重新定位入口，链接器就在符号重定位时，利用这些入口来修正对符号的引用值。表示在链接时需要重新定位的符号如下：

　　! ：定义的外部引用。

　　' ：.text 段重新定位。

　　" ：.data 段重新定位。

　　+：.sect 段重新定位。

　　−：.bss 段和 .usect 段重新定位。

下面举一个例子说明：

```
1           0100       X          .set        0100H
```

2	0000			.text		
3	0000	F073		B	Y	; 产生一个重定位入口
	0001	0004'				
4	0002	F020		LD	#X, A	; 产生一个重定位入口
	0003	0000!				
5	0004	F7E0	Y:	RESET		

本例中有两个符号 X 和 Y 需要重新定位。Y 是在这个模块的 .text 段中定义的；X 是在另一个模块中定义的。当程序汇编时，X 的值为 0(汇编器假设所有未定义的外部符号的值为 0)，Y 的值为 4(相对于 .text 段 0 地址的值)。就这一段程序而言，汇编器形成了两个重定位入口：一个是 X；另一个是 Y。在 .text 段对 X 的引用是一次外部引用，而在 .text 段对 Y 的引用是一次内部引用。

假设链接时 X 重新定位在地址 7100H，.text 段重新定位到从地址 7200H 开始，那么 Y 的重定位值为 7204H。链接器利用两个重定位入口，对目标文件中的两次引用进行修正。具体描述如下：

f073	B	Y	变成	F073
0004'				7204
f020	LD	#X, A	变成	F020
0000!				7100

Win7 以上 C54x 环境使用说明

在 COFF 文件中有一张重定位入口表，链接器在处理完之后就将重定位入口消去，以防止在重新链接或加载时再次重新定位。一个没有重定位入口的文件成为绝对文件，它的所有的地址都是绝对地址。

Win7 以上 C54x 汇编

4.6　Simulator 的使用方法

TMS320C54x 利用软件仿真器(Simulator)来调试 TMS320C54x 的汇编程序。下面介绍 TMS320C54x 软件仿真器的使用方法。

4.6.1　软件仿真器概述

软件仿真器是一种很方便的软件调试工具，利用它调试程序的方法最为简单。它不需要目标硬件，只要在装有 TMS320C54x 开发环境的 PC 机上运行即可。它可以仿真 TMS320C54x DSP 芯片包括的中断以及输入/输出在内的各种功能，从而在非实时条件下完成对用户程序的调试。TMS320C54x 软件仿真程序有以下两种：

- sim54x.exe (在 DOS 下运行)。
- sim54xw.exe (在 Windows 下运行)。

在利用 Simulator 调试以前，必须先对源程序进行汇编和链接，产生 .out 文件。我们可以编制批处理文件，直接进入仿真环境。假设开发环境存放在 E 盘的 c54x 目录下，将放在该目录的不同子目录下的汇编(asm500.exe)、链接(lnk500.exe)、调试(sim54x.exe)集于一体的批处理文件如例 12 所示。

【例 12】　ALS.bat 批处理文件如下：

> E:\c54x\asmlink\asm500 %1 -s -l -x
>
> E:\c54x\asmlink\lnk500 %1.cmd
>
> E:\c54x\sim\sim54x　%1

ALS.bat 中的 1%为程序名，当运行 ALS EX421 后，屏幕上将出现 4 个窗口和 1 个命令菜单，Simulator 屏幕如图 4-6 所示(这里加载了 ex421.out 文件)。

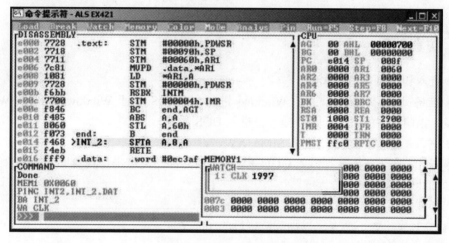

图 4-6　Simulator 屏幕

Simulator 屏幕上的 4 个区是 DISASSEMBLY 窗口、CPU 窗口、COMMAND 窗口和 MEMORY 窗口(图 4-6 中显示为 MEMORY1 窗口)。

(1) DISASSEMBLY 窗口：显示源程序的窗口，即将加载的文件反汇编成源程序。此区域包含三部分内容：程序存储器地址、程序代码和源程序指令。

(2) CPU 窗口：显示累加器 A、B 以及程序计数器 PC 等 CPU 寄存器中的内容。程序员在调试过程中不但可以观察，还可以修改 CPU 寄存器的内容。

(3) COMMAND 窗口：用来键入仿真命令。在命令窗口下部有一命令行(>>>……)，在命令行中所键入的命令(包括运行信息和出错信息)均记录在该命令窗口中。用鼠标点击此窗右侧的↑或↓箭头，或按 Tab 键，可以查看先前发出的仿真命令。一些常用的仿真命令将在后面详细介绍。

(4) MEMORY 窗口：可以检查或修改程序存储器和数据存储器中的内容。在命令窗的命令行键入相应的命令，可以同时在 MEMORY 窗口开出 4 个分窗口，即 MEMORY 窗口、MEMORY1 窗口、MEMORY2 窗口和 MEMORY3 窗口，以便同时检查或修改 4 个不同的程序或数据存储器空间。

对上述 4 个窗口可进行如下三种操作：

(1) 选择当前窗口。用光标点击所在的窗口为当前操作窗口，或按 Tab 键进行选择。选中窗的边框为双线框，其余窗的边框为单线框。当光标点到其他窗口时，当前操作窗也随之切换。

(2) 改变窗口大小。用鼠标左键点击任一窗口的左上角，即可将该当前窗口放大至满屏，再点其左上角，窗口屏幕复原。用鼠标左键点击右下角、左框和上框，可将屏幕拖至适当位置。

(3) 翻看窗口内容。利用键盘上的 PgUp 或 PgDn 键，或者用鼠标左键点击窗口右侧的 ↑ 或 ↓ 标记，可以向前或向后翻看当前窗口(CPU 窗口除外)中的内容。

在屏幕的上方有一行仿真命令菜单，有些选项还有下拉菜单。这些命令与 4.6.2 小节中介绍的在命令行键入的相应命令具有相同的功能。其中，Run=F5(运行程序)和 Step=F8(单步执行程序)选项最为常用。在 DOS 环境下，同时按 Alt 键和菜单的第一个字母可进行相应的菜单选择。

4.6.2　仿真命令

1．进入和退出 Simulator

(1) 准备：启动 Windows，并由 Windows 进入 MS-DOS。对于 Windows 2000 和 Windows XP 系统，由附件中的 "c:\" 命令提示符进入 DOS 系统。

(2) 进入：在 MS-DOS 下键入 SIM54XW✓。

(3) 退出：在仿真命令行键入 QUIT✓，或者用光标左键点击仿真器屏幕右上角的 "×" 按钮，即退回 MS-DOS。

2．加载程序

在命令行发出如下命令，以加载链接后的 .out 文件：

　　　load　<文件名.out>✓

其中，.out 可缺省。加载程序也可使用相应命令的菜单选项。

3．选择当前窗口和改变窗口大小

具体操作参见 4.6.1 节。

4．运行程序

(1) 运行：run✓　　　　　(执行程序到最后)

　　　go<标号>✓　　　(执行程序到标号，标号大小写要与源程序一致)

　　　go<地址>✓　　　(执行到某一程序存储器地址)

(2) 单步：step　　　　　(执行一条指令)

　　　step n✓　　　　(执行 n 条指令)

(3) 复位：reset✓　　　　(PC 回复到 0xFF80)

　　　restart✓　　　　(PC 回复到程序的入口)

(4) 退出：按 ESC 键　　(退出正在执行的程序)

注意：每当程序执行到断点时，或者执行完程序后，或者执行单步后，凡 CPU 窗口内寄存器以及 MEMORY 窗口内存储单元中的内容发生变化的，均加亮显示，以便醒目地指示程序的执行结果。

5．检查、修改 CPU 寄存器的内容

(1) 检查：CPU 寄存器中的内容均显示在 CPU 窗口。

(2) 修改：用光标左键点击要修改的寄存器，键入修改数据，并按回车键即可。

6．检查、修改存储单元的内容

(1) 检查数据存储单元的内容。命令如下：

　　　MEMn　　<起始地址>↙

其中，n=0，1，2，3。起始地址可以写成 0xXXXX。这是用十六进制表示的地址。如果要求在第 n 个分窗口用十进制数、八进制数或 e 格式显示存储器中的数据，则可在命令行键入 MEMn<地址>，d(或 o、e)↙，或者先键入 MEMn↙，然后按对话框要求键入起始地址以及数据格式(分别用小写的 d、o 或 e，缺省值为十六进制数)。

(2) 检查程序存储单元的内容。命令如下：

　　　MEMn　　<起始地址>@PROG↙

其中，n = 0，1，2，3。如果要求用其他数据格式显示，其操作方法与数据存储器相同。

(3) 修改数据存储单元的内容。用鼠标点击数据存储单元，键入修改内容，再按回车键即可。

(4) 修改程序存储单元的内容。用鼠标点击程序存储单元，键入修改内容，再按回车键即可。需要注意的是，仿真调试时做出的数据更改是暂时的，对源程序及 .out 文件都未产生影响。

(5) 观察从给定地址或标号处起始的程序。在命令行键入地址或标号，例如：

　　　addr　　0xE011↙

或　　addr　　SUM↙

7．断点的设置、检查和清除

(1) 设置断点：

　　　ba　<地址>↙

　　　ba　<标号>↙

或者用鼠标左键点击 DISASSEMBLY 窗口中需要设置断点的指令。设置断点后，所在处的指令均被加亮。

(2) 显示断点：

　　　bl↙

命令窗口中将显示所设置的全部断点的位置。

(3) 清除一个断点：

　　　bd　<地址>↙

　　　bd　<标号>↙

或者用鼠标左键点击 DISASSEMBLY 窗口中的断点处指令。断点清除后，该断点处的指令加亮也被取消。

(4) 清除全部断点：

　　　br↙

8．用观察窗口检查变量、CPU 寄存器或存储单元的内容

(1) 检查：

　　　wa　<变量名>↙

　　　wa　<CPU 寄存器名>↙

　　　wa　*0xn↙

```
wa   *0xm@PROG↙
wa   CLK      (观察程序运行的时钟周期数)
```

(2) 清除观察内容:

```
wd   n↙      (n 为观察窗中的编号)
```

(3) 清除观察窗:

```
wr↙
```

9. 其他命令

(1) 检查程序的执行时间:

```
? CLK↙
```

(2) 查找前一条命令: 按 Tab 键(在命令行显示前一条命令, 按回车键便可执行)。

(3) 查找后一条命令: 按 Shift + Tab 键(显示后一条命令, 按回车键便可执行)。

(4) 清除命令窗中的内容:

```
CLS↙
```

4.6.3 仿真器初始化命令文件

在利用软件仿真器(Simulator)调试程序时, 仿真器初始化命令文件 SIMINIT.CMD 是必不可少的。前面我们介绍的命令文件是链接命令文件, 而这里介绍的是用于仿真的初始化命令文件。SIMINIT.CMD 是一个批处理文件, 它的主要作用有 3 个: 为仿真器配置存储器(Memory Add); 连接 I/O 口及 I/O 文件(Memory Connect); 设置仿真命令。

【例 13】 仿真器初始化命令文件 SIMINIT.CMD。

```
ma   0xE000, 0, 0x1000, R | W | EX
ma   0xFF80, 0, 0x0080, R | W | EX
ma   0x0000, 1, 0x0060, R | W
ma   0x0060, 1, 0x0020, R | W
ma   0x0080, 1, 0x1380, R | W
ma   0x0000, 2, 0x0001, W
ma   0x0001, 2, 0x0001, R
mc   0x0000, 2, 0x0001, OUT.DAT, W
mc   0x0001, 2, 0x000l, IN.DAT, R
```

凡是 SIMINIT.CMD 中没有配置的程序和数据空间, 在仿真屏幕上将显示红色, 表示不能对其进行检查和修改。若缺省 SIMINIT.CMD, 则仿真器将配置 64 K 字的程序空间和 64 K 字的数据空间。

- 文件中所用的 ma 命令格式如下:

```
ma   起始地址, 空间代号, 空间长度, 空间属性
```

其中:

起始地址是指程序、数据或 I/O 空间的起始地址。

空间代号分别为 0 (程序空间)、1 (数据空间)、2 (I/O 空间)。

空间长度指程序、数据或 I/O 空间的长度。

空间属性分为 R(读)、W(写)、EX(外部)。此外，R 也可写成 ROM，R|W 可写成 RAM。

- 文件中所用的 mc 命令格式如下：

　　　　mc　起始地址，I/O 空间代号，I/O 空间长度，I/O 文件名，属性

其中：

I/O 空间代号分为 1 (串行口在数据空间)、2 (并行口在 I/O 空间)。

I/O 文件名为输入/输出数据文件。

属性分为 R(输入)、W(输出)，并且设定 PA0 口为输出口，输出数据文件名为 OUT.DAT；PA1 口为输入口，输入数据文件名为 IN.DAT。

【例 14】　将输入/输出口与输入/输出文件链接。

假定有两个模块：

```
ma    0x100,    1,    0x10,    R | W | EX    ; block1
ma    0x200,    1,    0x10,    R | W         ; block2
```

用 mc 命令设置和链接输入文件给 block1：

```
mc    0x100,    1,    0x1,    my_input.dat, R | EX
```

用 mc 命令设置和链接输出文件给 block2：

```
mc    0x205,    1,    0x1,    my_output.dat, W
```

用 mc 命令在输入文件的 EOF 处暂停 Simulator：

```
mc    0x100,    1,    0x1,    my_input.dat, R | NR
```

【例 15】　假定文件 in.dat 中包含十六进制数据字(每行)，如：

```
0A00
1000
2000
  ⋮
```

用 ma 和 mc 命令设置输入口：

```
ma    0x50, 2, 0x1,    R | P        ; 配置地址 50H 为输入口
mc    0x50, 2, 0x1,    in.dat, R    ; 打开 in.dat 并将它连接在端口地址 50H
```

假定下列指令是用户程序中的一部分，数据从 in.dat 中读出，则为：

```
PORTR  050H, data_mem              ; 读 in.dat 并放值进入 data_mem
```

4.6.4　仿真外部中断

TMS320C54x 软件仿真器可以仿真外部中断信号 $\overline{\text{INT0}}$ ~ $\overline{\text{INT3}}$ 和 $\overline{\text{BIO}}$ 信号。为此，需要建立一个数据文件 .dat，说明仿真哪个引脚信号以及何时(第几个 CPU 时钟周期)产生这一信号。

输入文件的格式如下：

　　　　[时钟周期，逻辑值]　rpt　{n | EOS}

其中：

时钟周期表示所要产生的一个中断发生在第几个 CPU 时钟周期，用绝对值或相对值表示。

逻辑值仅用于仿真 $\overline{\text{BIO}}$ 引脚，其目的是在给定的 CPU 时钟周期内让 $\overline{\text{BIO}}$ 引脚变成高电平或者低电平。

rpt {n | EOS}表示重复仿真中断。有两种重复形式：按一个固定次数重复仿真；重复仿真，直到仿真结束。

【例 16】　myfile.DAT：

    12　　+34　　　　55　　　60
        (相对)

表示仿真 4 次中断，分别发生在第 12、(12+34)、55、60 个 CPU 时钟周期。

【例 17】　ex1.DAT：

    [12，1]　　[23，0]　　　[45，1]

表示在第 12 个 CPU 时钟周期时，$\overline{BIO}$ 为高电平，第 23 个 CPU 时钟周期时变成低电平，第 45 个 CPU 时钟周期时又变成高电平。

【例 18】　ex2.DAT：

    5(+10　　+20)　　　　rpt　　　2

本例表示在第 5、15(5+10)、35(15+20)、45(35+10)、65(45+20)个 CPU 时钟周期仿真中断，括号内的数值为重复部分。

【例 19】　ex3.DAT：

    10(+5　　+20)　　　　rpt　　　EOS

表示在第 10、15(5+10)、35(15+20)、40(35+5)、60(40+20)个 CPU 时钟周期仿真中断，直到结束，括号内的数值为重复部分。

输入文件建立之后，就可以在仿真时利用以下调试命令将输入文件与中断引脚或 $\overline{BIO}$ 引脚相连(或者用 PIN 的下拉菜单连接)，即：

(1) pinc 命令。此命令将输入文件与所指定的引脚相连。该命令的格式如下：

    pinc 引脚名，文件名

其中，引脚名为 $\overline{INT0}$ ～ $\overline{INT3}$ 或 $\overline{BIO}$ 中的一个，文件名就是所建的输入文件名。例如：

    pinc $\overline{INT2}$，myfile.DAT
    pinc $\overline{BIO}$，ex1.DAT

(2) pinl 命令。此命令列出已经连接到相应引脚的输入文件清单。该命令的格式如下：

    pinl

执行此命令后，将在命令窗口中显示未连接的和已连接的引脚。对于已连接数据文件的引脚，还显示所连接的输入文件名的路径名。例如：

CAMMAND

PIN	FILENAME
$\overline{INT0}$	NULL
$\overline{INT1}$	NULL
$\overline{INT3}$	NULL.
$\overline{INT2}$	E：\ C54X \ LABS \ myfile.DAT
$\overline{BIO}$	E：\ C54X \ LABS \ ex1.DAT

(3) pind 命令。此命令用于断开引脚与输入文件的连接，结束对中断或 $\overline{BIO}$ 的仿真。该命令的格式如下：

    pind　　引脚名

其中，引脚名为中断引脚 $\overline{INT0}$～$\overline{INT3}$ 或 $\overline{BIO}$ 引脚中的一个。

4.7　汇编程序举例

本节我们将列举一些 TMS320C54x 程序设计示例，供读者参考。

1．多模块链接

以例 2 中的 ex42.asm 源程序为例，将复位与中断在一起的向量文件列为一个单独的文件，对两个目标文件进行链接。

（1）编写向量文件 vector.asm。

【例 20】　向量文件 vector.asm。

```
*************************************
*              vectors.asm          *
*              Reset vector         *
*************************************
              .title    "vectors.asm"

**********    Reset-Vector    ***********
       .ref       start
       .sect      ".vectors"
       B          start

**********    Interrupt-Vector    ***********
       .ref       INT_2
       .sect      "INT_2"
       B          INT_2
       .end
```

vectors.asm 中引用了下面 ex421.asm 中的标号"start""INT_2"，这是在两个文件中通过 .ref 命令和 .def 命令实现的。标号"start""INT_2"在 vectors.asm 中使用，但却定义于 ex421.asm 中。

（2）编写 ex421.asm 文件。只要在例 2 的基础上添加 .def 命令和开中断及中断服务子程序，就能完成只要一中断即将累加器 A 的内容左移 8 位。"start""INT_2"在 ex421.asm 中定义，在 vectors.asm 中使用。

【例 21】　源文件 ex421.asm。

```
              .title     "ex421.asm"
              .mmregs
STACK   .usect     "STACK"，10H
              .bss       x，1
              .def       start，INT_2
              .data
```

```
table:      .word    -7
            .text
start:      STM      #0，SWWSR
            STM      #STACK+10H，SP
            STM      #x，AR1
            MVPD     table，*AR1
            LD       *AR1，A
            RSBX     INTM                    ; 开中断
            STM      #04H，IMR
            BC       end，AGT
            ABS      A
            STL      A，@x
end:        B        end
INT_2:      SFTA     A，8                     ; 中断服务程序
            RETE
            .end
```

(3) 分别对两个源文件 ex421.asm 和 vector.asm 进行汇编，生成目标文件 ex421.obj 和 vector.obj。

(4) 编写链接命令文件 ex421.cmd。其用来链接 ex421.obj 和 vector.obj 两个目标文件(输入文件)，并生成一个映像文件 ex421.map，以及一个可执行的输出文件 ex421.out。标号"start"是程序的入口。

假设目标存储器的配置如下：

    程序存储器为

      EPROM   E000h～FFFFH(片外)

    数据存储器为

      SPRAM   0060H～007FH (片内)

      DARAM   0080H～017FH (片内)

链接器命令文件如例 22 所示。

【例 22】   链接器命令文件 ex421.cmd。

```
ex421.obj
vectors.obj
-o ex421.out
-m ex421.map
-e start
MEMORY
{
  PAGE 0:
        EPROM : org=0E000H，len=100H
        vecs  : org=0FF80H，len=04H
```

```
        vecs1 : org=0FFC8H，len=04H
    PAGE 1:
        SPRAM : org=0060H，len=20H
        DARAM : org=0080H，len=100H
}


SECTIONS
{
    .text    : >EPROM    PAGE 0
    .bss     : >SPRAM    PAGE 1
    .data    : >EPROM    PAGE 0
    STACK    : >DARAM    PAGE 1
    .vectors: >vecs      PAGE 0
    INT_2    : >vecs1    PAGE 0
}
```

另外，要用软件仿真外部中断信号 $\overline{INT2}$，为此建立一个数据文件 INT_2.DAT：

INT_2.DAT

(+2000)rpt eos

在例 22 中，在程序存储器中配置了一个 vecs 空间和 vecs1 空间，它们的起始地址分别为 0FF80H 和 0FFC8H，长度均为 04H，将复位向量段放在 vecs 空间；中断向量段放在 vecs1 空间。在 ex421.cmd 文件中，有一条 -e start 命令，是软件仿真器的入口地址命令，这样便于在进入程序仿真屏幕时，直接从 start 语句标号开始显示程序，并从 start(0xE000)处执行程序。

当进入复位后，首先跳到复位向量地址 0FF80H，此处有一条指令 "B . text"，然后再按单步执行命令，则程序马上跳到主程序 start 处，从此处 0xE000 开始执行程序。如图 4-6 所示，在 INT_2 处设断点，在命令行输入 pinc 命令，将 INT_2.DAT 与引脚 $\overline{INT2}$ 相连，运行程序后累加器 A 的内容左移 8 位，这表明执行了中断服务程序。

(5) 链接。链接后生成一个可执行的输出文件 ex421.out 和映像文件 ex421.map(如例 23 所示)。

【例 23】　映像文件 ex421.map。

```
**************************************************
TMS320C54x COFF Linker           Version 1.10
**************************************************
Thu Aug 19 15:35:35 2004


OUTPUT FILE NAME:      <ex421.out>
ENTRY POINT SYMBOL: "start"    address: 0000E000


MEMORY CONFIGURATION
```

	name	origin	length	attributes	fill
	-----------	------------	--------------	-------------	---------
PAGE 0:	EPROM	0000E000	000000100	RWIX	
	vecs	0000FF80	000000004	RWIX	
	vecs1	0000FFC8	000000004	RWIX	
PAGE 1:	SPRAM	00000060	000000020	RWIX	
	DARAM	00000080	000000100	RWIX	

SECTION ALLOCATION MAP

output section	page	origin	length	attributes/ input sections
--------	----	----------	----------	----------------
.text	0	0000E000	00000016	
		0000E000	00000016	ex421.obj (.text)
		0000E016	00000000	vectors.obj (.text)
.bss	1	00000060	00000001	UNINITIALIZED
		00000060	00000001	ex421.obj (.bss)
		00000061	00000000	vectors.obj (.bss)
.data	0	0000E016	00000001	
		0000E016	00000001	ex421.obj (.data)
		0000E017	00000000	vectors.obj (.data)
STACK	1	00000080	00000010	UNINITIALIZED
		00000080	00000010	ex421.obj (STACK)
.vectors	0	0000FF80	00000002	
		0000FF80	00000002	vectors.obj (.vectors)
INT_2	0	0000FFC8	00000002	
		0000FFC8	00000002	vectors.obj (INT_2)
.xref	0	00000000	00000082	COPY SECTION
		00000000	0000005E	ex421.obj (.xref)
		0000005E	00000024	vectors.obj (.xref)

GLOBAL SYMBOLS

address	name		address	name
----------	-------		-------------	--------
00000060	.bss		00000060	.bss
0000E016	.data		00000061	end
0000E000	.text		0000E000	.text
0000E014	INT_2		0000E000	start
0000E017	edata		0000E014	INT_2
00000061	end		0000E016	.data
0000E016	etext		0000E016	etext
0000E000	start		0000E017	edata

[8 symbols]

链接后生成的 .map 文件中给出了存储器的配置情况，程序文本段、数据段、堆栈段和向量段在存储器中的定位表，以及全局符号在存储器中的位置。

2．正弦波发生器

在通信、仪器、控制等领域的信号处理系统中，要使用正弦波发生器。通常产生正弦波或余弦波的方法有两种：查表法和泰勒级数展开法。查表法适用于精度要求不高的场合。如果要求精度高，并且需要的存储单元要少，则就要用泰勒级数展开法。

用泰勒级数展开法计算一个角度的正弦或余弦值，泰勒级数展开的前 5 项表达式为

$$\sin\theta = x - \frac{x^3}{3!} + \frac{x^5}{5!} - \frac{x^7}{7!} + \frac{x^9}{9!} = x\left(1 - \frac{x^2}{2\times3}\left(1 - \frac{x^2}{4\times5}\left(1 - \frac{x^2}{6\times7}\left(1 - \frac{x^2}{8\times9}\right)\right)\right)\right) \tag{4-1}$$

$$\cos\theta = x - \frac{x^2}{2!} + \frac{x^4}{4!} - \frac{x^6}{6!} + \frac{x^8}{8!} = 1 - \frac{x^2}{2}\left(1 - \frac{x^2}{3\times4}\left(1 - \frac{x^2}{5\times6}\left(1 - \frac{x^2}{7\times8}\right)\right)\right) \tag{4-2}$$

其中，x 为角 θ 的弧度值。

【例 24】　试编程，用泰勒级数展开式计算一个角度的正弦值，即求式(4-1)。

设程序中开辟了 9 个存储单元，如下所示：

d_x	x(角 θ 的弧度值)
d_squr_x	x^2
d_temp	
d_sin x	sin x(结果)
c_1	(7FFFH)
d_coeff	c1=1/(8*9)
	c2=1/(6*7)
	c3=1/(4*5)
	c4=1/(2*3)

程序中给出θ值为

$$\frac{\pi}{4} \times 32\,768 = 6487H$$

执行结果为

$$\sin(\theta) = 5A81H = 0.707\,06$$

只要改变 θ 值，便可计算其他角度的正弦值了。

计算一个角度的正弦值的子程序如下：

```
*************************************************************************
*          sin(θ) = x(1 − x²/2*3(1 − x²/4*5(1 − x²/6*7(1 − x²/8*9))))          *
*************************************************************************
            .mmregs
            .def        d_x, d_squr_x, d_coff, d_sinx, C_1
d_coff      .sect       "coeff"
            .word       01C7H                   ; c1 = 1/(8*9)
            .word       030BH                   ; c2 = 1/(6*7)
            .word       0666H                   ; c3 = 1/(4*5)
            .word       1556H                   ; c4 = 1/(2*3)
d_x         .usect      "sin_vars", 1
d_squr_x    .usect      "sin_vars", 1
d_temp      .usect      "sin_vars", 1
d_sinx      .usect      "sin_vars", 1
C_1         .usect      "sin_vars", 1
            .text
sin_start:
            STM         #d_coff, AR3            ; c1 = 1/72, c2 = 1/42, c3 = 1/20
                                                ; c4 = 1/6
            STM         #d_x, AR2               ; 输入值
            STM         #C_1, AR4
sin_angle:
            LD          #d_x, DP
            ST          #6487H, d_x             ; pi/4
            ST          #7FFFH, C_1
            SQUR        *AR2+, A                ; x² = A
            ST          A, *AR2                 ; AR2→x²
            || LD       *AR4, B                 ; B = 1
            MASR        *AR2+, *AR3+, B, A      ; A = 1 − x²/72; T = x²
            MPYA        A                       ; A = T*A = x²(1 − x²/72)
            STH         A, *AR2                 ; (d_temp) = x²(1 − x²/72)
            MASR        *AR2-, *AR3+, B, A      ; A = 1 − x²/42(1 − x²/72)
                                                ; T = x²(1 − x²/72)
            MPYA        *AR2+                    ; B = A(31~16)*x²
```

```
ST          B，*AR2
|| LD        *AR4，B               ; B = C_1
MASR        *AR2-，*AR3+，B，A      ; A = 1 − x²/20(1 − x²/42(1 − x²/72))
MPYA        *AR2+                 ; B = A(31～16)*x²
ST          B，*AR2
|| LD        *AR4，B
MASR        *AR2-，*AR3+，B，A      ; A = 1 − x²/6(1 − x²/20(1 − x²/42(1 − x²/72)))
MPYA        d_x                   ; B = A(31～16)*x
STH         B，d_sinx             ; sin(θ)
RET
.end
```

如果计算一个角度的余弦值，则从式(4-2)可看出，只是系数和 x 的幂次不一样，编程的思路一致。有了求一个角度的正弦值和余弦值的子程序，可求 0°～45°(间隔 0.5°)的正弦值和余弦值，再用 sin2a = 2sina cosa 求 0°～90°的值(间隔 1°)，复制可得 0°～359°的正弦值，重复向 PA0 口输出，即可产生正弦波。此处的其他程序不再列出。

3. 有限冲激响应滤波器 FIR

在数字信号处理中，滤波占有极其重要的地位。数字滤波是数字信号处理的一个基本处理方法。一个 DSP 芯片执行数字滤波算法的能力，反映了这种芯片的功能大小。数字滤波器分为两种：有限冲激响应滤波器 FIR 和无限冲激响应滤波器 IIR。

FIR 滤波器具有严格的线性相位特性，用于图像处理、数据传输等以波形携带的信息系统。IIR 滤波器是非线性的，并且对相位要求不敏感，用于语言通信。下面我们将分别介绍这两种滤波器。

1) FIR 滤波器的基本原理

在 FIR 滤波器中，y(n)可用以下函数表示：

$$y(n) = \sum_{k=0}^{N} h(k)x(n-k) \tag{4-3}$$

因此其系统函数为

$$H(z) = \sum_{m=0}^{N} h(m)z^{-m} = h(0) + h(1)z^{-1} + \cdots + h(N)z^{-N} \tag{4-4}$$

由式(4-4)我们得到

$$y(z) = H(z)x(z) = h(0)x(z) + h(1)z^{-1}x(z) + \cdots + h(N)z^{-N}x(z) \tag{4-5}$$

同样，传输函数 H(z)也可以表示为

$$H(z) = \frac{h(0)z^{N} + h(1)z^{N-1} + \cdots + h(N)x(z)}{z^{N}} \tag{4-6}$$

由式(4-6)可知，系统只在原点处存在极点，这使得 FIR 滤波器具有稳定性。FIR 滤波器不存在反馈，不需要知道过去的输出结果。FIR 滤波器的另一个重要特性是具有线性相位，可以保证系统的相移和频率成比例，达到无失真的传输。FIR 滤波器的结构如图 4-7 所示。

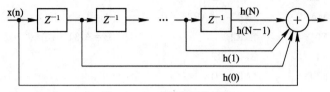

图 4-7　FIR 滤波器的结构

2) FIR 滤波器的设计方法

设计 FIR 滤波器的基本方法是用一个有限级数的傅里叶变换去逼近所要求的滤波器响应。首先，将要求设计的响应用傅里叶级数表示为

$$H_d(\gamma) = \sum_{n=-\infty}^{+\infty} C_n e^{jn\pi\gamma} \qquad |n| < \infty \tag{4-7}$$

其中，γ 是归一化频率变量，$\gamma = f/f_N$，$f_N = f_S/2$，为奈奎斯特频率；f_S 为采样频率；$\omega t = 2\pi f/f_S = \pi\gamma$；$H_d(\gamma)$ 是所要求的传输函数；系数 C_n 的选择原则是在均方误差最小条件下使 $H(z)$ 尽量逼近 $H_d(\gamma)$。系数 C_n 由式(4-8)求得

$$C_n = \frac{1}{2}\int_{-1}^{1} H_d(\gamma) e^{-jn\pi\gamma} d\gamma \tag{4-8}$$

若 $H_d(\gamma)$ 为偶函数，则有

$$C_n = \int_0^1 H_d(\gamma)\cos(n\pi\gamma)d\gamma \qquad n \geqslant 0,\ C_{-n} = C_n \tag{4-9}$$

传输函数 $H_d(\gamma)$ 有无限多个系数 C_n，而实际的滤波器系数个数有限，因此，我们对其表达式进行截短，得到近似的传输函数为

$$H_d(\gamma) = \sum_{n=-Q}^{Q} C_n e^{jn\pi\gamma} \tag{4-10}$$

在 $|\gamma| < 1$，Q 为有限正数时，令 $z = e^{j\pi\gamma}$，则

$$H_d(z) = \sum_{n=-Q}^{Q} C_n z^n \tag{4-11}$$

由此可见，上述近似传递函数的冲激响应由 C_{-Q}，C_{-Q+1}，…，C_0，…，C_{Q-1}，C_Q 一系列的系数决定。观察式(4-11)发现，当 $n > 0$ 时，对应的 $C_n z^n$ 项代表的是非因果的滤波器，即输出先于输入。要得到 n 时刻的输出响应，需用到 $n+1$ 时刻的输出响应，将式(4-11)乘以 z^{-Q} 项，并且经过变量替换可以得到

$$H(z) = \sum_{i=0}^{N} h_i z^{-i} \tag{4-12}$$

当 $N = 2Q$ 时，$h_0 = C_Q$，$h_1 = C_{Q-1}$，…，$h_Q = C_0$，$h_{Q+1} = C_1$，…，$h_{2Q-1} = C_{-Q+1}$，$h_{2Q} = C_{-Q}$；当 $N = 2Q + 1$ 时，系数 h_i 关于 h_Q 对称，即 $h_i = C_{Q-i}$ 且 $C_n = C_{Q-n}$。

3) FIR 滤波器的 TMS320C54x 实现方法

下面以系数对称的 FIR 滤波器为例，描述其 TMS320C54x 实现方法：

(1) 对于 n = N 的 FIR 滤波器，在数据存储器中开辟两个被称为滑窗的循环缓冲区：New 循环缓冲区(存放新数据)和 Old 循环缓冲区(存放老数据)，循环缓冲区长度均为 N/2。

(2) 当每次输入新的样本时，先用 New 循环缓冲区中最早的数据(AR4 所指之处)代替 Old 循环缓冲区中最早的数据(AR5 所指之处)，而滑窗中的其他数据不需要移动，并且 AR5 自动减 1。

(3) 将新来的数据输入到 New 循环缓冲区中的 AR4 所指之处，然后进行乘加运算，AR4 和 AR5 指针递减 1，再次进行乘加运算，直至完成 n 时刻的滤波器输出 y(n)，如式(4-14) 所示。

(4) 重复前述过程，完成各时刻的滤波输出。

系数对称的 FIR 滤波器的输出表达式如下：

$$y(n) = \sum_{i=0}^{\frac{N}{2}-1} h(i)\{x(n-i) + x[n-(N-1-i)]\} \tag{4-13}$$

当 N = 16 时，式(4-13)的 y(n)展开为

$$y(n) = h(0)[x(n) + x(n-15)] + h(1)[x(n-1) + x(n-14)] + \cdots$$
$$+ h(7)[x(n-7) + x(n-8)] \tag{4-14}$$

例 25 就是实现如图 4-8 所示的系数对称的 FIR 滤波器的输入序列存储方式的程序。滤波器的系数可根据数字信号处理的知识，由高级语言(如 Fortran、C、Matlab 等)设计。

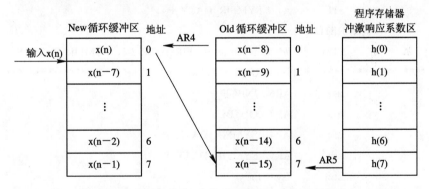

图 4-8　系数对称的 FIR 滤波器的输入序列存储方式

【例 25】　利用 TMS320C54x DSP 的循环寻址和特殊的 DSP 指令 FIRS，实现系数对称的 FIR 滤波器算法程序如下：

```
            .mmregs
            .include    "main.inc"
FIR_COFF    .sect       "sym_fir"              ; 滤波器系数
            .word       6FH
            .word       0F3H
            .word       269H
            .word       50DH
```

```
                .word      8A9H
                .word      0C99H
                .word      0FF8H
                .word      11EBH
d_datax_buffer  .usect     "cir_bfr", 20         ; FIR 滤波器的缓冲区大小
d_datay_buffer  .usect     "cir_bfr1", 20
                .def       sym_fir_init          ; 初始化对称 FIR
                .def       sym_fir_task
*********************初始化数据和系数循环缓冲区****************************
                .asg       AR0, SYMFIR_INDEX_P
                .asg       AR4, SYMFIR_DATX_P
                .asg       AR5, SYMFIR_DATY_P
                .sect      "sym_fir"
sym_fir_init:
                STM        #d_datax_buffer, SYMFIR_DATX_P
                STM        #K_neg1, SYMFIR_INDEX_P
                RPTZ       A, #K_FIR_BFFR
                STL        A, * SYMFIR_DATX_P+
                STM        #d_datax_buffer, SYMFIR_DATX_P
                RPTZ       A, #K_FIR_BFFR
                STL        A, * SYMFIR_DATY_P–
                RETD
                STM        #d_datay_buffer+K_FIR_BFFR/2-1, SYMFIR_DATY_P
*********************利用 FIRS 指令实现对称 FIR 算法************************
                .asg       AR6, INBUF_P
                .asg       AR7, OUTBUF_P
                .asg       AR4, SYMFIR_DATX_P
                .asg       AR5, SYMFIR_DATY_P
                .sect      "sym_fir"
sym_fir_task:
                STM        #K_FRAME_SIZE-1, BRC
                RPTBD      sym_fir_filter_loop-1
                STM        #K_FIR_BFFR/2, BK          ; FIR 滤波器的循环缓冲区的大小
                LD         *INBUF_P+, B
symmetric_fir:
      MVDD      *SYMFIR_DATX_P, *SYMFIR_DATY_P+0%; 最新的采样值替换最旧的采样
                                                     值, 即将 X(–N/2)移至 X(–N)
      STL       B, *SYMFIR_DATX_P
      ADD       *SYMFIR_DATX_P+0%, *SYMFIR_DATY_P+0%, A ; X(0) + X(–N/2 – 1)
```

```
        RPTZ      B，#(K_FIR_BFFR/2-1)
        FIRS      *SYMFIR_DATX_P+0%，*SYMFIR_DATY_P+0%，FIR_COFF
        MAR       *+SYMFIR_DATX_P(2)%        ；装载下一个最新采样值
        MAR       *SYMFIR_DATY_P+%           ；X(−N/2) 采样值的位置
        STH       B，*OUTBUF_P+
sym_fir_filter_loop
              RET
      .end
```

程序中同时使用了 FIRS 指令和 RPTZ 指令。这两条指令的结合可使 FIRS 由 3 周期指令变成单周期指令，提高了运行速度。FIRS 指令可以在相加两个数据(New、Old 循环缓冲区中的输入序列)的同时并行完成与冲激响应系数的乘法运算。

4．无限冲激响应滤波器 IIR

1) IIR 滤波器的基本原理

在 IIR 滤波器中，传递函数为

$$H(z) = \frac{\sum_{i=0}^{M} b_i z^{-i}}{1 - \sum_{i=1}^{N} a_i z^{-i}} \tag{4-15}$$

差分方程为

$$y(n) = \sum_{i=0}^{M} b_i x(n-i) + \sum_{i=1}^{N} a_i y(n-i) \tag{4-16}$$

式(4-16)中，当 $a_i = 0$ 时就是 FIR。脉冲传递函数只有零点，系统总是稳定的。

2) IIR 滤波器的设计方法

一个高阶 IIR 滤波器总可化成多个二阶基本节(或称为二阶节)相级联或并联的形式。二阶 IIR 滤波器可由两个通道组成，其差分方程如下：

对于反馈通道，有

$$x(0) = w(n) = x(n) + a_1 \cdot x(1) + a_2 \cdot x(2) \tag{4-17}$$

对于前向通道，有

$$y(n) = b_0 \cdot x(0) + b_1 \cdot x(1) + b_2 \cdot x(2) \tag{4-18}$$

3) IIR 滤波器的 TMS320C54x 实现方法

二阶 IIR 滤波器可由单操作数指令、双操作数指令和直接形式来实现。编程实际上就是实现式(4-17)和式(4-18)，这里不再赘述。

5．快速傅里叶变换(FFT)

快速傅里叶变换(FFT)是离散傅里叶变换(DFT)的一种高效运算方法，广泛应用于信号处理的各个领域，是衡量 DSP 运算能力的一个考核因素。

下面我们将分别介绍 FFT 算法的原理与实现、编程思路，最后给出 N 点复数 FFT 计算的汇编源程序。

1) FFT 算法的原理与实现

(1) 算法原理。对于有限长度离散数字信号序列 $\{x(n)\}$，$0 \leqslant x \leqslant N-1$，其频谱离散数学值(离散谱)$\{X(k)\}$ 可由离散傅里叶变换(DFT)求得，即

$$X(k) = \sum_{n=0}^{N-1} x(n)e^{-j(2\pi/N)nk} \qquad k = 0, 1, \cdots, N-1 \qquad (4\text{-}19)$$

为简便起见，通常将 $e^{-j(2\pi/N)nk}$ 记作 W_N^{nk}，$W_N^{nk} = e^{-j(2\pi/N)nk} = \cos\left(\dfrac{2\pi}{N}nk\right) - j\sin\left(\dfrac{2\pi}{N}nk\right)$，则上述公式可简化为

$$X(k) = \sum_{n=0}^{N-1} x(n)W_N^{nk} \qquad k = 0, 1, \cdots, N-1 \qquad (4\text{-}20)$$

W_N^{nk} 是周期性的，其周期为 N，则

$$W_N^{(n+mN)(k+lN)} = W_N^{nk} \qquad m, 1\text{ 为整数} \qquad (4\text{-}21)$$

从上述公式看出，完全计算 N 点的 DFT 需要 $(N-1)^2$ 次乘法和 $N(N-1)$ 次加法，当 N 值相当大时(如 N = 1024)，其计算量是相当大的，约需要 N^2 次乘法。FFT 的思想是，将 N 点的 DFT 变换分解成 2 个 N/2 点的 DFT 计算，其计算量则为 $(N/2)^2 + (N/2)^2 = N^2/2$ 次乘法，比直接 DFT 计算减少一半计算量。进一步再将 N/2 点的 DFT 分解成 2 个 N/4 点的 DFT 计算，又可降低计算量。最终 FFT 算法将 DFT 分解成一系列的 2 点 DFT 计算，计算量只需约 $\dfrac{N}{2}$ lbN，前提是 N 必须是 2 的幂次方，如 N 为 16、512、1024 等。

在用 FFT 计算时，将 N 个数据点分组有两种方法：一种是按奇偶数分，分为偶数点组和奇数点组，这种 FFT 算法称为时间抽取 FFT 算法；另一种是分前 N/2 组和后 N/2 组，称为频率抽取 FFT 算法。分组后的数据点再细分时遵循同样的规律。

按照奇偶分组，定义两个分别为 N 点序列 x[n] 的偶数项和奇数项的(N/2)点序列 g[n] 和 h[n]，即

$$g[n]=x[2n] \qquad n=0, 1, \cdots, \frac{N}{2}-1 \qquad (4\text{-}22)$$

$$h[n]=x[2n+1] \qquad n=0, 1, \cdots, \frac{N}{2}-1 \qquad (4\text{-}23)$$

则 $\{x[n]\}$ 的 N 点 DFT 可写成

$$X(k) = \sum_{n=0}^{N-1} x(n)\,W_N^{nk} + \sum_{n=0}^{N-1} x(n)\,W_N^{nk}$$

$$\text{(n 为偶数)} \qquad\qquad \text{(n 为奇数)}$$

$$= \sum_{n=0}^{\frac{N}{2}-1} x(2n)\,W_N^{2nk} + \sum_{n=0}^{\frac{N}{2}-1} x(2n+1)\,W_N^{(2n+1)k} \qquad (4\text{-}24)$$

由于 W_N^2 可写成

$$W_N^2 = [e^{-j\left(\frac{2\pi}{N}\right)}]^2 = [e^{-j\left(\frac{2\pi}{N/2}\right)}]^2 = W_{N/2}^2 \tag{4-25}$$

故式(4-24)可写成如下形式：

$$X(k) = \sum_{n=0}^{\frac{N}{2}-1} g[n]W_{N/2}^{nk} + \sum_{n=0}^{\frac{N}{2}-1} h[n]W_{N/2}^{nk} = G(k) + W_N^k H(k) \tag{4-26}$$

式中，$G(k)$ 为偶数 N/2 点的 DFT，$H(k)$ 为奇数 N/2 点的 DFT，W_N^k 为旋转因子，在图 4-9 和图 4-10 中标记为 w^0, w^1, w^2, w^3。由于 $W_N^{(r+N/2)} = -W_N^r$，$r < N/2$，因此对于 8 点 FFT 来说，$w^4 = -w^0$，其他依此类推。

同样，序列 $g[n]$ 和 $h[n]$ 可各自被分成偶数项和奇数项的 N/2 点序列 $g_1[n]$ 和 $h_1[n]$，即

$$g_{11}[n] = g[2n] \qquad n = 0, 1, \cdots, \frac{N}{2}-1 \tag{4-27}$$

$$h_{11}[n] = g[2n+1] \qquad n = 0, 1, \cdots, \frac{N}{2}-1 \tag{4-28}$$

$$g_{12}[n] = h[2n] \qquad n = 0, 1, \cdots, \frac{N}{2}-1 \tag{4-29}$$

$$h_{12}[n] = h[2n+1] \qquad n = 0, 1, \cdots, \frac{N}{2}-1 \tag{4-30}$$

N/2 点 DFT 可表示成 N/4 点 DFT 的组合。

下面以 8 点 FFT 为例，说明 FFT 的计算过程。

设有离散数据点 x(0)～x(7)，其分组过程如表 4-9 所示。

表 4-9 离散数据点按奇偶分组过程

分组方法	原始数据序列	N/2 分组		N/4 分组 (最终分组结果)		计算结果
按奇偶分组	x(0)	g(0)	x(0)	g_{11}(0)	x(0)	X(0)
	x(1)	g(1)	x(2)	g_{11}(1)	x(4)	X(1)
	x(2)	g(2)	x(4)	h_{11}(0)	x(2)	X(2)
	x(3)	g(3)	x(6)	h_{11}(1)	x(6)	X(3)
	x(4)	h(0)	x(1)	g_{12}(0)	x(1)	X(4)
	x(5)	h(1)	x(3)	g_{12}(1)	x(5)	X(5)
	x(6)	h(2)	x(5)	h_{12}(0)	x(3)	X(6)
	x(7)	h(3)	x(7)	h_{12}(1)	x(7)	X(7)

频率抽取 FFT 算法是将 N 点序列 x[n]分成前(N/2)和后(N/2)点组成的序列 $x_1[n]$和 $x_2[n]$。$x_1[n]$和 $x_2[n]$可写成如下形式：

$$x_1[n] = x[n] \qquad n = 0, 1, \cdots, \frac{N}{2} - 1 \qquad (4\text{-}31)$$

$$x_2[n] = x[n + \frac{N}{2}] \qquad n = 0, 1, \cdots, \frac{N}{2} - 1 \qquad (4\text{-}32)$$

公式推导这里不再赘述。

按奇偶分组经逐次一分为二后得到 8 位的 DFT，如图 4-9 所示。

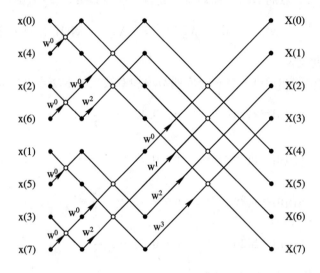

图 4-9　按奇偶分组经逐次一分为二后得到 8 位的 DFT

按顺序分组经逐次一分为二后得到 8 位的 DFT，如图 4-10 所示。

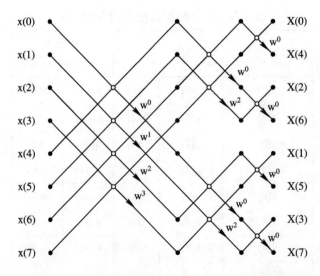

图 4-10　按顺序分组经逐次一分为二后得到 8 位的 DFT

　　由图 4-9 不难看出，N 点序列 x[n]按奇偶分组共进行 lb N 级蝶形运算。假设第 L (1≤L≤lb N)级蝶形运算中，共有 2^{L-1} 个系数，系数之间的关系为前一个系数乘以 $W_N^{2N/L}$，则第 L 级的蝶形的两个输入为第一个位置地址加 2^{L-1}，系数相同的两个蝶形相应的输入为前一个加 2^L。

　　从两种分组算法的示意图可看出，二者的计算量和计算结果完全相同。不同之处在于前者是将数据混序排列后再计算，计算结果为自然顺序；后者是开始数据为自然顺序，计算结果为混序排列，需要重新排序。具体的 2 点 DFT 蝶形运算略有不同，如图 4-11 所示。

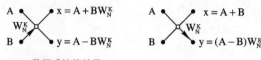

　　● 数据或计算结果
　　○ 加减运算
　　✦ 乘法运算

图 4-11　两种 FFT 算法的蝶形运算

2) 实数 FFT 算法的实现

根据上面的分析，实现 FFT 算法包括以下 4 个步骤：

(1) 定义要进行 FFT 的输入数据序列(实数或复数)和 FFT 的结果数据序列(复数)。

(2) 对输入数据序列按位倒序方式混序排列后复制到 FFT 结果数据序列，复制时实数序列要转换为复数序列。

(3) 复数 FFT 计算。

(4) 计算结果转换为实数序列。

3) 8—1024 复数点 FFT 的实用程序

8—1024 复数点 FFT 的实用程序由以下 5 部分组成：

(1) 位码倒序程序。

(2) 第一级蝶形运算。

(3) 第二级蝶形运算。

(4) 第三级至第 lb N 级蝶形运算。

(5) 求功率谱程序及输出程序。

程序空间段的分配如下：

sine1：正弦余数表。

cosine1：余弦余数表。

fft_prg：程序代码。

.vectors：复位向量和中断向量表。

数据空间段的分配如下：

sine：正弦余数表。

cosine：余弦余数表。

d_input：输入数据。

fft_data：FFT 结果(实部、虚部)。

fft_out：FFT 结果(功率谱)。

I/O 空间配置如下:

PA0: 输出口。

PA1: 输入口。

```
***********************************************
***      N 点(8—1024 复数点) FFT 的实用程序      ***
***********************************************
                .title      "FFT.asm"
                .mmregs
                .copy       "coeff.inc"
                .def        start
sine:       .usect      "sine", 512
cosine:     .usect      "cosine", 512
fft_data:   .usect      "fft_data", 2048
d_input:    .usect      "d_input", 2048
fft_out:    .usect      "fft_out", 1024
STACK:      .usect      "STACK", 10

K_DATA_IDX_1            .set    2
K_DATA_IDX_2            .set    4
K_DATA_IDX_3            .set    8
K_TWID_TBL_SIZE        .set    512
K_TWID_IDX_3           .set    128
K_FLY_COUNT_3          .set    4
K_FFT_SIZE            .set    1024        ; N
K_LOGN               .set    10          ; LOG(N)
PA0                  .set    0
PA1                  .set    1
                .bss d_twid_idx, 1
                .bss d_data_idx, 1
                .bss d_grps_cnt, 1

                .sect       "fft_prg"
*****   位码倒序   *****
                .asg AR2,REORDERED            ; AR2 中装入第一个位倒序数据指针
                .asg AR3,ORIGINAL_INPUT       ; AR3 中放入输入地址
                .asg AR7,DATA_PROC_BUF        ; AR7 中放入处理后输出的地址
start:
                SSBX FRCT
                STM #STACK+10, SP
```

```
        STM #d_input, AR1              ; 输入 2N 个数据
        RPT #2*K_FFT_SIZE-1
        PORTR PA1, *AR1+
        STM #sine, AR1                 ; 正弦系数表
        RPT #511
        MVPD sine1, *AR1+
        STM #cosine, AR1               ; 余弦系数表
        RPT #511
        MVPD cosine1, *AR1+
        STM #d_input, ORIGINAL_INPUT
        STM #fft_data, DATA_PROC_BUF
        MVMM DATA_PROC_BUF, REORDERED
        STM #K_FFT_SIZE-1, BRC
        RPTBD bit_rev_end-1
        STM #K_FFT_SIZE, AR0
        MVDD *ORIGINAL_INPUT+, *REORDERED+
        MVDD *ORIGINAL_INPUT-, *REORDERED+
        MAR *ORIGINAL_INPUT+0B
bit_rev_end:
*****   FFT Code   *****
        .asg AR1, GROUP_COUNTER        ; 定义 FFT 计算的组指针
        .asg AR2, PX                   ; AR2 指向蝶形运算的第一个数据指针
        .asg AR3, QX                   ; AR3 指向蝶形运算的第二个数据指针
        .asg AR4, WR                   ; AR4 指向余弦表的指针
        .asg AR5, WI                   ; AR5 指向正弦表的指针
        .asg AR6, BUTTERFLY_COUNTER    ; AR6 指向蝶形结的指针
        .asg AR7, STAGE_COUNTER        ; 定义数据处理缓冲指针
***    第一级蝶形运算，计算 2 点的 FFT ***
        STM #0, BK                     ; 让 BK=0，使 *ARn + 0% = *ARn + 0
        LD #-1, ASM                    ; 每步输出时右移 1 位以避免溢出
        STM #fft_data, PX              ; PX 指向蝶形运算的第一个数的实部
        LD *PX, 16, A                  ; AH = PR
        STM #fft_data+K_DATA_IDX_1, QX ; QX 指向蝶形运算的第二个数的实部
        STM #K_FFT_SIZE/2-1, BRC       ; 设置循环块计数器
        RPTBD stage1end-1
        STM #K_DATA_IDX_1+1, AR0
        SUB *QX, 16, A, B              ; BH = PR − QR
        ADD *QX, 16, A                 ; AH = PR + QR
        STH A, ASM, *PX+               ; PRV = (PR + QR)/2
```

```
        ST B, *QX+                    ; QRV = (PR − QR)/2
        ||LD *PX, A                   ; AH = PI
        SUB *QX, 16, A, B             ; BH = PI − QI
        ADD *QX, 16, A                ; AH = PI + QI
        STH A, ASM, *PX+0             ; PIV = (PI + QI)/2
        ST B,*QX+0%                   ; QIV = (PI − QI)/2
        ||LD *PX, A                   ; AH 为下一个 PR
stage1end:
***    第二级蝶形运算，计算 4 点的 FFT***
        STM #fft_data, PX
        STM #fft_data+K_DATA_IDX_2, QX
        STM #K_FFT_SIZE/4-1, BRC
        LD *PX, 16, A
        RPTBD stage2end-1
        STM #K_DATA_IDX_2+1, AR0
; 第一个蝶形
        SUB *QX, 16, A, B
        ADD *QX, 16, A
        STH A, ASM, *PX+
        ST B, *QX+
        ||LD *PX, A
        SUB *QX, 16, A, B
        ADD *QX, 16, A
        STH A, ASM, *PX+              ; PIV = (PI + QI)/2
        STH B, ASM, *QX+              ; QIV = (PI − QI)/2
; 第二个蝶形
        MAR *QX+                      ; QX 中的地址加 1
        ADD *PX, *QX, A               ; AH = PR + QI
        SUB *PX, *QX-, B              ; BH = PR − QI
        STH A, ASM, *PX+              ; PRV = (PR + QI)/2
        SUB *PX, *QX, A               ; AH = PI − QR
        ST B,*QX                      ; QRV = (PR − QI)/2
        ||LD *QX+, B                  ; BH = QR
        ST A, *PX                     ; PIV = (PI − QR)/2
        ||ADD *PX+0%,A                ; AH = PI + QR
        ST A, *QX+0%                  ; QIV = (PI + QR)/2
        ||LD *PX, A                   ; AH = PR
stage2end:
***    从第三级至 lb N 级蝶形运算***
```

```
        STM #K_TWID_TBL_SIZE,BK              ; 为旋转因子表格的大小值
        ST #K_TWID_IDX_3,d_twid_idx          ; 初始化旋转表格索引值
        STM #K_TWID_IDX_3,AR0                 ; AR0 = 旋转表格初始索引值
        STM #cosine,WR                       ; 初始化 WR 指针
        STM #sine,WI                         ; 初始化 WI 指针
        STM #K_LOGN-2-1, STAGE_COUNTER       ; 初始化步骤指针
        ST #K_FFT_SIZE/8-1, d_grps_cnt       ; 初始化组指针
        STM #K_FLY_COUNT_3-1, BUTTERFLY_COUNTER    ; 初始化蝶形结的指针
        ST #K_DATA_IDX_3, d_data_idx         ; 初始化输入数据的索引
stage:
        STM #fft_data,PX              ; PX 指向参加蝶形结运算第一个数据的实部 PR
        LD d_data_idx,A
        ADD *(PX), A
        STLM A, QX                   ; QX 指向参加蝶形结运算第二个数据的实部 QR
        MVDK d_grps_cnt,GROUP_COUNTER
group:
        MVMD BUTTERFLY_COUNTER,BRC       ; 将每组蝶形结的数目装入 BRC
        RPTBD butterflyend-1
        LD *WR,T
        MPY QX+,A                    ; A = QR*WR ‖ QX*QI
        MACR *WI+0%,*QX-, A          ; A = QR*WR + QI*WI
        ADD *PX, 16, A, B            ; B = (QR*WR + QI*WI) + PR
                                     ; ‖ QX 指向 QR
        ST B,*PX                     ; PRV = ((QR*WR + QI*WI) + PR)/2
        ‖SUB *PX+,B                  ; B = PR – (QR*WR + QI*WI)
        ST B, *QX                    ; QRV = (PR – (QR*WR + QI*WI))/2
        ‖MPY *QX+, A                 ; A = QR*WR [T = WI]
                                     ; QX 指向 QI
        MASR *QX, *WR+0%, A          ; A = QR*WI – QI*WR
        ADD *PX,16,A,B               ; B = (QR*WI – QI*WR) + PI
        ST B,*QX+                    ; QIV = ((QR*WI – QI*WR) + PI)/2
                                     ; QX 指向 QR
        ‖SUB PX, B                   ; B = PI – (QR*WI – QI*WR)
        LD *WR,T                     ; T = WR
        ST B, *PX+                   ; PIV = (PI – (QR*WI – QI*WR))/2
                                     ; PX 指向 PR
        ‖MPY QX+,A                   ; A = QR*WR ‖ QX 指向 QI
butterflyend:
***更新指针以准备下一组***
```

```
        PSHM AR0                          ; 保存 AR0
        MVDK d_data_idx, AR0              ; AR0 中装入该步运算中每组所用蝶形结的数目
        MAR *PX+0
        MAR *QX+0
        BANZD group,*GROUP_COUNTER-
        POPM AR0                          ; 恢复 AR0
        MAR *QX-
***更新计数器和其他索引数据以进入下一步骤***
        LD d_data_idx,A
        SUB #1, A, B
        STLM B, BUTTERFLY_COUNTER     ; 修改蝶形结数目计数器
        STL A, 1, d_data_idx          ; 下一步计算的数据索引翻倍
        LD d_grps_cnt,A
        STL A,ASM,d_grps_cnt          ; 下一步计算的组数目减少一半
        LD d_twid_idx,A
        STL A, ASM, d_twid_idx        ; 下一步计算的旋转因子索引减少一半
        BANZD stage, *STAGE_COUNTER-
        MVDK d_twid_idx, AR0          ; AR0 为旋转因子索引
fft_end:
***计算功率谱***
        STM     #fft_data, AR2
        STM     #fft_data, AR3
        STM     #fft_out, AR4
        STM     #K_FFT_SIZE*2-1, BRC
        RPTB    power_end-1
        SQUR    *AR2+, A
        SQURA   *AR2+, A
        STH     A, *AR4+
power_end:
        STM     #fft_out, AR4
        RPT     #K_FFT_SIZE-1
        PORTW   *AR4+, PA0


here:   B       here
        .end
```

第 5 章 TMS320C54x 的引脚功能、
流水线结构和外部总线结构

TMS320C54x 的引脚构成了 DSP 的外部总线，TMS320C54x 通过外部总线与外部存储器以及 I/O 设备相连，组成不同规模的系统，并在总线时序的控制下，进行相互的信息交换。在此过程中，有时会发生外部总线冲突的情况，这时 TMS320C54x 通过事先规定好的流水线各个阶段操作的优先级别自动地解决流水线冲突。

总线结构

5.1 TMS320C54x 的引脚和信号说明

TMS320C54x DSP 基本上都采用超薄的塑料或陶瓷四方扁平封装(TQFP)，也有其他封装形式。图 5-1 是 TMS320C541 的引脚图。本节重点描述 TMS320C541 芯片的引脚功能。

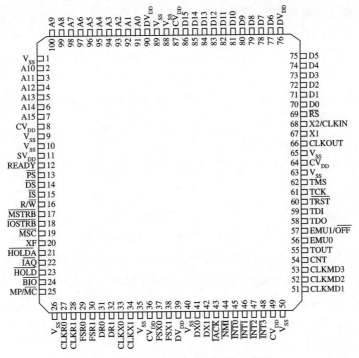

图 5-1 TMS320C541 的引脚图

下面以 TMS320C541 芯片管脚为例，对 DSP 主要信号的分类进行简要介绍，详细说明如附录 2 所示。

1. 地址、数据总线及其控制信号

A15～A0：16 位地址总线，用于对片外数据、程序存储器及 I/O 空间进行寻址。

D15～D0：16 位数据总线，在 CPU 内核、片外数据、程序存储器或 I/O 器件之间传送数据。

$\overline{DS}$、$\overline{PS}$、$\overline{IS}$：数据、程序和 I/O 空间选通信号。

$\overline{MSTRB}$、$\overline{IOSTRB}$：存储器、I/O 空间选通信号。

READY、R/$\overline{W}$：数据准备就绪及读/写信号。

$\overline{HOLD}$、$\overline{HOLDA}$：保持输入信号、保持响应信号。

$\overline{MSC}$：微状态完成信号。

$\overline{IAQ}$：指令获取信号。

注意：如果 DSP 与片外器件之间传送数据，并且外设数据线不到 16 位，则两者从各自的最高有效位开始一一对应连接。

2. 初始化、中断和复位信号

$\overline{INT0}$ ～ $\overline{INT3}$：外部可屏蔽中断请求信号。

$\overline{IACK}$：中断响应信号。

$\overline{NMI}$：非可屏蔽中断请求信号。

$\overline{RS}$：复位信号。

MP/$\overline{MC}$：微处理器/微型计算机工作方式位。

CNT：I/O 电平选择引脚。当 CNT 为低电平时，为 5 V 工作状态，所有输入和输出电平均与 TTL 电平兼容；当 CNT 为高电平时，为 3 V 工作状态，I/O 接口电平与 CMOS 电平兼容。

注意：$\overline{INT0}$ ～ $\overline{INT3}$、$\overline{NMI}$ 信号在不使用时应通过电阻(4.7 kΩ)上拉到 DV_{DD}。

3. 多处理器信号

$\overline{BIO}$：控制分支转移的输入信号。

XF：外部标志输出端(软件可编程信号)，可用于指示 DSP 状态和同其他 CPU 握手。

4. 振荡器及定时信号

CLKOUT、TOUT：主时钟输出信号、定时器输出信号。

CLKMD1～CLKMD3：3 个外部/内部时钟工作方式输入信号，可以预置 DSP 的时钟比。

X2/CLKIN、X1：晶振到内部振荡器的输入引脚、内部振荡器到外部晶振的输出引脚。

5. 主机接口(HPI)信号(TMS320C542/545/548 等具有此信号)

HD0～HD7：双向并行数据总线。

HCNTL0、HCNTL1：主机控制信号。

HBIL：字节识别信号。

$\overline{HCS}$：片选信号。

$\overline{HDS1}$、$\overline{HDS2}$、$\overline{HAS}$：数据选通信号($\overline{HDS1}$、$\overline{HDS2}$)、地址选通信号($\overline{HAS}$)。

HR/$\overline{\text{W}}$、HRDY：HPI 读/写信号、HPI 准备就绪信号。

$\overline{\text{HINT}}$：HPI 中断输出信号。

HPIENA：HPI 模块选择信号。

6. 串口信号

CLKR0、CLKR1：接收时钟。

CLKX0、CLKX1：发送时钟。

DR0、DR1：串行口数据接收端。

DX0、DX1：串行口数据发送端。

FSR0、FSR1：用于接收输入的帧同步脉冲。

FSX0、FSX1：用于发送的帧同步脉冲。

7. 电源信号

CV_{DD}、DV_{DD}、V_{SS}：CPU 内核电源电压、I/O 引脚的电源电压、器件地。

8. IEEE 1149.1 测试引脚

TCK：测试时钟。

TMS：测试方式选择端。

$\overline{\text{TRST}}$：测试复位信号。

TDI、TDO：测试数据输入/输出端。

EMU0、EMU1/$\overline{\text{OFF}}$：仿真器中断 0 引脚、仿真器中断 1 引脚/关断所有的输出端。

以上各类信号中，凡是输出信号，如果设计系统时不用，引脚可空着；凡是输入信号，如果不用，则会受外界干扰，电平下拉，引起非可屏蔽中断，因此，要将信号通过电阻(10 kΩ)接+5 V。

5.2　流水线结构

1. 流水线概述

指令流水线包括执行指令时发生的一系列总线操作。TMS320C54x 的流水线有 6 个独立的阶段：程序预取指、取指、指令译码、寻址、读和执行指令。由于这 6 个阶段是独立的，因此这些操作有可能重叠。在任意给定的周期中，可能有 1~6 条不同的指令是激活的，每一条指令都处于不同的阶段。图 5-2 说明了对于单字、单周期指令，在没有等待状态情况下 6 级流水线的操作。

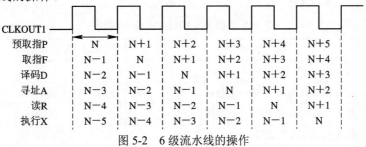

图 5-2　6 级流水线的操作

这 6 级流水线的功能如下：

- 预取指(Prefetch)：将所要取指令字的地址放在程序地址总线(PAB)上。
- 取指(Fetch)：从程序总线(PB)上取指令字，并装入指令寄存器(IR)。
- 译码(Decode)：对 IR 中的内容进行译码，产生执行指令所需要的一系列控制信号。
- 寻址(Access)：数据地址产生单元(DAGEN)在数据地址总线(DAB)上输出读操作数的地址。如果还需要第二个操作数，则在另一个数据地址总线(CAB)上也装入适当的地址，同时更新间接寻址方式中的辅助寄存器和堆栈指针(SP)。
- 读(Read)：从数据总线(DB)和控制总线(CB)上读操作数。
- 执行(Execute)：向数据总线(EB)上写数据。

6 条单字、单周期指令的流水线操作如图 5-3 所示。

指令周期

	100	101	102	103	104	105	106	107	108	109	110
LD	P1	F1	D1	A1	R1	X1					
ADD		P2	F2	D2	A2	R2	X2				
STL			P3	F3	D3	A3	R3	X3			
SUB				P4	F4	D4	A4	R4	X4		
MPY					P5	F5	D5	A5	R5	X5	
STL						P6	F6	D6	A6	R6	X6

完整的流水线 ——

图 5-3　6 条单字、单周期指令的流水线的操作

流水线在程序产生调用、跳转和中断时会产生清除，通过延迟操作可将浪费掉的周期利用起来。延迟操作指令后面只有 2 个字的空隙，因此，不能在此空隙中安排任何一类分支转移指令或重复指令，在 CALLD 或 RETD 的空隙中也不能安排 PUSH 或 POP 指令。在调试延迟型指令时，直观性稍差一些，因此希望在大多数情况下还是采用非延迟型指令。

2. 双寻址存储器和流水线

将 TMS320C54x 片内双寻址存储器(DARAM)分成若干独立的存储块，允许 CPU 在单个周期内对其访问两次。在下列情况下，访问 DARAM 时不会带来时序上的冲突：

- 在单周期内允许同时访问 DARAM 的不同块。
- 当流水线中的一条指令访问某一存储器块时，允许流水线中处于同一级的另一条指令访问另一个存储器块。
- 允许处于流水线不同级上的两条指令同时访问同一个存储器块。

在单周期内允许 CPU 对 DARAM 访问两次，第一次访问是在前半周期，再次访问是在后半周期。访问 DARAM 块的情况如表 5-1 所示。

表 5-1　访问 DARAM 块的情况

操 作 类 型	访 问 时 间
利用 PAB/PB 取指	前半周期
利用 DAB/DB 读取第一个数据	前半周期
利用 CAB/CB 读取第二个数据	后半周期
利用 EAB/EB 写数据	后半周期

由于两种类型的访问都要按时进行，而每半个周期仅能执行一次访问，因此有可能会发生时序上的冲突。例如，同时从同一存储器块中取指和取操作数(都在前半周期)，或者同时对同一存储器块进行写操作和读(第二个数)操作(都在后半周期)，都会造成时序上的冲突。CPU 可以通过重新排列访问次序，或者将写操作延迟一个周期，又或者通过插入一个空周期的办法，自动地消除这些冲突。

3．单寻址存储器和流水线

TMS320C54x 片内有两种形式的单寻址存储器：

- 单寻址读/写存储器(SARAM)。
- 单寻址只读存储器(ROM 或 DROM)。

这两种单寻址存储器也是分块的，CPU 可以在单个周期内对每个存储器块访问一次。只要同时寻址的是不同的存储器块，即在流水线的某一级，一条指令访问某一存储器块，而另一条指令在同一个周期就可以无冲突地访问另一个存储器块。

但是，当同时访问同一存储器块时，就会出现时序上的冲突。此时，先在原来的周期上执行第一个访问，然后在下一个周期执行第二个访问，CPU 自动地延时一个周期寻址以消除这种冲突。

4．流水线延时

TMS320C54x 流水线允许 CPU 多条指令同时访问 CPU 资源。由于 CPU 的资源是有限的，因此当一个 CPU 资源同时被一个以上流水线访问时，就会发生冲突。有些冲突可以由CPU 通过延迟寻址的方法自动消除，但有些冲突是不能消除的，需要由程序重新安排指令顺序，或者插入 NOP(空操作)指令加以解决。

对于下列存储器映像寄存器，如果在流水线中同时对它们进行寻址，则有可能发生不能消除的冲突：

- 辅助寄存器(AR0～AR7)。
- 循环缓冲区大小寄存器(BK)。
- 堆栈指针(SP)。
- 暂存器(T)。
- 处理器工作方式状态寄存器(PMST)。
- 状态寄存器(ST0 和 ST1)。
- 块重复计数器(BRC)。
- 累加器(AG、AH、AL、BG、BH 和 BL)。

但是，如果插入合适的延时周期，某些指令也可以无冲突地访问这些寄存器。详细内容可查阅 *TMS320C54x DSP Reference Set—CPU and Peripherals* 一书。

5.3　外部总线结构

TMS320C54x 系列能寻址 64K 字的数据存储器、64K 字的程序存储器(TMS320C548 可扩展到 8M 字)和 64K 字的 I/O 空间。任何对外部存储器或 I/O 设备的访问都要使用外部总线接口。TMS320C54x 的大多数指令都可以访问外部存储器,但访问 I/O 空间要使用 PROTR 和 PORTW 指令。

5.3.1　外部总线接口信号

TMS320C54x 具有很强的系统接口通信能力,其总线分为内部总线和外部总线。

(1) TMS320C54x 的内部总线有 PB、CB、DB 和 EB 各 1 条,以及 PAB、CAB、DAB 和 EAB 各 1 条。片内总线采用流水线结构,可以允许 CPU 同时寻址这些总线。TMS320C54x DSP 在片内可实现一个周期内 6 次操作。

(2) TMS320C54x 的外部总线由数据总线(D0～D15)、地址总线(A0～A15)和控制总线 (11 条)组成(参见 5.1 节)。其中,TMS320C548、TMS320C549 具有 23 条地址总线。外部总线对外部存储器的访问最快只能达到每个周期进行一次寻址。下面介绍控制信号的功能。

单独的外部空间选择引脚 $\overline{\text{IS}}$、$\overline{\text{DS}}$ 和 $\overline{\text{PS}}$ 用于选择不同存储空间的外部存储器;$\overline{\text{MSTRB}}$ 用于访问外部程序或数据存储器,$\overline{\text{IOSTRB}}$ 用于访问 I/O 设备;读/写信号(R/$\overline{\text{W}}$)则控制数据传送的方向。

使用外部数据准备就绪信号(READY)与片内软件可编程等待状态发生器,可以使 CPU 与各种速度的存储器以及 I/O 设备进行接口通信。当与外部慢速器件通信时,CPU 处于等待状态,直到外部慢速器件完成了它的操作并发出 READY 信号后才继续运行。

外部总线接口的保持方式(HOLD 和 HOLDA)允许外部设备占用 TMS320C54x 的外部总线,这样,外部设备就可以达到控制 TMS320C54x 外部资源的目的。

当 CPU 访问片内存储器时,外部数据总线置于高阻状态,而地址总线以及存储器控制信号 $\overline{\text{IS}}$、$\overline{\text{DS}}$ 和 $\overline{\text{PS}}$ 均保持先前的状态。此外,$\overline{\text{MSTRB}}$、$\overline{\text{IOSTRB}}$、R/$\overline{\text{W}}$、$\overline{\text{IAQ}}$ 以及 $\overline{\text{MSC}}$ 信号均保持在无效状态。

如果处理器工作方式状态寄存器(PMST)中的地址可见位(AVIS)置 1,则 CPU 执行指令时的内部程序存储器的地址就出现在外部地址总线上,同时 $\overline{\text{IAQ}}$ 信号有效。

5.3.2　外部总线控制性能

TMS320C54x 片内有两个部件控制着外部总线的工作:等待状态发生器和分区转换逻辑电路。

1. 等待状态发生器

当 TMS320C54x 与外部慢速器件进行接口通信时,必须要有等待状态。在 CPU 读/写外部存储器或 I/O 设备时,通过增加等待状态,可以加长 CPU 等待响应的时间。具体地说,对每个等待状态,CPU 等待一个附加的周期(1 个 CLKOUT 周期,即 1 个 CPU 的机器周期)。

TMS320C54x 有以下两种可选择的等待状态:
- 软件可编程等待状态发生器。利用它能够产生 0～7 个等待状态。
- READY 信号。利用该信号能够由外部控制产生任何数量的等待状态。

1) 软件可编程等待状态发生器

软件可编程等待状态发生器最多能够将外部总线延迟 7 个周期,不需要附加任何外部硬件设备。

软件可编程等待状态发生器的工作受到软件等待状态寄存器(SWWSR)的控制,它是一个 16 位的存储器映像寄存器,在数据空间的地址为 0028H。

将程序空间和数据空间分成两个 32K 字块,I/O 空间由一个 64K 字块组成。这 5 个字块空间在 SWWSR 中都相应地有一个 3 位字段,用来定义各个空间插入等待状态的数目。SWWSR 的结构如图 5-4 所示。

15		14	12	11	9	8	6	5	3	2	0
保留 XPA(仅 TMS320C548)		I/O		Hi Data		Low Data		Hi Prog		Low Prog	
R		R/W		R/W		R/W		R/W		R/W	

图 5-4　SWWSR 的结构

上述 SWWSR 的各 3 位字段规定的插入等待状态的最小数为 0(不插入等待周期),最大数为 7(111B)。

其中:

Low Prog:定义对 0000H~7FFFH 的程序空间进行访问时插入的等待状态数。

Hi Prog:定义对 8000H~FFFFH 的程序空间进行访问时插入的等待状态数。

Low Data:定义对 0000H~7FFFH 的数据空间进行访问时插入的等待状态数。

Hi Data:定义对 8000H~FFFFH 的数据空间进行访问时插入的等待状态数。

I/O:定义对 0000H~FFFFH 的 I/O 空间进行访问时插入的等待状态数。

也就是说,通过软件为以上 5 个存储空间分别插入 0~7 个等待状态。

例如,利用指令:

　　STM　#2009H,SWWSR　　　　　　　　;0 010 000 000 001 001

就可以为程序的高 32K 字和低 32K 字空间分别插入 1 个等待状态,为 I/O 空间插入 2 个等待状态。

复位时,SWWSR=7FFFH,所有的空间都被插入 7 个等待状态,这一点确保处理器初始化期间 CPU 能够与外部慢速器件正常通信;复位后,再根据实际情况,用 STM 指令进行修改。

当插入 2~7 个等待状态且执行到最后一个等待状态时,$\overline{\text{MSC}}$ 信号将变成低电平。利用这一特点,可以再附加插入硬件等待状态。

2) 利用 READY 信号产生等待状态

TMS320C54x 的系统多种多样,仅有软件等待状态是不够的。如果外部器件要求插入 7 个以上的等待周期,则可以利用硬件 READY 线将外部器件与接口相连。READY 信号由外部慢速设备驱动控制,对 DSP 来说是输入信号。当 READY 信号为低电平时,表明外部设备尚未准备就绪,TMS320C54x 将等待 1 个 CLKOUT 周期,并再次校验 READY 信号;在 READY 信号变为高电平之前,TMS320C54x 将不能连续运行,一直处于等待状态。因此,如果不用 READY 信号,则应在外部访问期间将其上拉到高电平。

硬件等待状态是在 2~7 个软件等待状态的基础上插入的,它是利用 $\overline{\text{MSC}}$ 和 READY 信号以及外部电路形成的。当只插入 2~7 个软件等待状态时,将 $\overline{\text{MSC}}$ 和 READY 引脚相连;当需要同时插入硬件和软件等待状态时,$\overline{\text{MSC}}$ 和外部的 READY 信号通过一个 "或" 门加到 TMS320C54x 的 READY 输入端。

2．分区转换逻辑

可编程分区转换逻辑允许 TMS320C54x 在外部存储器分区之间切换时，不需要外部为存储器插入等待状态。当跨越内部程序或数据存储空间分区界线时，可编程分区转换逻辑会自动地插入一个周期，这个额外周期的作用是防止总线冲突，保证在其他设备驱动总线之前，存储器设备可以结束对总线的占用。存储器块的大小在分区转换控制寄存器(BSCR)中定义。

分区转换逻辑由分区转换控制寄存器(BSCR)定义，它是一个 16 位的存储器映像寄存器，在数据空间的地址为 0029H。BSCR 的结构如图 5-5 所示。

15	12	11	10	2	1	0
BNKCMP		PS-DS	保留位		BH	EXIO
R/W		R/W			R/W	R/W

图 5-5　BSCR 的结构

表 5-2 列出了 TMS320C54x 分区转换控制寄存器(BSCR)各字段的功能。

表 5-2　TMS320C54x 分区转换控制寄存器(BSCR)各字段的功能

名　称	功　　能
分区对照位 (BNKCMP)	决定外部存储器分区的大小，BNKCMP 用来屏蔽高 4 位地址。例如，如果 BNKCMP = 1111B，则地址的最高 4 位被屏蔽掉，结果分区为 4K 字空间。分区的大小为 4K 字~64K 字，BNKCMP 与分区大小的关系如下： <table><tr><td colspan="4">BNKCMP</td><td>屏蔽的最</td><td>分区大小</td></tr><tr><td>位 15</td><td>位 14</td><td>位 13</td><td>位 12</td><td>高有效位</td><td>(16 位字)</td></tr><tr><td>0</td><td>0</td><td>0</td><td>0</td><td>—</td><td>64K 字</td></tr><tr><td>1</td><td>0</td><td>0</td><td>0</td><td>15</td><td>32K 字</td></tr><tr><td>1</td><td>1</td><td>0</td><td>0</td><td>15~14</td><td>16K 字</td></tr><tr><td>1</td><td>1</td><td>1</td><td>0</td><td>15~13</td><td>8K 字</td></tr><tr><td>1</td><td>1</td><td>1</td><td>1</td><td>15~12</td><td>4K 字</td></tr></table>
程序读—数据读寻址位 (PS-DS)	决定在连续进行的程序读—数据读或者数据读—程序读寻址之间是否插入一个额外的周期 　　PS-DS = 0　不插 　　PS-DS = 1　插入一个额外周期
保留位	这 8 位均为保留位
总线保持位 (BH)	用来控制总线保持器 　　BH = 0　关断总线保持器 　　BH = 1　接通总线保持器。数据总线保持在原先的逻辑电平
关断外部总线接口位 (EXIO)	用来控制外部总线 　　EXIO = 0　外部总线接口处于接通状态 　　EXIO = 1　关断外部总线接口。在完成当前总线周期后，地址总线、数据总线和控制信号均为无效 • A(15~0)为原先的状态 • D(15~0)为高阻状态 • $\overline{PS}$、$\overline{DS}$、$\overline{IS}$、$\overline{MSTRB}$、$\overline{IOSTRB}$、R/$\overline{W}$、$\overline{MSC}$ 和 IAQ 为高电平 • PMST 中的 DROM、MP/$\overline{MC}$ 和 OVLY 位以及 ST1 中的 HM 位都不能被修改

注意：BNKCMP 的值只能是表 5-2 中列出的 5 种值之一。另外，可利用 EXIO 位和 BH 位共同控制外部地址和数据总线。通常，EXIO 和 BH 置为 0，若要降低功耗，则可将这两位置为 1。

5.3.3　外部总线接口时序图

了解存储器和 I/O 寻址操作时各信号之间的时序关系，对于正确用好外部总线接口，组成所需的 DSP 系统是很重要的。CLKOUT 周期是 DSP 的基本时间计量单位，它由 DSP 的主频决定。例如，TMS320C541 的主频为 40 MHz，1 个机器周期就是 25 ns(频率的倒数)。1 个 CLKOUT 周期定义为 CLKOUT 信号的一个下降沿到其下一个下降沿之间的时间。存储器读操作只需要 1 个机器周期，存储器写操作或者 I/O 的读和写操作都是 2 个机器周期。也就是说，某些零等待状态的外部总线寻址都是在整数个 CLKOUT 周期内完成的，但如果存储器读操作之后紧跟着一次存储器写操作，或者反过来，那么存储器读操作就要多花半个机器周期。下面介绍外部总线接口零等待状态寻址的时序图。

1. 存储器寻址时序图

图 5-6 是存储器读—读—写操作时序图。在此图中，虽然外部存储器写操作需要 2 个机器周期，但每次在同一分区中来回读($\overline{\text{MSTRB}}$ 保持低电平)时都是单周期寻址。

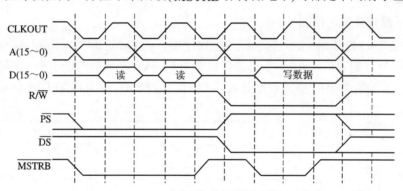

图 5-6　存储器读—读—写操作时序图

图 5-7 给出了存储器写—写—读操作时序图。需要注意的是，图中 $\overline{\text{MSTRB}}$ 由低变高后，写操作的地址线和数据线继续保持约一个半周期有效。每次存储器写操作都需要 2 个机器周期，而紧跟其后的读操作也要 2 个机器周期。

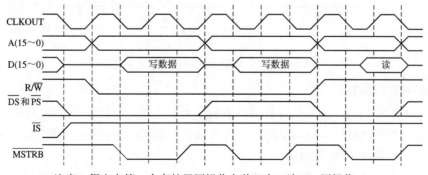

注意：假定在第一个存储器写操作之前已有一次 I/O 写操作

图 5-7　存储器写—写—读操作时序图

2. I/O 寻址定时图

对 I/O 设备进行读/写操作要持续 2 个机器周期，在此期间，地址线变化一般都发生在 CLKOUT 周期的下降沿(若 I/O 寻址前是一次存储器寻址，则地址变化发生在上升沿)。$\overline{\text{IOSTRB}}$ 低电平有效是从 CLKOUT 周期的一个上升沿到下一个上升沿，持续 1 个机器周期。图 5-8 是并行 I/O 口读—写—读操作时序图。图中 I/O 口的读/写操作都需要 2 个机器周期。

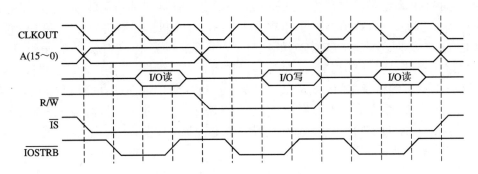

图 5-8　并行 I/O 口读—写—读操作时序图

3. 外部总线复位时序图

图 5-9 是 TMS320C54x 的外部总线复位时序图。当 TMS320C54x 进行复位和对硬件进行初始化时，复位输入信号 $\overline{\text{RS}}$ 至少必须保持 2 个 CLKOUT 周期的低电平。在复位响应时，CPU 终止执行当前的程序，强迫程序计数器 PC 置为 FF80H，并且以 FF80H 驱动地址总线。

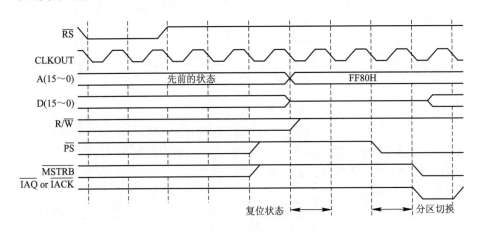

图 5-9　TMS320C54x 的外部总线复位时序图

4. 保持方式定时图

TMS320C54x 的两个控制信号 $\overline{\text{HOLD}}$ 和 $\overline{\text{HOLDA}}$ 允许外部设备控制处理器片外资源，以便进行直接存储器访问(DMA)操作。DMA 可以承担数据传输任务而不需要运算控制单元参与其中，从而提高了程序执行效率。

TMS320C54x 进入保持状态后有两种工作方式，方式的确定由 ST1 中的 HM 位决定。其分述如下：

(1) 正常保持方式。当 $\overline{\text{HOLD}}$ 为低电平时，处理器停止执行程序。

(2) 并行 DMA 操作方式。处理器可以通过片内存储器(ROM 或 RAM)继续执行程序。

当 HM=1 时，TMS320C54x 工作在正常保持方式；当 HM=0 时，工作在并行 DMA 操作方式。在并行 DMA 操作方式下，只有当需要从外部存储器执行程序，或者从外部存储器寻址操作数时，TMS320C54x 才进入保持状态。因此，只要 CPU 不从外部存储器执行程序或取操作数，就可以在外部存储器进入保持状态的同时使片内存储器继续执行程序，这样的系统其工作效率是很高的。

图 5-10 是 TMS320C54x 在 HM=0 时的保持方式时序图。由图可见，$\overline{\text{HOLD}}$ 信号低电平有效后，至少要经过 3 个机器周期，外部总线和控制信号才能变成高阻状态。由于 $\overline{\text{HOLD}}$ 是一个外部非同步输入信号，在片内不对它进行锁存，因此外部设备必须使 $\overline{\text{HOLD}}$ 保持低电平。当外部设备从 TMS320C54x 接收到一个 $\overline{\text{HOLDA}}$ 信号后，可以确认 TMS320C54x 已进入保持状态。$\overline{\text{HOLD}}$ 信号变为高电平后，$\overline{\text{HOLDA}}$ 信号会随着 $\overline{\text{HOLD}}$ 信号的撤消而撤消。$\overline{\text{HOLD}}$ 信号撤消后的 2 个或 3 个机器周期内，片外地址总线、数据总线和控制信号脱离高阻状态，进入正常工作状态。

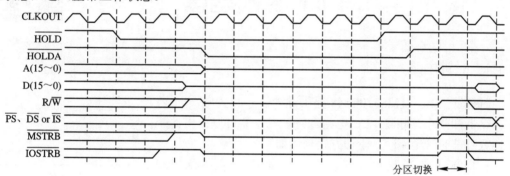

注意：① 图中时序显示的是当 HM=0 时的保持方式，当 HM=1 时，在 $\overline{\text{HOLDA}}$ 失效之前，还需要 1 个机器周期。
　　　② 释放保持方式之后的下一个机器周期是分区切换周期。

图 5-10　TMS320C54x 的保持方式时序图(HM=0)

06

第6章 TMS320C54x 片内外设

TMS320C54x 的 CPU 结构是相同的,但其片内存储器及外设电路配置是不同的。片内外设包括时钟发生器、中断系统、定时器、主机接口和串行口等。第2章和第5章分别对 CPU 和存储器及软件可编程等待状态发生器和分区转换逻辑电路做了介绍,本章主要介绍 DSP 片内外设。

6.1 时钟发生器

片内外设

6.1.1 时钟电路

时钟发生器为 TMS320C54x 提供时钟信号,它包括一个内部振荡器和一个锁相环(PLL)电路。时钟发生器可以由内部振荡器或外部时钟源驱动。驱动方式分述如下:

• 内部振荡器驱动方式:将一个晶体跨接到 X1 和 X2/CLKIN 引脚两端,使内部振荡器工作,时钟电路如图 6-1 所示。图中的电路工作在基波方式,建议 C1 和 C2 的值为 10 pF。如果工作在谐波方式,则还要加一些元件。

• 外部时钟源驱动方式:将一个外部时钟信号直接加到 X2/CLKIN 引脚(X1 悬空不接)。

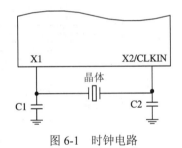

图 6-1 时钟电路

晶体(Crystal)是晶体谐振器的简称,它是一种压电石英晶体器件,具有一个固有的谐振频率,在恰当的激励作用下,以其固有频率振荡。振荡器(Oscillator)为晶体提供激励和检测。晶振(Crystal Oscillator)将晶体、振荡器和负载电容集成在一起,其输出的是方波时钟信号。

锁相环(PLL)电路用于对输入时钟信号进行分频或倍频。它可以产生一个比外部时钟频率高数倍的 CPU 时钟,这个 CPU 时钟由一个特殊因子与外部时钟源相乘得到。这样,我们就可以使用一个频率很小的外部时钟源与 CPU 连接,以降低噪声。

TMS320C54x 内部的 PLL 时钟控制方式为:

• 硬件配置的 PLL(如 TMS320C541、TMS320C542、TMS320C543、TMS320C545 和 TMS320C546)。

• 软件可编程 PLL(如 TMS320C545A、TMS320C546A 和 TMS320C548)。

下面分别进行讨论。

1. 硬件配置的 PLL

通过设定 TMS320C54x 的 3 个引脚(CLKMD1、CLKMD2 和 CLKMD3)的状态来完成 PLL 的配置。时钟方式的配置方法如表 6-1 所示。

表 6-1　时钟方式的配置方法

引　脚　状　态			时　钟　方　式	
CLKMD1	CLKMD2	CLKMD3	选 项 1	选 项 2
0	0	0	用外部时钟源，PLL×3	用外部时钟源，PLL×5
1	1	0	用外部时钟源，PLL×2	用外部时钟源，PLL×4
1	0	0	用内部振荡器，PLL×3	用内部振荡器，PLL×5
0	1	0	用外部时钟源，PLL×1.5	用外部时钟源，PLL×4.5
0	0	1	用外部时钟源，频率除以 2	用外部时钟源，频率除以 2
1	1	1	用内部振荡器，频率除以 2	用内部振荡器，频率除以 2
1	0	1	用外部振荡器，PLL×1	用外部时钟源，PLL×1
0	1	1	停止方式	停止方式

由表 6-1 可见，在不用 PLL 时，CPU 的时钟频率等于晶体振荡频率或外部时钟频率的一半；如果用 PLL，则 CPU 的时钟频率等于外部时钟源或内部振荡器频率乘以系数 N (PLL×N)。

注意：在 DSP 已经正常工作时，不能重新改变和配置 DSP 的时钟方式，但当 DSP 进入节电模式 IDLE3，即其 CLKOUT 输出为高后，可以改变和重新配置 DSP 的时钟方式。

2. 软件可编程 PLL

软件可编程 PLL 是一种高度灵活的时钟控制方式，它的时钟定标器提供各种时钟乘法器系数，并能直接接通和关断 PLL。PLL 的锁定定时器可以延迟 PLL 时钟方式的切换，直到锁定为止。

通过软件编程，可以选用以下两种时钟方式中的一种：

- PLL 方式。输入时钟(CLKIN)乘以 31 个可能的系数中的一个，这些系数的取值范围是 0.25～15。这是靠 PLL 电路来完成的。
- DIV(分频器)方式。输入时钟(CLKIN)除以 2 或 4。当采用 DIV 方式时，所有的模拟电路，包括 PLL 电路都关断，以使功耗最小。

软件可编程 PLL 通过读/写时钟方式寄存器(CLKMD)来完成。

6.1.2　时钟模块编程

软件可编程 PLL 可以对时钟方式寄存器(CLKMD)进行编程加载，以将其配置成所要求的时钟方式。CLKMD 是 16 位存储器映像寄存器，地址为 0058H。CLKMD 的结构如图 6-2 所示。

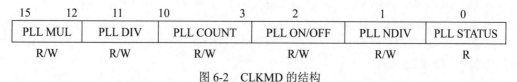

图 6-2　CLKMD 的结构

时钟方式寄存器(CLKMD)各位段的功能如表 6-2 所示。PLL 的乘数如表 6-3 所示。

表 6-2　时钟方式寄存器(CLKMD)各位段的功能

位	名　称	功　能
0	PLL STATUS	PLL 的状态位，指示时钟发生器的工作方式(只读)： PLLSTATUS = 0，分频器(DIV)方式 PLLSTATUS = 1，PLL 方式
1	PLL NDIV	PLL 时钟发生器选择位，决定时钟发生器的工作方式： PLLNDIV = 0，采用分频器(DIV)方式 PLLNDIV = 1，采用 PLL 方式 与 PLLMUL 以及 PLLDIN 一起定义频率的乘数(见表 6-3)
2	PLL ON/OFF	PLL 通/断位，与 PLLNDIV 位共同决定时钟发生器的 PLL 部件的通/断 表格见下
3～10	PLL COUNT	PLL 计数器值。PLL 计数器是一个减法计数器，每 16 个输入时钟(CLKIN)到来后减 1。从 PLL 开始工作之后，到 PLL 成为处理器时钟之前的一段时间内进行计数定时。PLL 计数器能够确保在 PLL 锁定之后将正确的时钟信号加到处理器
11	PLL DIV	PLL 除数，与 PLLMUL 以及 PLLNDIV 共同定义频率的乘数(见表 6-3)
12～15	PLL MUL	PLL 乘数，与 PLLDIV 以及 PLLNDIV 共同定义频率的乘数(见表 6-3)

位 2 PLL ON/OFF 内嵌表：

PLL ON/OFF	PLLNDIV	PLL 状态
0	0	断开
0	1	工作
1	0	工作
1	1	工作

表 6-3　PLL 的乘数

PLL NDIV	PLL DIV	PLL MUL	乘　数
0	X	0～14	0.5
0	X	15	0.25
1	0	0～14	PLL MUL + 1
1	0	15	1
1	1	0 或偶数	(PLL MUL + 1) ÷ 2
1	1	奇数	PLL MUL ÷ 4

当用 IDLE 指令降低功耗要求时，恰当地使用 PLL 显得尤为重要。当时钟发生器在 DIV 方式且禁止 PLL 时，消耗功耗最少。因此，若要考虑降低功耗，则必须在 IDLE 指令执行前，从 PLL 方式切换到 DIV 方式，并且禁止 PLL；在被 IDLE1/IDLE2/IDLE3 指令唤醒后，时钟发生器会重新对 PLL 方式进行编程。

如果要从 DIV 进入 PLL × 3 方式，已知 PLLCOUNT = 64(锁定时间值，十进制)，再在程序中加入如下指令即可：

　　STM　　#0010001000000111B，CLKMD；PLLCOUNT = 64

6.1.3　低功耗(节电)模式

TMS320C54x 器件有四种节电模式,可以通过停止 DSP 内部的不同时钟,使 TMS320C54x 的核心进入休眠状态,降低功耗,并且能保持 CPU 中的内容。当节电模式结束时,DSP 被唤醒,可以连续工作下去。

通过执行 IDLE1、IDLE2 和 IDLE3 三条指令,或使 $\overline{\text{HOLD}}$ 信号为低电平,可使处理器进入不同的节电模式。表 6-4 列出了四种节电模式及其特性。

表 6-4　四种节电模式及其特性

IDLE1	IDLE2	IDLE3	$\overline{\text{HOLD}}$	操 作 特 性
Yes	Yes	Yes	Yes	CPU 暂停
Yes	Yes	Yes	No	CPU 时钟停止
No	Yes	Yes	No	外围电路时钟停止
No	No	Yes	No	锁相环(PLL)停止
No	No	No	Yes	外部地址线为高阻状态
No	No	No	Yes	外部数据线为高阻状态
No	No	No	Yes	外部控制信号为高阻状态
IDLE1	IDLE2	IDLE3	$\overline{\text{HOLD}}$	结束节电模式的原因
No	No	No	Yes	$\overline{\text{HOLD}}$ 变为高电平
Yes	No	No	No	内部非可屏蔽硬件中断
Yes	Yes	Yes	No	外部非可屏蔽硬件中断
Yes	Yes	Yes	No	$\overline{\text{NMI}}$ 有效
Yes	Yes	Yes	No	$\overline{\text{RS}}$ 有效

下面将详细描述表 6-4。

1. IDLE1 模式

IDLE1 暂停所有的 CPU 活动,但片内外设仍在工作。片内外设如串口定时器等的中断可唤醒 CPU 结束节电模式。使用 IDLE1 指令可进入 IDLE1 模式,而使用唤醒中断则结束此模式。当发生唤醒中断时,如果 INTM = 0,则结束 IDLE1,TMS320C54x 进入中断服务程序运行;如果 INTM = 1,则 TMS320C54x 紧随 IDLE1 指令的下一条指令继续工作。无论 INTM 为何值,所有唤醒中断都必须在中断屏蔽寄存器(IMR)中将其对应位设置为允许状态(除 $\overline{\text{RS}}$ 和 $\overline{\text{NMI}}$ 之外)。

2. IDLE2 模式

IDLE2 暂停 CPU 和片内外设的工作。由于片内外设也停止了工作,不能产生中断,因而其唤醒方式不同于 IDLE1,但是,其功耗会明显降低。通过在 DSP 芯片外部中断引脚 $\overline{\text{RS}}$、$\overline{\text{NMI}}$ 或 $\overline{\text{INTn}}$ 上加 10 ns 的低脉冲,可以启动唤醒中断服务,结束 IDLE2。如果 INTM = 0,则结束 IDLE1,TMS320C54x 进入中断服务程序运行;如果 INTM = 1,则 TMS320C54x 紧随 IDLE1 指令的下一条指令继续工作。无论 INTM 为何值,所有唤醒中断都必须在中断屏蔽寄存器(IMR)中将其对应位设置为允许状态。

3. IDLE3 模式

IDLE3 模式类同于 IDLE2,它使片内锁相环(PLL)暂停工作,这样就完全使 TMS320C54x 停止了工作。与 IDLE2 相比,IDLE3 更显著地降低了功耗。此外,如果系统需要工作在较低频率,则 IDLE3 状态可重新配置 PLL。进入和结束 IDLE3 模式的方法同 IDLE2。

4. HOLD 模式

HOLD 模式是另外一种节电模式,它使外部地址总线、数据总线和控制总线进入高阻状态,也可以使 CPU 暂停工作,这取决于 HM 位的状态。当 HM = 1 时,CPU 停止工作;当 HM = 0 时,CPU 继续工作。这时,TMS320C54x 不能进行外部数据存取,CPU 只能在内部工作。这种模式不能停止片内外设的工作(如定时器、串口等),只有在 $\overline{\text{HOLD}}$ 信号无效时,才能结束 HOLD 模式。

此外,TMS320C54x 还有两种节电功能:关闭外部总线和关闭 CLKOUT。

TMS320C54x 可以通过将分区转换控制寄存器(BSCR)的第 0 位置 1 的方法,关闭片内的外部接口时钟,使接口处于低功耗状态。

利用软件指令,TMS320C54x 可将 PMST 中的 CLKOUT 位置 1,以关闭 CLKOUT。

6.2　中　断　系　统

中断系统是计算机发展史上的一个里程碑。中断是衡量微处理器性能好坏的一项主要指标。几乎所有的微处理器都具有中断功能,DSP 也不例外。

6.2.1　中断结构

1. 中断类型

TMS320C54x 中断既支持硬件中断,也支持软件中断。硬件中断有外部硬件中断和内部硬件中断之分。外部硬件中断由外部中断口的信号触发;内部硬件中断由片内外围电路的信号触发。软件中断由程序指令引起,如 INTR、TRAP 或 RESET。软件中断不分优先级,硬件中断有优先级。当多个硬件中断同时请求时,TMS320C54x 根据优先级别的不同对其进行服务。TMS320C54x 的硬件中断优先级见附录 3,其中,1 为最高优先级。

无论是硬件中断还是软件中断,TMS320C54x 的中断都可分为如下两大类。

1) 可屏蔽中断

可屏蔽中断是可用软件来屏蔽或开放的中断,即可以通过对中断屏蔽寄存器(IMR)中的相应位和状态寄存器(ST1)中的中断允许控制位 INTM 进行编程来屏蔽或开放该中断。TMS320C54x 最多可以支持 16 个用户可屏蔽中断(SINT15~SINT0),但有的处理器只用了其中的一部分。有些中断有两个中断名称,因为这些中断是可以被软件初始化或硬件初始化的中断,如 TMS320C541。TMS320C541 中的 9 个中断的硬件名称为:

- $\overline{\text{INT3}}$ ~ $\overline{\text{INT0}}$(外部硬件中断)。
- RINT0、XINT0、RINT1 和 XINT1(串行口中断和内部硬件中断)。
- TINT(定时器中断和内部硬件中断)。

2) 非可屏蔽中断

非可屏蔽中断是不能用软件来屏蔽的中断,不受 IMR 和 INTM 位的影响。TMS320C54x 对这一类中断总是响应的, 即从主程序转移到中断服务程序。TMS320C54x 的非可屏蔽中断包括:

- 所有的软件中断。
- $\overline{\text{RS}}$(复位、外部硬件中断)。
- $\overline{\text{NMI}}$(外部硬件中断)。

我们可以用软件进行 $\overline{\text{RS}}$ 和 $\overline{\text{NMI}}$ 中断。$\overline{\text{NMI}}$ 中断不会对 TMS320C54x 的任何操作方式发生影响。当 $\overline{\text{NMI}}$ 中断响应时, 所有其他的中断将被禁止。而复位 $\overline{\text{RS}}$ 是一个对 TMS320C54x 所有操作方式产生影响的非可屏蔽中断, 复位后,TMS320C54x 的相关内部资源设置的状态如下:

中断向量指针 IPTR = 1FFH, PC = FF80H, 中断向量表位于 FF80H 处;PMST 中的 MP/$\overline{\text{MC}}$ 与 MP/$\overline{\text{MC}}$ 引脚具有相同的值;XPC = 0(TMS320C548);数据总线为高阻状态, 所有控制总线无效;产生 $\overline{\text{IACK}}$ 信号;INTM = 1, 关闭所有可屏蔽中断;中断标志寄存器 IFR = 0; 产生同步信号 $\overline{\text{SRESET}}$; 将下列状态位置成初始值:

ARP = 0	ASM = 0	AVIS = 0	BRAF = 0	C = 1
C16 = 0	CLKOFF = 0	CMPT = 0	CPL = 0	DP = 0
DROM = 0	FRCT = 0	HM = 0	INTM = 1	OVA = 0
OVB = 0	OVLY = 0	OVM = 0	SXM = 1	TC = 1
XF = 1				

注意: 在复位时, 其余的状态位以及堆栈指针(SP)没有被初始化,因此, 用户在程序中必须对它们进行设置。如果 MP/$\overline{\text{MC}}$ = 0, 则处理器从片内 ROM 开始执行程序;否则, 它将从片外程序存储器开始执行程序。可屏蔽硬件中断信号产生后能否引起 CPU 执行相应的中断服务程序(ISR), 取决于以下四点:

- ST1 中的 INTM = 0。
- CPU 当前没有响应更高优先级的中断。
- IMR 中对应的中断屏蔽位置 1。
- IFR 中对应的中断标志位置 1。

下面将详细介绍 IMR 和 IFR。

2. 中断管理寄存器

TMS320C54x 内部有两个中断管理寄存器:中断标志寄存器(IFR)和中断屏蔽寄存器(IMR)。

1) 中断标志寄存器

中断标志寄存器(Interrupt Flag Register,IFR)是一个 16 位存储器映像的 CPU 寄存器, 位于数据存储器空间内, 地址为 0001H。当一个中断出现的时候,TMS320C54x 收到了一个相应的中断请求(中断挂起), 此时, IFR 中相应的中断标志位为 1。TMS320C541 IFR 的位定义如图 6-3 所示。各位对应的可屏蔽中断源的说明见附录 3。

15	12	11	10	9	8	7	6	5	4	3	2	1	0
Res		Res	Res	Res	INT3	XINT1	RINT1	XINT0	RINT0	TINT	INT2	INT1	INT0

图 6-3　TMS320C541 IFR 的位定义

读 IFR 可识别挂起的中断，写 IFR 可清除挂起的中断。为清除中断请求(即将其 IFR 标志清零)，可向 IFR 中相应的位写入 1。将 IFR 当前的内容写回 IFR，可清除所有挂起的中断。

注意： ① IFR 中的标志位不能用软件写操作来设置，只有相应的硬件请求才能对其进行设置。

② 当通过 INTR 指令请求中断时，如果对应的 IFR 位是 1，则 CPU 不会自动将其清零；如果应用程序要求清除该 IFR 位，则必须在中断程序中将其清零。下面四种情况都会将中断标志清零：

- TMS320C54x 复位($\overline{\text{RS}}$ 为低电平)。
- 中断得到处理。
- 将 1 写到 IFR 中的适当位(相应位变成 0)，相应的尚未处理完的中断被清除。
- 利用适当的中断号来执行 INTR 指令，相应的中断标志位清零。

2) 中断屏蔽寄存器

在状态寄存器 ST1 中的第 11 位 INTM 是中断方式位，该位是可屏蔽中断的允许控制位。当 INTM = 0 时，开放全部可屏蔽中断；当 INTM = 1 时，禁止所有可屏蔽中断。

INTM 不修改中断标志寄存器(IFR)和中断屏蔽寄存器(Interrupt Mask Register，IMR)。程序员通过设置中断屏蔽寄存器(IMR)的值，可以屏蔽或开放某一个可屏蔽中断。中断屏蔽寄存器(IMR)也是一个存储器映像的 16 位 CPU 寄存器，地址为 0000H，主要用来屏蔽内部的和外部的可屏蔽硬件中断。如果 ST1 中的 INTM = 0，IMR 中的某一位为 1，就开放相应的中断。$\overline{\text{NMI}}$ 和 $\overline{\text{RS}}$ 都不包括在 IMR 中，IMR 不能屏蔽这两个中断。TMS320C541 IMR 的位定义如图 6-4 所示。各位对应的可屏蔽中断源的说明见附录 3。

15	12	11	10	9	8	7	6	5	4	3	2	1	0
Res		Res	Res	Res	INT3	XINT1	RINT1	XINT0	RINT0	TINT	INT2	INT1	INT0

图 6-4　TMS320C541 IMR 的位定义

当 CPU 响应可屏蔽中断时，如何转到中断服务程序呢？下面通过介绍中断向量，使这个问题得以解决。

3. 中断向量

TMS320C54x 给每个中断源都分配有一个确定的中断向量偏移地址(见附录 3)，该地址为可屏蔽中断服务程序进入各中断源服务程序的偏移地址。通过偏移地址，可判断中断源的身份，并进入对应中断源的服务程序。

中断向量表位于程序空间中以 128 字为一页的任何位置。在 TMS320C54x 中，中断向量地址的产生过程是：由处理器工作方式状态寄存器(PMST)中的中断向量指针(IPTR，9位)形成中断向量地址的高 9 位，中断向量序号乘以 4(左移 2 位)，形成中断向量地址的低 7位，二者连接，组成 16 位的中断向量地址，即

中断向量地址 = PMST 中的 IPTR(9 位) + 左移 2 位后的中断向量序号(7 位)

例如，$\overline{\text{INT2}}$ 的序号为 18(12H)，左移 2 位后变成 48H，若 IPTR = 001H，那么中断向

量地址为 00C8H，如图 6-5 所示。

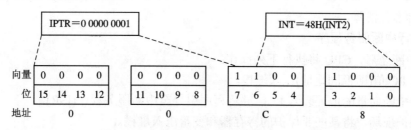

图 6-5　中断向量地址的形成

在复位时，IPTR = 1FFH，并按此值将复位向量映像到程序存储器的 511 页空间中。所以硬件复位后，总是从 0FF80H 开始执行程序。除硬件复位向量外，对于其他的中断向量，只要改变 IPTR 位的值，都可以重新安排它们的地址。例如，用 001H 加载 IPTR，那么中断向量就被移到从 0080H 单元开始的程序存储器空间中。

6.2.2　中断流程

TMS320C54x 的中断处理分为 3 个阶段：接收中断请求、响应中断和执行中断服务程序。

1．接收中断请求

当发生硬件和软件指令请求中断时，IFR 中相应的标志位置为有效电平。无论 DSP 是否响应中断，该标志都处于有效电平。在相应中断发生时，该标志自动被清除。

硬件中断有外部和内部之分。外部硬件中断由外部接口信号自动请求，内部硬件中断由片内外设信号自动请求。

软件中断都是由程序中的指令 INTR、TRAP 和 RESET 产生的。

(1) INTR：该指令可启动 TMS320C54x 的任何中断。INTR K 指令中的指令操作数 K 指出 CPU 将转移到哪个中断向量。INTR 指令不影响 IFR 标志。当使用 INTR 指令启动在 IFR 中分配有标志的中断时，INTR 指令不会使该标志置 1 或清零；当 INTR 中断响应时，ST1 中的 INTM 位置 1，禁止其他可屏蔽中断。

(2) TRAP：TRAP 与 INTR 的不同之处是，当 TRAP 中断时，不需要设置 INTM 位。

(3) RESET：该指令可在程序的任何时候发生，它使处理器返回一个已知状态。复位指令影响 ST0、ST1，但不影响 PMST。当响应复位指令 RESET 时，ST1 中的 INTM 位置 1，禁止所有的可屏蔽中断。RESET 指令复位与硬件 $\overline{\text{RS}}$ 复位在对 IPTR 和外围电路初始化方面是有区别的。

2．响应中断

对于软件中断和非可屏蔽中断，CPU 立即响应。如果是可屏蔽中断，只有满足以下条件才能响应：

(1) 优先级别最高。

(2) ST1 中的 INTM 位为 0，允许可屏蔽中断。

(3) IMR 中的相应位为 1，允许可屏蔽中断。

当 CPU 响应中断时，让 PC 转到适当的地址取出软件向量，并产生 $\overline{\text{IACK}}$ 信号，使相应的中断标志位清零。

3. 执行中断服务程序

响应中断之后，CPU 将执行下列操作：

(1) 将 PC 值(即返回地址)压入堆栈。

(2) 将中断向量的地址装入 PC，并将程序引导至中断服务程序(ISR)。

(3) 保护现场，将某些要保护的寄存器和变量压入堆栈。

(4) 执行中断服务程序(ISR)。

(5) 恢复现场，以逆序将所保护的寄存器和变量弹出堆栈。

(6) 中断返回，从堆栈弹出返回地址并加载到 PC。

(7) 继续执行被中断的程序。

步骤(4)、(5)和(6)由用户编写程序代码，其他均由 DSP 自动完成。应当注意的是，在恢复现场时，BRC 寄存器应该比 ST1 中的 BRAF 位先恢复。若 BRC 恢复前，ISR 中的 BRC=0，那么先恢复的 BRAF 位将被清零。

整个中断操作的流程图如图 6-6 所示。

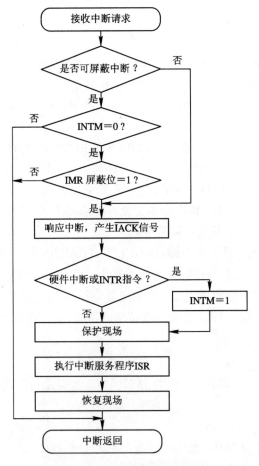

图 6-6　整个中断操作的流程图

6.2.3　中断编程

第 4 章的例 20 就是一个简单、完整的中断程序模板，中断过程如图 6-7 所示。利用软件仿真外部硬件中断 int2，程序中的开放中断和中断服务程序片段如下：

```
           ⋮
           STM   #0,SWWSR
           RSBX  INTM                 ; 开中断
           STM   #04H, IMR
           ⋮
 INT_2:    SFTA  A,8                  ; 中断服务程序
           RETE
```

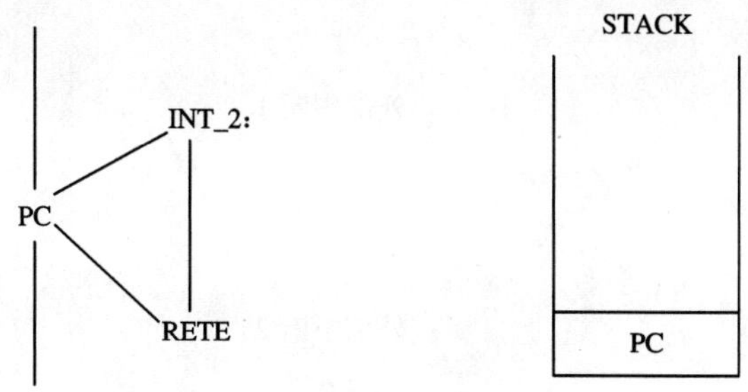

图 6-7　中断过程

INT_2 引起标准中断矢量表程序中相应的 int2 变化如下：

```
***********************************************************
****************    中断矢量表程序    ******************
***********************************************************
.title "vectors.asm"            ; 定义段的名称为 vectors
 .ref start                     ; 程序入口
 .ref INT_2
 .sect "vectors"
reset: B start                  ; 复位引起的中断
     NOP
     NOP
nmi: RETE                       ; 使能 NMI 中断
     NOP
     NOP
     NOP
sint17 .space 4*16              ; 程序内部的软件中断
sint18 .space 4*16
sint19 .space 4*16
sint20 .space 4*16
sint21 .space 4*16
```

```
       sint22 .space 4*16
       sint23 .space 4*16
       sint24 .space 4*16
       sint25 .space 4*16
       sint26 .space 4*16
       sint27 .space 4*16
       sint28 .space 4*16
       sint29 .space 4*16
       sint30 .space 4*16
int0: RETE                  ; 外部中断 0
  NOP
  NOP
  NOP
int1: RETE                  ; 外部中断 1
  NOP
  NOP
  NOP
int2: b INT_2               ; 外部中断 2
  NOP
  NOP
  NOP
tint: RETE                  ; 定时器中断
  NOP
  NOP
  NOP
rint0: RETE                 ; 串口 0 接收中断
  NOP
  NOP
  NOP
xint0: RETE                 ; 串口 0 发送中断
  NOP
  NOP
  NOP
rint1: RETE                 ; 串口 1 接收中断
  NOP
  NOP
  NOP
xint1: RETE                 ; 串口 1 发送中断
  NOP
  NOP
```

```
    NOP
int3: RETE                          ；外部中断 3
    NOP
    NOP
    NOP
    .end
```

中断矢量表在某些情况下需重定位。在第 2 章中提到 TMS320C54x 片内 ROM 容量有大有小，容量大的(24K 字、28K 字、48K 字)如 TMS320C541、TMS320C545 和 TMS320C546，容量小的(2K 字)如 TMS320C542、TMS320C543 和 TMS320C548。容量大的片内 ROM 可以把用户的程序写进去，而容量小的(2 K 字)片内 ROM 中的内容是由 TI 公司定义的，这2K 字(F800H～FFFFH)包含了一些固化程序。也就是说，对于有大容量 ROM 的芯片，当DSP 处在 MC 方式时，FF80H～FFFFH 是可写的，此时可以将中断向量表写在 FF80H 处，这样，复位后就可以执行复位中断了；而对于有小容量 ROM 的芯片，F800H～FFFFH 是不可写的，此时就要通过 IPTR 将中断向量表放在任何连续的 128 字的 RAM 中，相应的命令文件(.cmd 文件)也要修改，可在程序一开始就设置 PMST。

6.3　定　时　器

TMS320C54x 的定时器是一个 16 位的软件可编程定时器，它是一个减 1 计数器，可用来周期性地产生中断。

6.3.1　定时器结构

定时器主要由 3 个寄存器组成：定时器寄存器(Timer Registers，TIM)、定时器周期寄存器(Timer Period Registers，PRD)和定时器控制寄存器(Timer Control Registers，TCR)。这3 个寄存器都是 16 位存储器映像寄存器，它们在数据存储器中的地址分别为 0024H、0025H和 0026H(参见附录 4)。TIM 是一个减 1 计数器；PRD 中存放时间常数；TCR 中包含有定时器的控制位和状态位。定时器的功能框图如图 6-8 所示。

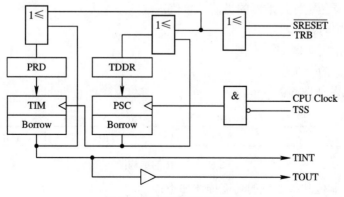

图 6-8　定时器的功能框图

图 6-8 中含一个 16 位的主计数器(TIM)和一个 4 位的预定标计数器(PSC)。TIM 从周期寄存器 PRD 加载，PSC 从预定标寄存器 TDDR 加载。

定时器的典型操作顺序为：

(1) 在每个 CLKOUT 周期后 PSC 减 1，直到它变为 0。

(2) 在下一个 CLKOUT 周期，TDDR 加载定时器的除计数值后的值到 PSC，并使 TIM 减 1。

(3) 以同样的方式，PSC 和 TIM 连续进行减操作，直到 TIM 减为 0。

(4) 在下一个 CLKOUT 周期，将定时器中断信号(TINT)送到 CPU，同时又将另一脉冲送到 TOUT 引脚，把定时器新的计数值从 PRD 加载到 TIM，并使 PSC 再次减 1。

因此，定时器中断信号的速率为

$$\text{TINT 信号的速率} = \frac{\text{CLKOUT的频率}}{(\text{TDDR} + 1) \times (\text{PRD} + 1)}$$

其中，CLKOUT 为机器周期；TDDR 和 PRD 分别为定时器的分频系数和时间常数。

通过 TOUT 信号或中断信号 TINT，用定时器就可以产生外围电路的采样时钟信号，如模拟接口信号。

中断请求信号将中断标志寄存器(IFR)中的 TINT 位置 1，用于向 CPU 申请中断，可以利用中断屏蔽寄存器(IMR)来禁止或允许该请求。当系统不用定时器时，应设置中断屏蔽寄存器(IMR)的相应位来屏蔽 TINT，以避免引起不希望的中断。

下面介绍定时器的软件编程。

6.3.2　定时器编程

定时器可访问的寄存器有 3 个：TIM、PRD 和 TCR。TIM 和 PRD 这两种寄存器共同工作，提供定时器的当前计数值。

读 TIM 可以知道定时器中的当前值。在正常情况下，当 TIM 减到 0 后，PRD 中的时间常数自动地加载到 TIM。当系统复位($\overline{\text{SRESET}}$ = 1)或定时器复位(TRB = 1)时，PRD 中的时间常数重新加载到 TIM。

控制寄存器(TCR)包含的控制位有下列功能：

- 控制定时器模式。
- 指定定时器预定标计数器的当前计数值。
- 重新加载定时器。
- 启动、停止定时器。
- 定义定时器的分频系数。

TCR 的结构图如图 6-9 所示。

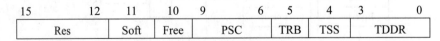

15	12	11	10	9	6	5	4	3	0
Res		Soft	Free	PSC		TRB	TSS	TDDR	

图 6-9　TCR 的结构图

TCR 中各控制位和状态位的功能描述如下：

TDDR：定时器的分频系数。按此分频系数对 CLKOUT 进行分频，以改变定时周期。

当 PSC 减到 0 后，以 TDDR 中的数重新加载 PSC。在复位时，TDDR 各位清零。

TSS：定时器停止状态位。它用于停止或启动定时器。当 TSS = 0 时，定时器启动工作；当 TSS = 1 时，定时器停止工作(关闭定时器可以减小器件的功耗)。在复位时，TSS 位清零，定时器立刻开始定时。

TRB：定时器重新加载位。它用来复位片内定时器。当 TRB 置 1 时，TIM 装入 PRD 中的数，并且 PSC 装入 TDDR 中的数。TRB 总是读成 0。

PSC：定时器预定标计数器。当 PSC 减到 0 后，PSC 装入 TDDR 中的数，并且 TIM 减 1。PSC 可被 TCR 读取，但不能直接写入。

Soft 和 Free：这两位结合起来使用，以仿真在高级语言(HLL)调试程序遇到断点时定时器的状态。

当 Soft = 0，Free = 0 时，定时器立即停止工作；当 Soft = 1，Free = 0，并且计数器减到 0 时，定时器停止工作；当 Soft = x，Free = 1 时，定时器继续运行。

Res：保留位，读成 0。

读 TIM 和 TCR 要用两条指令，在两次读之间有可能发生读数变化。因此，若需要精确地定时测量，就应当在读这两值之前先关闭定时器。

在复位时，TIM 和 PRD 都置成最大值(FFFFH)，定时器的 TDDR 置 0，定时器启动。

定时器初始化的步骤及其所对应的指令如下：

(1) 将 TCR 中的 TSS 位(停止状态位)置 1，关闭定时器。

    STM　　#0010H，TCR

(2) 加载 PRD。

    STM　#0100H，PRD ；TINT 的周期 = CLKOUT × (TDDR + 1) × (PRD + 1)

(3) 重新加载 TCR(使 TDDR 初始化；令 TSS 位为 0，以接通 CLKOUT；重新加载 TRB 位，置 1，以使 TIM 减到 0 后重新加载 PRD)，启动定时器。

    STM　#0C20H，TCR ；Soft = 1，Free = 1，定时器遇到断点后继续进行

若要开放定时中断，必须(假定 INTM = 1)做到以下几点：

- 将 IFR 中的 TINT 位置 1，清除尚未处理完的定时器中断。

    STM　#0008H，IFR

- 将 IMR 中的 TINT 位置 1，开放定时器中断。

    STM　#0008H，IMR

- 将 STI 中的 INTM 位置 0，从整体上开放中断。

    RSBX　INTM

6.4　主 机 接 口

主机接口(Host Port Interface，HPI)是一种高速、异步并行接口(8/16/32 位)。TMS320C54x 系列 DSP 提供 8 位 HPI 接口，TMS320C62x/67x 系列 DSP 提供的是 16 位 HPI 接口，而 TMS320C64x 系列 DSP 提供的则是 32 位 HPI 接口。通过 TMS320C54x 的主机接口，可以高速访问 TMS320C54x 的片内存储器，这样便于与其他主机之间进行信息交换。HPI 接口

是以主处理器为主，DSP 为从的主从结构。

6.4.1　HPI 结构及其工作方式

HPI 主要由 5 个部分组成，其组成框图如图 6-10 所示。

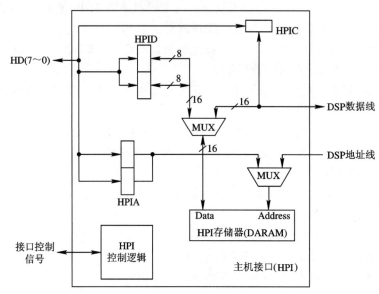

图 6-10　主机接口的组成框图

(1) HPI 存储器(DARAM)：用于 TMS320C54x 与主机间传送数据。地址从 1000H 到 17FFH，空间容量为 2K 字。

(2) HPI 地址寄存器(HPIA)：由主机对其进行直接访问，存放当前寻址 HPI 存储单元的地址。

(3) HPI 数据锁存器(HPID)：由主机对其进行直接访问，存放当前进行读/写的数据。

(4) HPI 控制寄存器(HPIC)：TMS320C54x 和主机都能对其直接进行访问，用于主处理器与 DSP 相互握手，实现相互中断请求。

(5) HPI 控制逻辑：用于处理 HPI 与主机之间的接口信号。

当 TMS320C54x 与主机交换信息时，HPI 是主机的一个外围设备。主机利用 HPI 访问 TMS320C54x 的片内存储器。HPI 的外部数据线是 8 条，在 TMS320C54x 与主机传送数据时，HPI 能自动地将外部接口传来的连续的 8 位数组合成 16 位数后传送给 TMS320C54x。

HPI 有两种工作方式：RAM 共享和主机访问方式。在共享方式下，主机与 TMS320C54x 都能访问 HPI 存储器。HPI 支持的传输速率为(Fd × n)/5，其中 Fd 为 CLKOUT(TMS320C54x 的主频)，n 为主机每进行一次外部寻址的周期数。若是主机访问方式，则仅能让主机寻址 HPI 存储器。在主机访问方式下，主机每 50 ns 寻址 1 个字节(即 160 Mb/s)，访问的速度更快，并且与 TMS320C54x 的时钟频率无关。

6.4.2　HPI 接口设计

HPI 提供了灵活而方便的接口，接口外围电路简单。当 TMS320C54x HPI 与主机相连时，几乎不需要附加其他的逻辑电路。图 6-11 给出了 TMS320C54x HPI 与主机的连接框图。

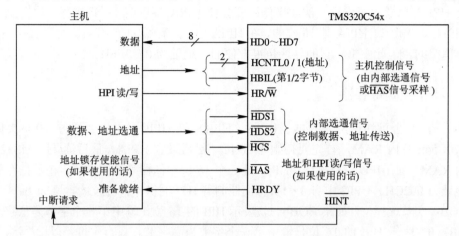

图 6-11 TMS320C54x HPI 与主机的连接框图

HPI 接口信号可分为以下几类：

- 数据总线：HD0～HD7，即数据总线的宽度为 8 位。
- 地址总线。具体分为：

HCNTL0、HCNTL1：主机控制信号，用于选择 3 个寄存器，即 HPIA、HPID 和 HPIC。当 HCNTL0、HCNTL1=00 时，表示主机可访问 HPIC；为 01 和 11 时，表示主机可访问 HPID，在 01 方式下，允许主机在读/写 HPI 的数据时将地址自动增 1 或减 1，而在 11 方式下，HPIA 不受影响；为 10 时，表示主机可以访问 HPIA。

HBIL：字节识别信号。当 HPI 数据总线宽度是 DSP 数据总线宽度的一半时，HBIL 用于指示前后这 2 次传输。如果数据总线宽度相同，则无此信号。

HR/$\overline{\text{W}}$：HPI 读/写信号，用于指示 HPI 传输的方向。

- 控制线。具体分为：

$\overline{\text{HDS1}}$、$\overline{\text{HDS2}}$、$\overline{\text{HCS}}$：用于数据、地址选通。

$\overline{\text{HAS}}$：用于地址锁存。

- 握手线。具体分为：

HRDY：HPI 准备就绪信号。

$\overline{\text{HINT}}$：DSP 请求主机中断信号。

在图 6-11 中，当数据/地址时分复用时，DSP 的 $\overline{\text{HAS}}$ 接主机的 ALE 端；否则，$\overline{\text{HAS}}$ 接固定高电平。当 $\overline{\text{HAS}}$ 接 ALE 时，HD0～HD7、HCNTL0、HCNTL1、HBIL、HR/$\overline{\text{W}}$ 接数据/地址复用总线；当 $\overline{\text{HAS}}$ 接固定高电平 "1" 时，HD0～HD7 接数据线，HCNTL0、HCNTL1、HBIL 接地址线，HR/$\overline{\text{W}}$ 接地址线或写选通线。DSP 的 $\overline{\text{HCS}}$ 接片选信号。

主机对 HPI 的访问由外部和内部两部分组成。外部访问由主机与 HPI 交换数据。内部访问是 HPI 与 DSP 存储单元交换数据。当主机对 DSP 存储单元进行读操作时，完成 HPIA 访问后，DSP 片上的 DMA 自动将数据由 HPIA 所指定的 DSP 存储单元中预取到 HPID 中。主机完成对 HPID 的读操作后，DSP 片上的 DMA 自动将下一个数据由 HPIA 所指定的 DSP 存储单元中预取到 HPID 中。主机完成对 HPID 的写操作后，DSP 片上的 DMA 自动将当前数据写到由 HPIA 所指定的 DSP 存储单元中。HPI 地址具有自动增量的特性，可以用来连续寻址 HPI 存储器。每进行一次读操作，都会使 HPIA 事后增 1；每进行一次写操作，都会使 HPIA 事先增 1。HPIA 是 16 位的，在 HPIA 中，只有低 11 位有效。由于 HPI 指向 2 K 字的存储空间，因此主机对它的寻址是很方便的，地址为 0～7FFH。

6.4.3　HPI 控制寄存器

HPI 有 3 个可访问的寄存器：HPIA、HPID 和 HPIC。主机要通过 HPI 接口访问 TMS320C54x 片内 RAM，首先要初始化 HPIC，然后设置 HPIA，最后读/写 TMS320C54x 的片内 RAM，对 HIPD 进行操作。HPIC 是一个 16 位存储器映像寄存器，在数据存储器空间的地址为 002CH。HPIC 中有 4 个状态位控制着 HPI 的操作，各位的含义如下：

BOB：字节选择位。如果 BOB = 1，表示 HPI 的 16 位传输中第一个字节是低字节；如果 BOB = 0，表示 HPI 的 16 位传输中第一个字节为高字节。只有主机可以读/写这一位，TMS320C54x 不能访问它。

SMOD：寻址方式选择位。如果 SMOD = 1，则选择共享寻址方式(SAM)，TMS320C54x 和主机都可以访问 HPI 来共享 RAM；如果 SMOD = 0，则选择仅主机访问方式(HOM 方式)，TMS320C54x 不能访问 HPI 的 RAM 区。TMS320C54x 复位期间，SMOD = 0；复位后，SMOD = 1。

DSPINT：主机向 TMS320C54x 发出中断位。该位仅能由主机写，并且主机和 TMS320C54x 都不能读它。当 DSPINT=1 时，产生 1 次中断。该位总是读成 0。当主机写 HPIC 时，高、低字节必须写入相同的值。

HINT：TMS320C54x 向主机发出中断位。该位决定 $\overline{HINT}$ 引脚的状态。复位后，HINT=0，外部 $\overline{HINT}$ 输出端无效(高电平)。HINT 位只能由 TMS320C54x 置位，也只能由主机将其复位。当外部引脚 $\overline{HINT}$ 无效(高电平)时，TMS320C54x 和主机读 HINT 位为 0；当 $\overline{HINT}$ 有效(低电平)时，读 HINT 位为 1。

主机和 TMS320C54x 访问 HPIC 寄存器的结果如图 6-12 所示。

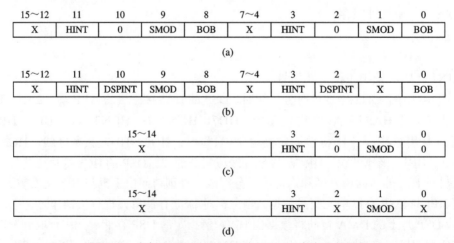

图 6-12　主机和 TMS320C54x 访问 HPIC 寄存器的结果

(a) 主机读 HPIC；(b) 主机写 HPIC；(c) TMS320C54x 读 HPIC；(d) TMS320C54x 写 HPIC

6.5 串 行 口

6.5.1 串行口概述

TMS320C54x 具有高速、全双工串行口，可以与串行设备(如编/解码器和串行 A/D 转换器)直接通信，也可用于多处理器系统中处理器之间的通信。

所谓串行通信，是指发送器将并行数据逐位移出而成为串行数据流，接收器将串行数据流以一定的时序和格式呈现在连接收/发器的数据线上。TMS320C54x 有以下三种类型的串行口：

(1) 标准同步串行口(Serial Port Interface，SPI)：有两个独立的缓冲区(接收缓冲区和发送缓冲区)用于传送数据，每个缓冲区都有一条可屏蔽的中断线。串行数据可以按 8 位字节或 16 位字转换。

(2) 缓冲串行口(Buffered Serial Port，BSP)：在标准同步串行口的基础上增加了一个自动缓冲单元(Auto Buffering Unit，ABU)。BSP 是一种增强型标准串行口，它是全双工的，并有两个可设置大小的缓冲区。缓冲串行口支持高速的传送，可减少中断服务的次数。ABU利用独立于 CPU 的专用总线，让串行口直接读/写 TMS320C54x 的接收/发送缓冲区。

(3) 时分多路复用串行口(Time-division Multiplexed，TDM)：允许同一个串口以分时方式传送多路数据。TDM 为多处理器通信提供了一种简单而有效的方式。

TMS320C54x 的所有串行口的收发操作都是双缓冲的，它们可以工作在任意低的时钟频率上。标准同步串行口的最高工作频率是系统主时钟(CLKOUT)频率的 1/4。缓冲串行口的最高工作频率与 TMS320C54x 的系统主时钟(CLKOUT)频率相同。下面主要讨论标准同步串行口。

6.5.2 串行口的组成框图

标准同步串行口由 16 位发送数据寄存器(DXR)、接收数据寄存器(DRR)、发送移位寄存器(XSR)、接收移位寄存器(RSR)以及控制电路组成。每个串行口的发送和接收部分都有与之相关联的时钟、帧同步脉冲以及数据信号。串行口的组成框图如图 6-13 所示。

TMS320C54x 通过 3 条信号线连接到串行口。图 6-14 给出了两个 TMS320C54x 串行口传送数据的连接图。下面将介绍串行口接收和发送数据的过程。

当 CPU 发送数据时，先将要发送的数据写到 DXR 上。若上一个字已被串行传送到串行发送数据信号(DX)引脚上，此时 XSR 是空的，则将 DXR 中的数据拷贝到 XSR。在发送时的帧同步信号(FSX)和发送时钟信号(CLKX)的作用下，将 XSR 中的数据送到 DX 引脚并输出。在接收数据时，在接收时的帧同步信号(FSR)和接收时钟信号(CLKR)的作用下，将来自串行数据信号(DR)引脚的数据先移位到 RSR，再从 RSR 拷贝至 DRR，CPU 从 DRR中读取数据。

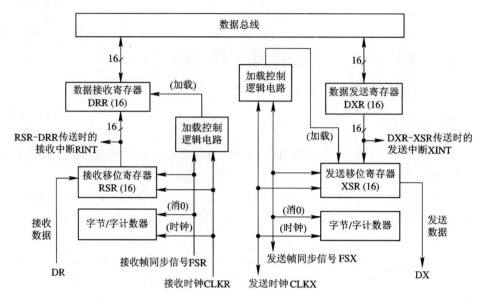

图 6-13   串行口的组成框图

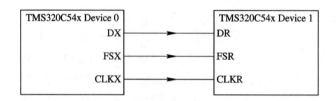

图 6-14   两个 TMS320C54x 串行口传送数据的连接图

6.5.3   串行口编程

串行口可通过访问 3 个寄存器工作,这 3 个寄存器均为 16 位存储器映射寄存器,分别为串行口控制寄存器(SPC)、发送数据寄存器(DXR)和接收数据寄存器(DRR)。它们在数据空间的地址见附录 4。

DXR 和 DRR 可在串行操作时分别用于传送和获取数据;而 TMS320C54x 串行口的操作则是由 SPC 控制的。SPC 的结构图如图 6-15 所示。

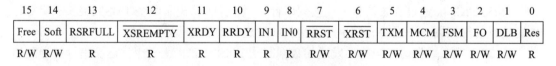

图 6-15   SPC 的结构图

SPC 中各位的功能描述如下:

Free/Soft:仿真控制位。Free/Soft = 00 表示立即停止串行口时钟,终止发送操作;Free/Soft = 01 表示接收数据不受影响。若正在发送数据,则等到当前字发送完成后停止发送数据;Free、Soft = 1x 表示使串口不受仿真调试断点的影响。

RSRFULL：接收移位寄存器已满标志位。当 RSRFULL = 1 时，表示 RSR 已满，暂停接收数据并等待程序读取 DRR，从 DR 发送过来的数据将丢失。在以下三种情况下，RSRFULL 将被设置为 0：读入 DRR 中的数据；串行口复位($\overline{RRST}$ = 0)；TMS320C54x 复位($\overline{RS}$ = 0)。

$\overline{XSREMPTY}$：发送移位寄存器已空标志位。以下三种情况之一都会使 $\overline{XSREMPTY}$ 被设置为 0：数据发送已完成；发送器复位($\overline{XRST}$ = 0)；TMS320C54x 复位($\overline{RS}$ = 0)。当 DXR 被装入数据后，$\overline{XSREMPTY}$ = 1。

XRDY：发送准备就绪位。当该位由 0 变到 1 时，立即产生一次发送中断(XINT)，通知 CPU 可以向 DXR 加载新的数据字。

RRDY：接收就绪位。当该位由 0 变到 1 时，立即产生一次接收中断(RINT)，通知 CPU 可以从 DRR 中读取数据。

CPU 也可以在软件中查询 XRDY 和 RRDY，以替代串行口中断。

IN1：当 CLKX 引脚作为输入时，该位反映输入信号的电平。

IN0：当 CLKR 引脚作为输入时，该位反映输入信号的电平。

我们可以用 BIT、BITT、BITF 或 CMPM 指令读取 SPC 中的 IN1 和 IN0 位，也就是对 CLKX 和 CLKR 引脚的状态进行采样。

$\overline{RRST}$：接收复位标志。$\overline{RRST}$ = 0，串行口处于复位状态；$\overline{RRST}$ = 1，允许串行口接收数据。

$\overline{XRST}$：发送复位标志。$\overline{XRST}$ = 0，串行口处于复位状态；$\overline{XRST}$ = 1，允许串行口发送数据。

TXM：发送方式位，用于设定帧同步脉冲 FSX 的来源。TXM = 0，将 FSX 设置成输入，使用外部帧同步脉冲；TXM = 1，将 FSX 设置成输出，帧同步脉冲由内部产生。

FSM：帧同步方式位。FSM = 0，连续方式，在给出初始帧同步脉冲之后不需要帧同步脉冲；FSM = 1，突发方式。每发送/接收一个字都要求一个帧同步脉冲 FSX/FSR。

注意：FSR 引脚总是被配置成输入。

FO：数据宽度标志位。FO = 0，发送和接收的数据都是 16 位字；FO = 1，数据按 8 位字节传送，首先传送 MSB。(缓冲串行口(BSP)也可以传送 10 位数和 12 位数。)

DLB：数字自循环测试方式位。DLB = 0，禁止使用该功能，此时 DR、FSR 和 CLKR 都从外部加入。DLB = 1，允许使用该功能，若 MCM = 1(选择片内串行口时钟信号 CLKX 作为输出)，CLKR 由 CLKX 驱动；若 MCM = 0(CLKX 从外部输入)，CLKR 由外部 CLKX 信号驱动。

Res：保留位。此位总是读成 0。

串行口的应用编程主要包括两个部分：串行口初始化部分和串行口中断服务程序部分。串行口的初始化决定了串行口的工作方式、信号引脚的极性和外围电路的设计。

可管理访问串行口的缓冲区的方法有查询法和中断法两种。下面针对用这两种方法如何初始化分别进行介绍：

(1) 查询法：查询串行口控制寄存器(SPC)。用查询法确定何时串行口缓冲区(DRR、DXR、RSR、XSR)需要服务后，应在中断屏蔽寄存器(IMR)的相应位屏蔽它们，以使其不能产生中断。

(2) 中断法：开放串行口中断。用这种方法进行串行口初始化的步骤如下：

① 复位和初始化串行口。向 SPC 写入 0038H(或 0008H)。具体配置为，CLKX 使用内部时钟(以 CLKX 信号作为输出)，串行口通信使用突发模式，使用内部帧同步信号(以 FSX 信号作为输出)。

② 清除任何正在进行中的中断。将 IFR 置 00C0H(由 XINT、RINT 置位)。

③ 允许串行口中断。将 IMR 置 00C0H。

④ 从整体上开放中断。将 ST1 中的 INTM 位置 0。

⑤ 启动串行口。将 SPC 置 00F8H(或 00C8H)。

⑥ 写第一个数据值给 DXR。

串行口的中断服务程序(ISR)具有如下功能：

(1) 保存堆栈中任何被修改的内容。

(2) 读 DRR 或写 DXR。

(3) 恢复保存在本功能(1)中的内容。

(4) 返回 RETE。

第7章 CCS 开发工具及应用

CCS(Code Composer Studio)是由 TI 公司提供的一种针对 DSP 的集成开发环境(Integrated Development Environment，IDE)。CCS 提供了配置、创建、调试、跟踪和分析程序的工具，它能够为实时、嵌入式信号处理程序的编制和测试提供很大方便，能够加快和增强程序员的开发进程，从而缩短产品的研发周期，提高工作效率。

目前 CCS 最新的版本为 CCSv12.6(以下简称 CCSv12)，在 TI 公司的官方网站(http://www.ti.com.cn/tool/cn/CCSTUD10)上可以免费下载，并可以免费使用。

TMS320VC5505 EZDSP USB Stick (以下简称 5505 EZDSP)是由 Spectrum Digital 公司提供的一款由 USB 供电的超低成本的小型 DSP 开发工具(评估板)。该评估板上包含了评估行业最低功耗的 16 位 DSP(TMS320VC5505)所需的全部硬件和软件，方便用户的评估与开发。

CCS 开发工具及应用

本章首先介绍CCSv12的基本使用方法,包括CCSv12的安装、工程的建立、编译以及常用的调试工具；然后介绍 5505 EZDSP 评估板，简要介绍其硬件配置，并对一个音频处理示例进行剖析。通过本章的学习，可以帮助用户开发自己的 DSP 应用程序。

7.1 CCS 概 述

7.1.1 CCS 的发展

CCS 提供了基本代码生成工具，它具有一系列的调试、分析能力。CCS 支持如图 7-1 所示的开发周期中的所有阶段。

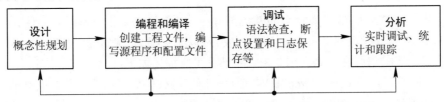

图 7-1 CCS 的开发周期

在一个开放式的插件(Plug-in Unit)结构下，CCS 内部集成了以下软件工具：

• 代码生成工具(参见 7.1.2 小节)。

- CCS 集成开发环境(参见 7.1.3 小节)。
- DSP/BIOS 插件(参见 7.1.4 小节)。
- RTDX(实时数据交换)插件(参见 7.1.5 小节)。

CCS 的构成及其在主机和目标系统中的接口如图 7-2 所示。

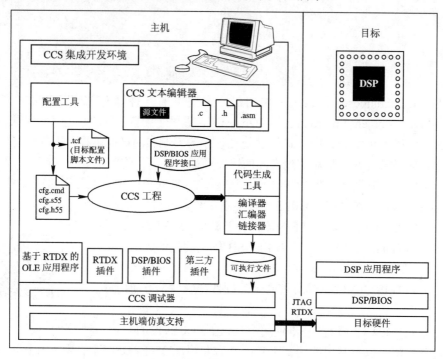

图 7-2　CCS 的构成及其在主机和目标系统中的接口

在 CCS 环境下，开发者可以对软件进行编辑、编译、调试、代码性能测试和工程管理等工作。CCS 不仅是代码产生工具和调试工具的简单集成，它所提供的实时分析和数据可视化功能将传统的 DSP 调试技术向前提高了一大步，大大降低了 DSP 系统的开发难度，使得开发者可以将精力集中在应用开发上。

CCS 的实时分析和数据可视化功能是建立在 DSP/BIOS 和 RTDX 技术基础上的。下面将介绍 CCS 的实时分析软件(DSP/BIOS 插件)和 RTDX 技术，以及它们在 CCS 中的应用。

7.1.2　代码生成工具

代码生成工具是 CCS 开发环境的基础部分。图 7-3 给出了一个典型的软件开发流程。大多数 DSP 软件开发流程都和 C 程序的开发流程相似，只是 DSP 开发的一些外围器件的功能得到了一定的增强和提高。图 7-3 中的部分工具描述如下：

- C/C++编译器(C/C++ Compiler)将 C/C++语言源代码编译成为汇编语言代码。
- 汇编器(Assembler)将汇编语言源文件翻译成机器语言目标文件，机器语言使用的是通用目标文件格式(COFF)。
- 链接器(Linker)将多个目标文件链接成一个可执行的目标文件。链接器的输入是可重定位的目标文件和目标库文件。

• 存档器(Archiver)允许将一组文件保存到一个存档文件中，称为库。存档器也允许开发人员通过删除、替换、提取和添加文件来修改一个库。

• C++名称解码工具(C++ Name Demangler)是一个调试辅助工具，它将编译器修饰过的名称转换回其在 C++源代码中声明的原始名称。

• 建库程序(Library-build Utility)创建满足开发者需要的运行支持库。

• 实时运行支持库(Real-time-support Library)包括标准 ISO C 和 C++ 库函数、编译器实用函数、浮点运算函数和 I/O 函数。

• 十六进制转换程序(Hex Conversion Utility)能够将一个 COFF 目标文件转化成 TI-Tagged、十六进制 ASCII 码、Intel、Motorola-S 或 Tektronix 等目标格式，也可以把转换好的文件下载到 EPROM 编程器中。

• 交叉引用列表器(Cross-Reference Lister)用目标文件生成一个交叉引用列表文件，列出所链接的源文件中的符号及其定义和引用情况。

• 绝对地址列表器(Absolute Address Lister)输入为目标文件，输出为".abs"文件。通过汇编".abs"文件，产生含有绝对地址的列表文件。如果没有绝对地址列表器，则这些操作将需要冗长乏味的手工操作才能完成。

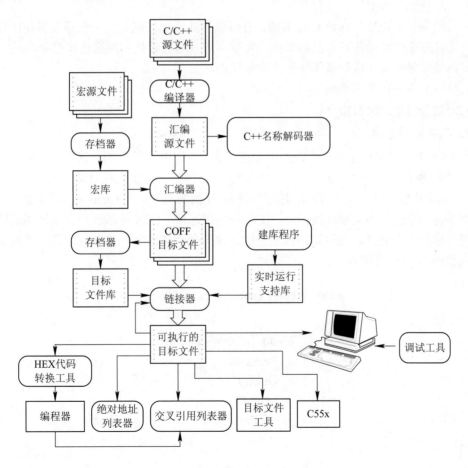

图 7-3　软件开发流程

7.1.3　CCS 集成开发环境

CCS 集成开发环境允许创建、编辑、编译和调试 DSP 目标程序。

1．编辑源程序

CCS 允许编辑 C 语言源程序和汇编语言源程序，如图 7-4 所示。

```
hello.c ⊠
 1 #include <stdio.h>
 2
 3
 4 /**
 5  * hello.c
 6  */
 7 int main(void)
 8 {
 9     printf("Hello World!\n");
10
11     return 0;
12 }
```

图 7-4　"hello.c"源程序

集成编辑环境支持下述功能：

- 用彩色加亮关键字、注释和字符串。

- 以圆括号和花括号标记 C 语言块，并可以查找匹配块或下一个圆括号和花括号；可以在一个或多个文件中进行查找和替换；可以向前或向后查找和快速查找 C 语言块。

- 可以对多个操作进行撤销操作或重新操作。

- 获得上下文相关的帮助。

- 定制个性化的键盘命令。

2．创建应用程序

在 CCS 中，应用程序由一个或多个工程组成。工程中包括 C 语言源程序、汇编语言源程序、目标文件、库文件、链接命令文件和包含文件等。Hello 工程目录如图 7-5 所示。当编译、汇编和链接文件时，可以分别指定它们要使用的选项。在 CCS 中，可以通过一个窗口来详细为一个工程指定相应的编译、汇编和链接选项。CCS 可以选择完全编译或增量编译，可以编译单个文件，也可以扫描出工程文件的全部包含文件从属树，还可以利用传统的 makefiles 文件进行编译。

图 7-5　Hello 工程目录

3．调试应用程序

CCS 提供下列调试功能：

- 设置可选择步数的断点。
- 在断点处自动更新窗口。
- 查看变量。
- 观察和编辑存储器和寄存器的值。
- 观察和调用堆栈。
- 对流入目标系统或从目标系统流出的数据采用断点工具观察，并收集存储器映像。
- 绘制选定对象的信号曲线图。
- 估算执行程序性能的统计数据。
- 观察目标程序的反汇编指令和 C 指令。

CCS 还提供 GEL 语言，这种语言允许开发者向 CCS 通常的运行菜单中添加功能。

7.1.4　DSP/BIOS 插件

在软件开发周期的分析阶段，当调试依赖于时间的程序时，传统的调试方法效率低下。DSP/BIOS 插件支持用于可视化的探测、跟踪和监视一个 DSP 应用程序，而这种探测对程序的实时性能影响很小。例如，图 7-6 显示了一个执行了多个线程的应用程序的时序。

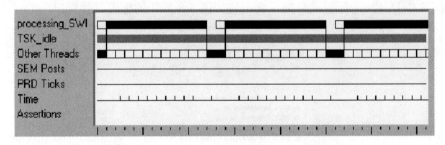

图 7-6　执行了多个线程的应用程序的时序

DSP/BIOS 应用编程接口(Application Programming Interface，API)具有下列实时分析功能：

- 程序跟踪(Program Tracing)在程序执行期间显示写入目标系统日志(Target Log)的事件并反映程序执行过程中的动态控制流。
- 性能监视(Performance Monitoring)跟踪反映目标资源利用情况的统计表，诸如处理器负荷和线程时序等。
- 文件流(File Streaming)把常驻目标系统的 I/O 对象捆绑成主机文档。

DSP/BIOS 还提供了一个基于优先权的调度函数，它支持函数和多优先权线程的周期性执行。

1．DSP/BIOS 配置

在 CCSv12 环境中，需要先独立安装 DSP/BIOS Ⅱ 实时内核软件，然后可以在工程中引入 DSP/BIOS 系统。安装 BIOS 内核如图 7-7 所示。

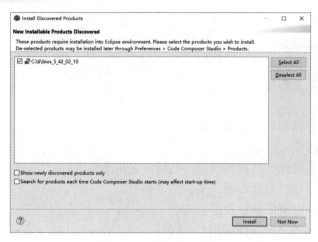

图 7-7　安装 BIOS 内核

安装之后可以新建 DSP/BIOS API 定义的对象创建配置文件，这类文件简化了存储器映像和硬件中断服务程序矢量映像。因此，即使不使用 DSP/BIOS 应用编程接口，也可以使用配置文件。配置文件有以下两个作用：

• 设置全局运行参数。

• 可视化创建和设置运行对象的属性。这些运行对象由目标系统应用程序的 DSP/BIOS API 函数调用，它们包括软中断、I/O 通道和事件日志。

在 CCS 中打开一个配置文件时，会出现如图 7-8 所示的配置文件窗口。

图 7-8　配置文件窗口

　　DSP/BIOS 对象是静态配置的，并限制在可执行程序空间范围内，而运行时创建对象的 API 调用需要目标系统额外的开销(尤其是代码空间)。静态配置策略通过去除运行代码能够使目标程序存储空间最小化，从而优化内部数据结构，我们可以在程序执行之前通过确认对象所有权来及早地检测出错误。在保存配置文件时，将产生若干个与应用程序链接在一起的文件。

2. DSP/BIOS 应用编程接口模块

　　传统的调试(Debugging)手段相对于正在执行的程序而言是外部的，而 DSP/BIOS API 要求将目标系统程序与特定的 DSP/BIOS 应用编程接口模块连接在一起。通过在配置文件中定义 DSP/BIOS 对象，一个应用程序可以使用一个或者多个 DSP/BIOS 模块。在源程序代码中，这些对象被声明为外部的，并调用 DSP/BIOS 应用编程接口。每一个 DSP/BIOS 模块都有一个独立的 C 语言头文件和汇编宏文件；这些文件可以包含在应用程序的源文件中，这样可以使应用程序的代码达到最小化。

　　为了尽量少地占用 DSP 目标系统的资源，必须优化(C 语言和汇编语言)DSP/BIOS API 的调用。DSP/BIOS API 被分成下列模块，模块内的任何 API 的调用均以下列代码开头(详见参考文献[21])：

- ATM：提供用来处理共享数据的函数。
- BUF：维持固定大小的缓冲池。
- C55：提供特殊函数来处理 DSP 中断。
- CLK：片内定时器模块。其控制片内定时器并提供一个高精度的 32 bit 的实时逻辑时钟信号。它能够控制中断的速度，使之快则可达单指令周期时间，慢则需要若干毫秒或更长的时间。
- DEV：用于创建和使用用户定义的设备驱动程序。
- GBL：全局设置模块。
- GIO：使用 IOM 迷你驱动程序的 I/O 模块。
- HOOK：HOOK 函数模块。HOOK 函数是 TSK 函数的扩展。
- HST：主机输入/输出模块。其管理主机通道对象，允许应用程序在主机和目标系统之间传送数据。主机通道通过静态配置为输入或输出。
- HWI：硬件中断模块。其提供对硬件中断服务程序的支持，可以在配置文件中指定当硬件中断发生时需要运行的函数。
- IDL：空闲函数模块。其管理空闲函数。空闲函数在目标系统程序中没有更高优先权的函数运行时启动。
- LCK：锁定模块。其管理全局共享资源。当不同的任务请求使用同一资源时，对资源的分配做出裁决。
- LOG：日志模块。其管理 LOG 对象。LOG 对象在目标系统程序执行的时候实时捕捉所发生的事件，并加以记录。开发者可以使用系统日志或者定义自己的日志，并可以在 CCS 中利用它实时查看这些日志文件。
- MBX：邮箱模块。其管理任务之间传递的消息。
- MEM：存储器模块。其允许指定存放一个目标程序的不同的代码和数据段所使用的存储器段。

- MSGQ：变量长度消息模块。
- PIP：数据通道模块。其管理数据通道。数据通道是用来缓冲输入和输出数据流的，这些数据通道提供一致的软件数据结构，可以使用它们作为 DSP 设备与外围实时设备之间的 I/O 通道。
- POOL：分配接口模块。
- PRD：周期函数模块。其管理周期函数对象，它可以控制一个应用程序的周期性执行。周期性对象的执行速度可由时钟模块提供的时钟控制或由 PRD_tick 的规则调用来管理，而这些函数的周期性执行通常是为了响应发送或接收数据流的外围设备的硬件中断。
- PWRM：降低 DSP/BIOS 应用的功耗模块。
- QUE：队列模块。其管理数据的队列结构。
- RTDX：实时数据交换模块。其允许主机和目标系统之间进行实时的数据交换，在主机上使用自动 OLE 的客户都可以对数据进行实时显示和分析。
- SEM：信号量模块。其管理用来使任务同步或互斥的信号量。
- SIO：流模块。其管理那些能够提供有效、实时的独立设备 I/O 对象。
- STS：统计模块。其管理统计累加器。统计累加器能够在程序运行时保存关键的统计信息，并能通过 CCS 查看这些统计信息。
- SWI：软件中断模块。其管理软件中断。软件中断服务程序与硬件中断服务程序相类似。当一个目标程序通过 API 调用发送出一个 SWI 对象时，软件中断模块就会安排相应的函数执行。软件中断可以有高达 15 级的优先级，但这些优先级都低于硬件中断的优先级。
- SYS：系统服务模块。其提供执行基本系统服务的多种用途函数，这些系统服务包括执行挂起程序和打印格式化文本等。
- TRC：跟踪模块。其管理一套跟踪控制位，这些控制位通过事件日志和统计累加器来控制程序信息的实时捕获。如果不存在 TRC 对象，则在配置文件中就无跟踪模块。
- TSK：任务管理模块。其管理任务线程，用来对优先级低于软件中断的线程进行调度。

有关各模块的更详细的内容，请参阅在线帮助或者 TMS320C54x DSP/BIOS 用户手册和 TMS320C54x DSP/BIOS 应用编程接口参考书。

- std.h and stdib.h functions：标准 C 语言函数库中的 I/O 函数。

7.1.5　硬件仿真和实时数据交换

美国德州仪器(TI)公司的 DSP 设备提供片上仿真支持，它使得 CCS 能够控制程序的执行和实时监视程序的运行。增强型的 JTAG 连接提供了对片上仿真的支持，这种连接是一种可与任意 DSP 系统相连的低干扰式的连接方式。仿真接口提供主机一侧的 JTAG 连接，如 TI XDS100。为方便起见，评估板上提供了一个 JTAG 接口。片上仿真硬件提供了如下功能：

- DSP 的启动、停止或复位功能。

- 向 DSP 下载代码或数据。
- 检测 DSP 的寄存器或存储器。
- 设置数据断点。
- 具有多种计数功能，如精确计算源代码的执行周期。
- 主机和 DSP 之间的实时数据交换(RTDX)。

CCS 提供片上仿真能力的嵌入式支持。另外，RTDX 通过主机和 DSP 的 API 提供主机和 DSP 之间的双向实时数据交换，它能够使开发者实时连续地观察到 DSP 应用的实际工作方式。在目标系统应用程序运行的情况下，RTDX 也允许系统开发者在主机和 DSP 设备之间传送数据，而且这些数据可以在使用自动 OLE 的客户机上实时分析和显示，从而可以缩短开发时间。

RTDX 系统组成如图 7-9 所示。RTDX 由目标系统和主机两部分共同组成，一个小的 RTDX 软件库需要依靠目标 DSP 才能运行。开发者通过调用 RTDX 软件库中的应用程序接口将数据输入目标系统的 DSP，或者将数据从目标系统的 DSP 输出，库函数通过片上仿真硬件和一个增强型的 JTAG 接口将数据输入主操作平台或者从主操作平台输出，在 DSP 应用程序运行时数据可实时传送给主机。

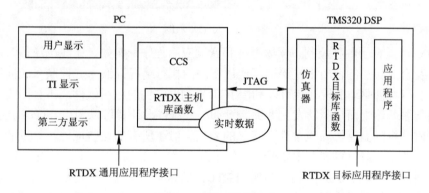

图 7-9　RTDX 系统组成

在主机平台上，RTDX 库函数是和 CCS 一起协同工作的。显示和分析工具可以通过串行通信端口的应用程序接口和 RTDX 进行通信，从而获取目标系统数据，或者将数据发送给 DSP 应用程序。开发者可以使用标准的显示软件插件，像 National Instruments' LabVIEW、Quinn-curtis' Real-time Graphics Tools 或 Microsoft Excel 等。同时，开发者也可以研制自己的 Visual Basic 或者 Visual C++应用程序。

RTDX 能够实时记录数据，并可将其回放，用于非实时分析。RTDX 示例如图 7-10 所示。其由 National Instruments' LabVIEW 软件产生。在目标系统上，一个原始的信号首先通过一个 FIR 滤波器，然后和经过滤波的信号通过 RTDX 一起被送到主机。在主机上，LabVIEW 显示屏把通过 RTDX 串行口应用程序接口获得的信号数据显示在显示屏的左边。利用信号的功率谱可以检验目标系统中 FIR 滤波器是否工作正常。经过目标滤波的信号通过 LabVIEW 的功率谱在显示屏的右上方显示，目标系统的原始信号通过 LabVIEW 的 FIR 滤波器，再将其功率谱显示在右下部分。比较这两个功率谱便可确认目标系统的滤波器是否正常工作。

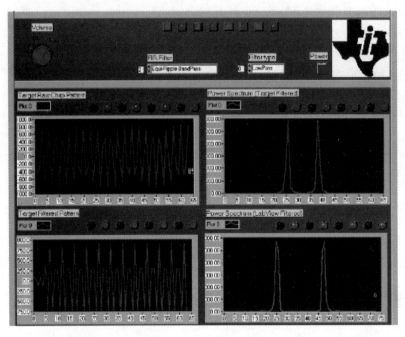

图 7-10　RTDX 示例

RTDX 可适合于各种控制、伺服系统和音频应用程序。例如，无线电通信产品可以通过捕捉语音合成算法的输出来检验语音应用程序的执行情况；嵌入式控制系统同样可以从 RTDX 获益；硬盘驱动器设计者可以利用 RTDX 测试它们的应用软件，不会因为不正确的信号加到伺服马达上而与驱动发生冲突；发动机控制器设计者可以利用 RTDX 在控制程序运行的同时分析随温度等环境条件而变化的系数。对于所有的这些应用，开发者可以使用可视化的工具，而且可以根据需要选择信息显示方式。RTDX 目前的设计传输速率是 8 kb/s，未来 TI 公司的 DSP 产品将会增加 RTDX 的带宽，为更多的应用提供更强的系统可视性，适合更多的实时应用。关于 RTDX 的详细资料，请参阅 RTDX 的在线帮助。

第三方软件提供商可以创建 ActiveX 插件来扩展 CCS 的功能，目前已有若干第三方插件用于多种用途。

7.1.6　CCS 小结

CCS 是继"一体化的 DSP 解决方案"后，TI 公司为巩固自己在 DSP 业界的地位而在开发工具方面的一次重拳出击。CCS 集成开发环境使得代码开发过程从编辑、编译到调试及代码性能测试都集成在一个环境下进行，而且各项功能都有了一定程度的提升，简化了开发过程，并降低了代码开发的难度。

更为重要的是，CCS 下的 DSP/BIOS 和 RTDX 所提供的实时分析功能为目标系统提供了一个实时窗口，使得设计者可以对正在运行的系统进行实时分析。这使得用户能够在产品的设计阶段和开发阶段就发现一些与实时运行有关的问题，而如果没有实时分析功能，同样的问题可能需要数周的时间才能发现，甚至根本无法发现。可以说，实时分析功能所带来的 DSP 调试手段的变革是 CCS 对 DSP 发展的一个重要贡献。

7.2　CCSv12 的安装及窗口

CCS 集成开发环境是 TI 公司开发的一套功能完善的 DSP 开发环境。本节将详细介绍较新版本 CCSv12 的安装和使用,力图为广大的 DSP 开发人员提供 CCS 集成开发环境基础性的指导。本节及 7.3 节的 CCSv12 示例可在 5505EZDSP 板卡上运行。

7.2.1　CCSv12 的安装

1. 系统配置要求

(1) 机器类型:IBM PC 及兼容机。

(2) 操作系统:Windows 7 (SP1 版本以上)、Windows 8.x、Windows 10 或 Windows 11。

(3) 处理器:至少为 2.0 GHz 单核 CPU。建议 2.4 GHz 多核系统。

(4) 磁盘空间:建议 2.5 GB 的磁盘剩余空间(1 或 2 个器件系列);5.0 GB 的磁盘剩余空间(支持所有功能)。

(5) 内存需求:至少 4 GB,推荐大于 8 GB。

2. 安装 CCSv12

从 CCSv7 开始不支持 Windows XP 系统,下面以基于 Windows 10 的个人计算机安装 CCSv12 为例。

CCSv12 的下载地址为 "https://www.ti.com/tool/download/CCSTUDIO"。下载后,运行 CCSv12 安装程序 "ccs_setup_12.xx.exe"(xx 表示软件版本),在出现欢迎界面后,单击 "Next" 按钮。安装程序将显示许可协议,必须接受该协议方可继续下一步。选择安装路径界面,如图 7-11 所示。用户可以点击 "Browse" 按钮并选择欲安装 CCSv12 的路径(一定不要有中文路径,否则不能正常工作;另外,用户名也不要用中文)。确定安装路径后,单击 "Next" 按钮。

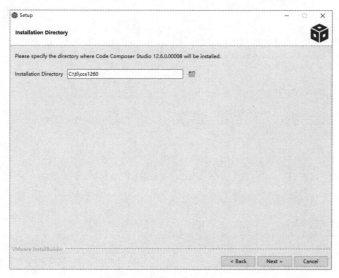

图 7-11　选择安装路径界面

　　当出现如图 7-12 所示的芯片选择界面时，根据用户自己要开发的芯片选择即可，随后选择需要支持的仿真器类型及驱动。

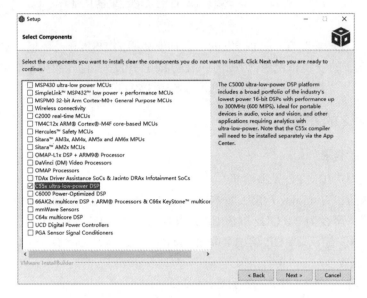

图 7-12　芯片选择界面

　　在选择安装产品配置界面，用户可以根据自身需求选择欲安装的芯片系列(为了获得最佳性能，建议只安装需要的芯片系列。例如，要调试 DaVinci 或 OMAP 等系统芯片设备，请同时安装 ARM 和 C6000 DSP 设备系列)。在选择安装组件界面，用户可以根据自身需求选择欲安装的组件；进入安装仿真器驱动程序选择界面，如图 7-13 所示。我们可以根据仿真器类型选择安装特定的仿真器，5505 EZDSP 板卡使用"Spectrum Digital Debug Probes and Boards"。我们也可以全部安装，便于使用其他型号仿真器。

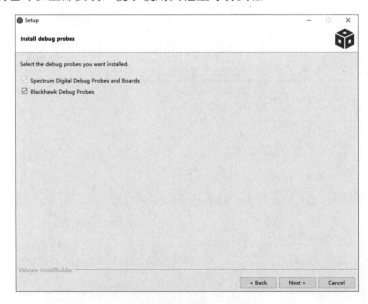

图 7-13　仿真器驱动程序选择界面

单击"Next"按钮，安装开始。在安装过程中，将显示如图 7-14 所示的安装程序主界面。

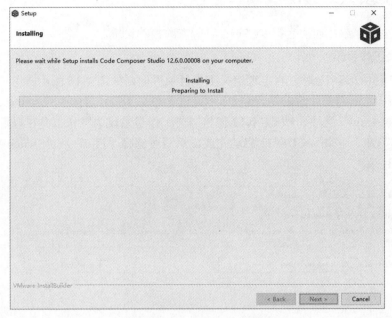

图 7-14　安装程序主界面

等所有组件安装成功后，将出现如图 7-15 所示的安装完成界面。单击"Finish"按钮，则 CCSv12 安装完毕。启动 CCSv12 软件并在桌面创建快捷方式。之后用户可以选择"开始"→"所有程序"→"Texas Instruments"→"Code Composer Studio 12.6.0"来启动 CCSv12，也可通过双击桌面上的快捷方式来启动 CCSv12。

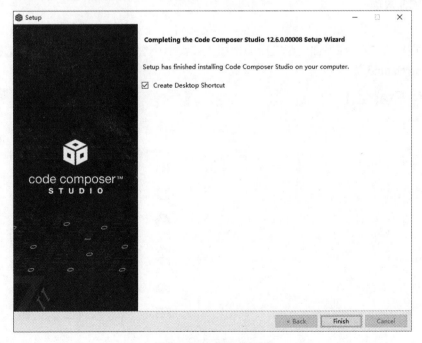

图 7-15　安装完成界面

7.2.2　初次运行 CCSv12

本小节主要介绍在初次运行 CCSv12 时所需的相关设置。

1. 定义工作目录

在初次运行 CCSv12 时，将出现定义工作目录界面，如图 7-16 所示。用户可以自定义所希望的工作目录(需要注意的是，路径中不能包含中文字符)，若选中"Use this as the default and do not ask again"选项，则 CCSv12 便将当前工作目录设为默认值并在以后启动时不再询问。单击"OK"按钮，CCSv12 启动完成。然后可选择"File"→"Switch Workspace"来切换工作目录。

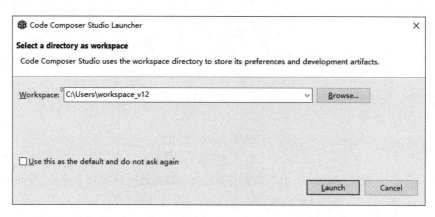

图 7-16　定义工作目录界面

2. CCS 界面

CCS 从 2017 年开始，已经完全免费，不需要许可证文件。首次打开 CCSv12 后，将显示如图 7-17 所示的欢迎界面。在以后的使用中，若用户想查看欢迎界面，可以选择"Help"→"Getting Started"。

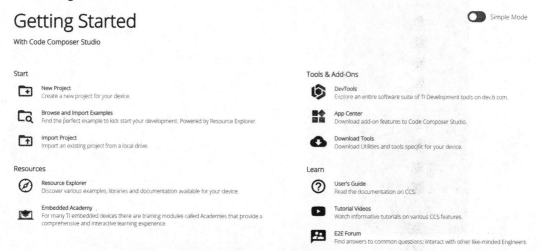

图 7-17　欢迎界面

7.2.3　CCSv12 的窗口、主菜单和工具条

本小节将简要介绍 CCSv12 的窗口、菜单等，使读者对 CCSv12 的各个部分有初步的了解，方便以后的学习。

在 CCSv12 中根据工程编辑与调试的显示需求，可以设置不同的视角(Perspective)。不同视角设置对话框如图 7-18 所示。不同视角下，窗口内将显示不同的内容，并且不同视角之间可以快速切换，这样在有限大小的窗口内可以向用户提供更多的信息，方便用户的使用。例如，在代码编写阶段，采用"CCS Edit"视角将着重于文本显示、编辑工具、工程编译等方面；而在调试阶段，采用"CCS Debug"视角将着重于程序的调试、变量观察、内存观察等方面。另外，用户还可以根据个人的习惯设定自己的视角，配置主菜单、工具条、显示窗口等显示内容，方便使用。

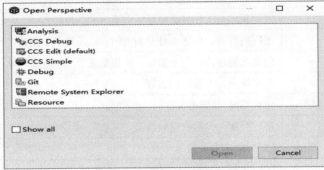

图 7-18　不同视角的设置对话框

下面我们将对常用的"CCS Edit"视角和"CCS Debug"视角进行简要介绍。

1．"CCS Edit"视角

图 7-19 为 CCSv12 在"CCS Edit"视角下的一个示例。各部分的简介如下：

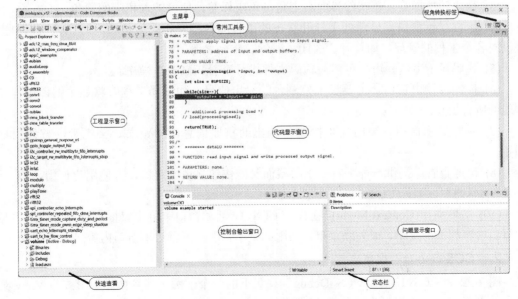

图 7-19　"CCS Edit"视角

(1) 主菜单。主菜单中各项的使用将在后文结合具体示例进行详细介绍，在此仅对各菜单项做简要说明。用户如果需要了解更详细的信息，请参阅 CCSv12 的帮助文件。CCSv12 的主菜单如图 7-20 所示。各菜单项的功能介绍如表 7-1 所示。

workspace_v12 - volume/main.c - Code Composer Studio

File　Edit　View　Project　Tools　Run　Scripts　Window　Help

图 7-20　CCSv12 的主菜单

表 7-1　各菜单项的功能介绍

菜 单 项	功 能
File(文件)	文件管理、切换工作目录、打印等
Edit(编辑)	字符串查找、替换等常用文本编辑工具
View(查看)	显示各种信息窗口
Navigate(导航)	定位和浏览工作目录中显示的资源和其他控件
Project(工程)	工程的管理、创建、打开和关闭，以及编译、构建工程等
Tools(工具)	包括管脚连接、命令窗口、链接配置等
Run(运行)	连接板卡，下载、调试等
Scripts(脚本)	运行 GEL 等脚本文件
Window(窗口)	窗口管理，包括视角列表等
Help(帮助)	CCSv12 的帮助菜单

(2) 常用工具条。CCSv12 将主菜单中常用的命令放在常用工具条中，以方便用户使用。在"CCS Edit"视角下，CCSv12 的常用工具条如图 7-21 所示。

图 7-21　CCSv12 的常用工具条

(3) 视角转换标签。在软件界面右上角，单击标签，便可转入相应的视角。

(4) 工程显示窗口。显示处于打开状态的工程的内容及相关信息。同时在该窗口中也提供对各个工程的管理，如打开、关闭、删除、重命名等。

(5) 代码显示窗口。用户可以对代码文件进行查看、修改等操作。

(6) 控制台输出窗口。主要显示控制台的输出信息，如编译工程时将显示编译过程中出现的所有信息。

(7) 问题显示窗口。突出显示控制台输出的重要信息，如错误、警告等，方便用户浏览。

(8) 快速查看。提供一种平时处于隐藏而又能快速显现的窗口，方便用户使用。

(9) 状态栏。显示 CCSv12 的当前状态。

(10) 关联菜单(Context Menu)。在任一 CCSv12 活动窗口中单击鼠标右键都可以弹出与此窗口内容相关的菜单，即关联菜单。利用此菜单，用户可以对本窗口内容进行特定操作。

2. "CCS Debug" 视角

图 7-22 为 CCSv12 在"CCS Debug"视角下的一个示例。其具体显示形式与 View 菜单条的设置有关。各部分的简介如下(省略与"CCS Edit"视角相同的部分)：

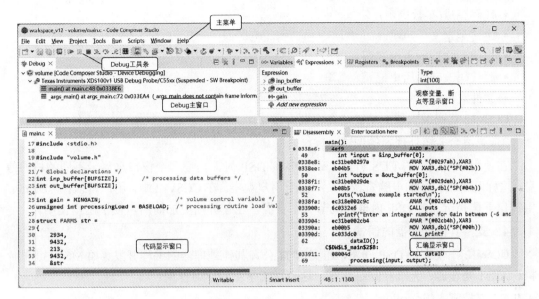

图 7-22　"CCS Debug"视角

(1) 主菜单。在"CCS Debug"视角下,主菜单中的"Run"菜单项将发生很大变化,与调试相关的命令,如加载程序、单步执行等,都将出现在该菜单项中。"Tools"菜单项提供多种对目标应用程序的分析工具以及高级的图形和图像可视化工具。

(2) "Debug"主窗口。其显示联机的所有设备。

(3) "Debug"工具条。其包含"运行""暂停""单步执行"等常用的调试工具,如图 7-23 所示。

图 7-23　"Debug"工具条

(4) 观察变量、断点等显示窗口。其用于显示用户欲观察的变量、断点等调试信息。

(5) 代码显示窗口。其提供当前执行代码的显示,并允许用户直接对代码进行修改,编译后,CCSv12 会自动将新产生的程序加载并运行,提高调试的效率。

(6) 汇编显示窗口。其显示当前执行命令的汇编形式,便于用户发现隐藏于深层次的问题。

7.2.4　CCSv12 较 CCS 早期版本的改进

CCSv12 较早期的 CCS(如 CCSv4、CCSv3.3)有了很大的改进,主要的改进方面如下:

1. 更合理的窗口安排

CCSv12 通过增加视角(Perspective)、标签(Tab)、快速视图(Fast View)等功能使得在有限大小窗口下可以显示更多信息。

2. 功能更强大的代码编辑器

早期 CCS 自带的代码编辑器功能有限,给用户的开发带来不便。CCSv12 中的代码编辑器具有十分强大的功能,主要包括:

- 代码完成(参数提示)。
- 跳转至定义、声明。
- 当前源文件的大纲视图。
- 源代码改动的历史记录。
- 文件对比。

CCSv12 代码编辑器的功能还在不断开发中。

3．更适合多核处理器的调试

在使用早期版本的 CCS 开发、调试多核 DSP 时，需要多个窗口来显示不同的核的信息，这样既占用较多的电脑资源，又不便于用户观察。在 CCSv12 中，用户可以在"Debug"主窗口下选择所需的 DSP 内核，既节省了资源，也使界面更加简洁，便于用户使用。

4．支持其他处理器的调试

CCSv12 不仅支持 DSP 开发，还支持 TI 公司其他处理器的编程开发，如 MSP430 单片机、ARM 处理器、无线互联芯片等，这有利于学生的学习使用。

5．支持脚本(Scripting)

某些任务(如测试等)需要运行数小时或数天而不需要用户交互。要完成此类任务，IDE 应能自动执行一些常见任务。CCSv12 拥有完整的脚本环境，允许自动进行重复性任务，如测试和性能基准测试。一个单独的脚本控制台允许用户在 IDE 内键入命令或执行脚本。

6．图像分析和虚拟化

CCSv12 拥有许多图像分析及图形虚拟化功能，其中包括以图形方式在能够自动刷新的屏幕上观察变量和数据的能力。CCSv12 还能以本机格式(YUV、RGB)查看主机 PC 或目标板中加载的图像和视频数据。

7.3　CCSv12 的基本使用方法

本节使用"Hello World"示例(即 Hello 工程)介绍在 CCS 中创建、调试和测试应用程序的基本步骤，为在 CCS 中深入开发 DSP 软件奠定基础。另外，本节以"volume"示例介绍关于 CCS 的一些附加的功能，说明如何在 CCS 中使用断点、图形显示、动态运行和 GEL 文件。"volume"示例可以完成基本信号处理，创建和测试一个简单算法。

在 7.2 节 CCSv12 安装和设置完成的基础上，本节以硬件仿真器作为示例。对于已经接触过 CCS 早期版本的读者，可以参见 7.3.4 小节，了解如何导入 CCS 早期版本的工程。

7.3.1　创建一个新的工程(Project)

由于 CCSv12 较早期的版本有了较大的改动，因此在本小节我们将详细讲述如何在 CCSv12 中建立一个新的工程。CCSv12 上的所有工作都基于工程(一个包含若干源文件、头文件和目标配置文件的集合)。创建一个新的工程的操作步骤如下：

(1) 打开软件，在关闭欢迎界面(如果出现的话)后，将会显示如图 7-24 所示的工作区，此时可以创建新工程。选择"Project"→"New CCS Project"，弹出如图 7-25 所示的新建工程对话框。

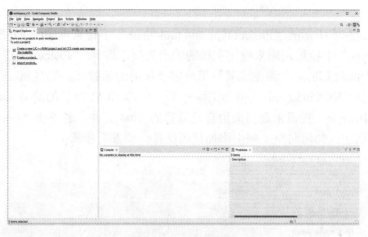

图 7-24　工作区

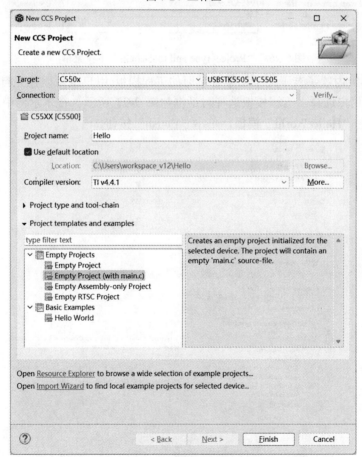

图 7-25　新建工程对话框

(2) 在"Target"中选择板卡芯片类型(在本示例中，选择 USBSTK5505_VC5505 芯片)。在"Project name"中输入新工程的名称(在本示例中为"Hello")。若选中"Use default location"选项，则会在当前的工作区目录中创建工程；若取消选中该选项，则可以选择一个新位置(单击"Browse"按钮)。需要再次强调的是，无论是在工程名还是在路径中，都不能出现中文字符。

(3) 在如图 7-26 所示的"Project type and tool-chain"下拉菜单中(一般使用默认设置即可)，"Output type"下拉列表用来确定工程的输出类型。其中，"Executable"为生成可运行的完整程序；"Static Library"为生成其他工程需要使用的函数库。在"Linker command file"下拉列表中选择"VC5505.cmd"，可为工程分配一个 CCSv12 自带的简易 .cmd 文件，用户也可以单击"Browse"按钮来选择采用自己编写的 .cmd 文件。若单击"Finish"按钮，则完成新工程的创建。如何向空工程中添加代码文件，请参看步骤(6)。

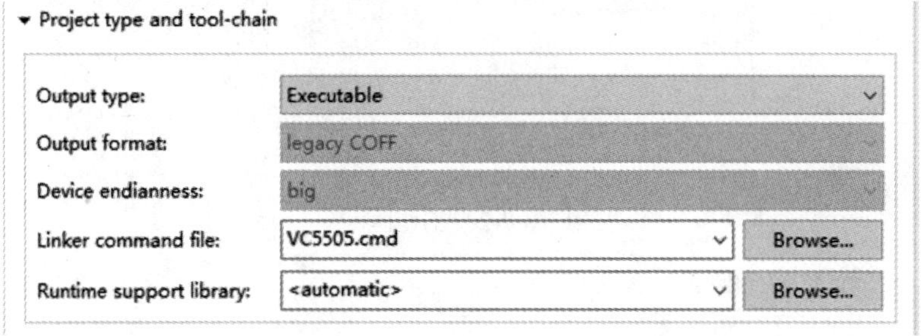

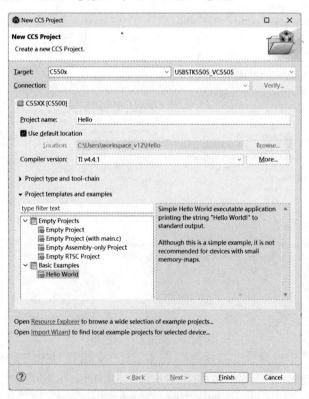

图 7-26　"Project type and tool-chain"下拉菜单

(4) CCSv12 内置了若干便于初学者学习的工程模板(用户也可以建立自己的模板并在以后使用)以供用户选择，工程模板选择对话框如图 7-27 所示。在本示例中，选择"Basic Examples"下的"Hello World"模板，单击"Finish"按钮。

图 7-27　工程模板选择对话框

(5) Hello 工程的内容如图 7-28 所示。在工程显示窗口内双击"hello.c"便可查看该文件。

(6) 若需向工程中添加源代码等文件，则可采用的操作是：选择"Project"→"Add Files…"，在弹出的对话框中选中欲添加的文件，单击"Open"按钮，完成添加。在本示例中，由于采用了自带的模板，因此不需要再添加任何的文件。

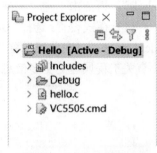

图 7-28　Hello 工程的内容

至此，我们创建了一个基于"Hello World"工程模板的工程(该工程实现了采用标准的 C 语言函数库来显示一条"Hello World"消息的功能)。所创建的工程将显示在工程显示窗口中，在工程上单击鼠标右键并在弹出的关联菜单中选择相应的功能，便可对该工程进行管理和设置。

7.3.2　工程的管理与设置

1. 工程的管理

CCSv12 提供了更为便捷的工程管理方式，在工程显示窗口中右键单击工程并在关联菜单中选择"Open Project"和"Close Project"，便可打开和关闭该工程。用户可以同时打开多个工程，但只能有一个工程处于活动状态(Active)，活动状态的工程为黑体显示。点击处于打开状态的工程便可将其设置为活动状态。用鼠标右键点击处于打开状态的工程并在关联菜单中选择"Delete"，将会弹出如图 7-29 所示的删除工程对话框。若选中"Delete project contents on disk"并点击"OK"按钮，则可将所有位于该工程文件夹内的文件删除。此处需要说明的是，删除工程时并不会删除工程中引用的文件，也不会影响创建该工程时应用的工程模板(即在 7.3.1 小节的步骤(4)中所使用的工程模板)。

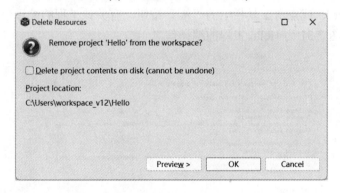

图 7-29　删除工程对话框

2. 工程的设置

在工程显示窗口中单击一个工程并在关联菜单中选择"Properties"，将会出现如图 7-30 所示的工程属性设置对话框。在此可以对工程的各种设置进行修改。较为常用的有：

• 头文件的路径：选择"Build"→"C5500 Compiler"→"Include Options"，再点击" 🗐 "按钮，便可添加头文件的搜索路径。

• 预定义符号：选择"Build"→"C5500 Compiler"→"Advanced Options"→"Predefined

Symbols",再点击" 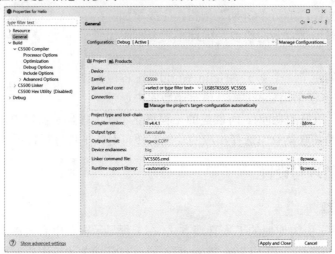 "按钮,便可添加预定义符号。

* 运行模式设置:选择"Build"→"C5500 Compiler"→"Advanced Options"→"Runtime Model Options",在此可设置与运行模式相关的设置。

有关工程属性的更多信息请参阅 CCSv12 的帮助文件。

图 7-30   工程属性设置对话框

7.3.3   编译和运行程序

1. 编译工程

在对工程中的源文件进行编译、汇编、链接(以下将这一系列过程简称为编译)后,CCSv12 才会产生可以执行的文件(*.out)或库函数(*.lib)。编译工程的方法为:选择"Project"→"Build Project",或点击工具栏中的" 🔧 "按钮。有关该工程的编译信息将显示在控制台输出窗口中。图 7-31 为 Hello 工程的编译信息。

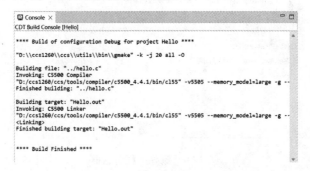

图 7-31   Hello 工程的编译信息

若编译工程的过程中出现"Errors(错误)"信息,则表示工程没有成功建立,需要用户对源代码进行修改。下面请读者删除"hello.c"文件中"printf("Hello World!\n");"这一语句的分号";"并重新编译工程,控制台输出和问题显示窗口中将出现如图 7-32 所示的错误提示信息。双击问题显示窗口中的错误信息,用户的光标将跳转至出现问题的位置。同时在工程显示窗口中,出现错误的文件上会出现一个红色的小叉,以引起用户的注意。最后,将之前删去的分号恢复，工程便可正确建立。这一过程完成了对源代码的修改。

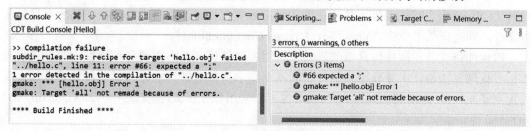

图 7-32　错误提示信息

对于工程的更多配置，请在工程显示窗口中右键单击工程，并选择关联菜单中的"Build Properties"，在弹出的对话框中有多个适用于 C/C++编译器、汇编器和链接器的选项。

2. 工程目标配置文件(Target Configuration File)

CCSv12 较早期版本最大的改进之一就是引入了"Target Configuration File(目标配置文件)"。CCSv12 不再像早期版本需要运行 CCS 配置程序，安装目标板驱动卡，运行 CCS 设置驱动程序，而只需通过给每个工程分配目标配置文件，即可使 CCSv12 在各个工程之间(尤其是使用不同目标板卡的工程之间)的切换变得更加快速。为工程配置目标配置文件的步骤如下：

(1) 用鼠标右键单击工程名称，并选择"New"→"Target Configuration File"。

(2) 为目标配置文件命名，目标配置文件的扩展名为".ccxml"。如果选中"Use shared location"选项，则新的目标配置文件将在所有的工程之间共享，并存储在默认的 CCSv12 目录下；不选中，则默认为只为当前工程所使用并存储在当前工程目录下，用户也可以通过按"Browse"按钮调整存储目录。单击"Finish"按钮，将进入目标配置编辑器。在本示例中，将目标配置文件命名为"VC5505.ccxml"，不选中"Use shared location"选项。

(3) 目标配置文件编辑器如图 7-33 所示。通过"Connection"下拉菜单可以选择使用软件仿真器还是使用硬件仿真器。在本示例中，选择"Texas Instruments XDS100v1 USB Debug Probe"。"Board or Device"中包含于所选连接兼容的所有设备，上部的输入框是筛选器，可以帮助用户筛选欲选择的设备。在本示例中，选择"USBSTK5505_VC5505"。点击右侧的"Save"按钮，保存目标配置文件。至此，目标配置文件的设置已完成。

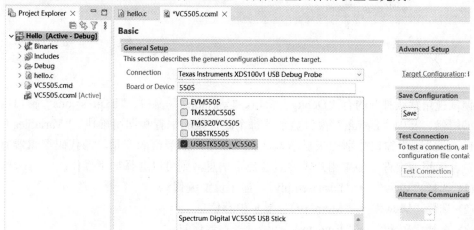

图 7-33　目标配置文件编辑器

　　每个工程可以同时拥有多个目标配置文件，但只能有一个处于激活状态，在启动调试器时 CCSv12 会自动采用处于激活状态的目标配置文件。若要查看系统现有的所有目标配置文件，则选择菜单中的"View"→"Target Configurations"。

　　对软件仿真器和硬件仿真器的进一步说明：软件仿真器不需要外部硬件，对于执行基本信号处理算法验证十分有用。硬件仿真器是用于直接对硬件进行调试的硬件设备，可以内置到开发板(如 DSK、EZDSP、EVM 等)，也可以采用独立形式(如 XDS100v2、XDS510USB、XDS560 等)。

3．运行程序

　　在对工程正确编译并为其配置了目标配置文件之后，便可将程序下载到板卡(对于软件仿真器，板卡由主机电脑虚拟产生)上运行、调试。

　　在菜单中，选择"Run"→"Debug"来启动调试器。CCSv12 会自动将工程产生的可执行文件(.out 文件)装载至板卡，并运行至 main 函数的开始，界面也将转入如图 7-34 所示的调试视角对话框——专为调试制定的一组专用窗口和菜单。

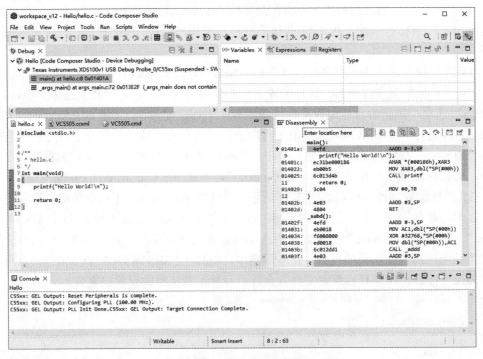

图 7-34　调试视角对话框

　　调试视角默认打开的有"Debug"窗口、"Variables"窗口、"Expressions"窗口以及源代码编辑器。其中"Debug"窗口显示了每个芯片核的配置和调用堆栈。"Variables"窗口和"Expressions"窗口分别用来显示本地变量和用户欲观察的变量。源代码编辑器方便用户浏览、编辑源文件。如果用户需要查看更多信息，则可以选择如下操作：

　　(1) 选择"View"→"Disassembly"，显示反汇编代码。

　　(2) 选择"View"→"Memory"，显示内存信息。

　　(3) 选择"View"→"Registers"，显示寄存器信息。

(4) 选择"View"→"Breakpoints"，显示断点管理器。

欲运行或调试程序，可以选择"Run"菜单项中的选项或单击调试窗口中工具栏上的图标(按钮)。常用的图标及功能如下：

"▶"按钮：运行程序。当程序正在运行时，该按钮为灰色。通过组合按钮，还可以选择"Free Run"按钮，这种模式的运行将无视所有断点。在采用软件仿真器时，该按钮为灰色。

"❚❚"按钮：暂停程序按钮。当程序处于非运行状态时，该按钮为灰色。

"■"按钮：终止所有程序按钮。该按钮终止所有程序的运行、断开与板卡的连接并退出调试视角。通过组合按钮，还可以选择其他选项。

"＾＾＾＾＾"按钮：该按钮用于调试时使用的几种常用单步运行操作。

在本示例中，运行"hello.c"程序，可在"Console"窗口中看到"Hello World!"消息，其运行结果如图 7-35 所示。

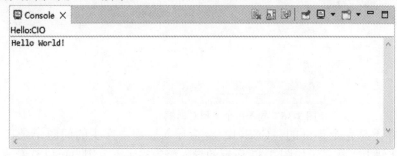

图 7-35　"hello.c"程序的运行结果

导入 volume 工程

7.3.4　导入 CCS 早期版本的工程

本小节将介绍如何在 CCSv12 中导入建立于 CCS 早期版本之上的工程，并以导入 volume 工程为示例(该工程可以在 CCS 早期版本的目录中找到，路径为".. \tutorial\sim55xx\volume)"。

在 CCSv12 的工作目录内设有一个隐藏文件夹".metadata"，用来记录该工作目录内的各个工程的信息。因此，强烈不建议直接将工程文件复制进 CCSv12 的工作目录内。CCSv12 提供了两个导入工程的工具"Import CCS Projects"和"Import Legacy CCSv3.3 Projects"。前者是用来导入由 CCSv12 或 CCE 建立的工程；后者是用来导入由 CCS 早期版本建立的工程。由于两者非常类似，因此仅以后者作为示例。导入 CCSv3.3 工程的步骤如下：

(1) 选择"Project"→"Import Legacy CCSv3.3 Projects"，弹出如图 7-36 所示的导入单个工程对话框。

(2) 选中"Select a Project File"并单击"Browse"按钮选择要转换的".pjt"文件；也可选中"Select search-directory"并用"Browse"选择包含多个工程的文件夹以批量导入。选中"Copy projects into workspace"选项可将工程复制到 CCSv12 的工作目录中，这样做可以起到保护原始工程的作用。对于一些用相对路径引用了其他文件的工程，则应选中"Keep original location for each project"选项，以保持其相对路径不变。单击"Next"按钮。

(3) 在窗口中选择要使用的代码生成工具版本，使用其提供的默认值。单击"Next"按钮。

(4) 指定要使用的 DSP/BIOS 版本，使用其提供的默认值。单击"Next"按钮。

(5) 设置公共根目录以解决工程中引用外部资源的问题。在本示例中，不用设置，直接点击"Finish"按钮，完成导入。

图 7-36　导入单个工程对话框

(6) 有时导入并不是完全正确的。CCSv12 会将导入过程中产生的问题记录在名为"projects.log"的文件中，并显示如图 7-37 所示的导入警告提示框。用户可以查看该文件以了解导入过程中出现的问题(这些问题不一定都是致命错误)。

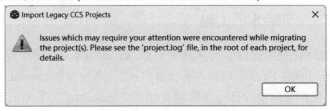

图 7-37　导入警告提示框

至此，完成了工程的导入，导入 volume 工程的窗口如图 7-38 所示。

图 7-38　导入 volume 工程的窗口

按前几个小节所述的方法编译 volume 工程，为其配置目标配置文件(使用 XDS100 仿真器)，转入 volume 工程的调试视角，如图 7-39 所示。

图 7-39　volume 工程的调试视角

7.3.5　使用断点和观察窗口

当开发或测试程序时，经常需要在程序执行过程中检查变量的值。在本小节中，我们将使用断点和观察窗口观察这些变量的值。程序执行到断点后，还可以使用单步执行功能。

volume 工程

在欲加断点的一行程序上单击右键，选择"Breakpoint (Code Composer Studio)"→"Breakpoint"，在此行最左侧便会出现设置断点的" 🔩 "按钮。双击该按钮便可取消此处断点。用户还可以通过断点管理窗口(选择"View"→"Breakpoints")对程序中所有的断点进行管理。

在调试视角中，观察窗口是默认打开的，如果没有出现，则可以选择菜单中的"View"→"Expressions"以打开观察窗口。在观察窗口中，单击"<new>"栏，光标变为输入状态，便可输入想要观察的变量名。按回车键确定后，"Value"栏内便会显示该变量的值。

在以 volume 工程作为示例向读者演示之前，我们先来了解 volume 工程的主要内容。"Debug"视角下的代码显示窗口将显示正处于调试状态的源程序"volume.c"。

注意"volume.c"文件中的以下几个部分：

• 主函数输出一条消息后，应用程序处于无限循环状态。在该循环中，主函数调用 dataIO 函数和 processing 函数。

• processing 函数将增益与输入缓冲中的各数据相乘，并且将结果数据存入输出缓冲区中，同时也调用汇编 Load 子程序，该子程序占用的指令周期取决于传给它的 processingLoad 值。

• dataIO 函数是一个空函数，它的作用除了返回以外不执行任何操作。这里使用 CCS 中的断点功能把主机文件中的数据读取到 inp_buffer 缓冲区中，而不是利用 C 程序直接执行输入/输出操作。

"volume.c" 文件清单如下：

```c
#include <stdio.h>
#include "volume.h"
/* Global declarations */
int inp_buffer[BUFSIZE]; /* processing data buffers */
int out_buffer[BUFSIZE];
int gain = MINGAIN; /* volume control variable */
unsigned int processingLoad = BASELOAD; /* processing load */
struct PARMS str =
{
    2934,
    9432,
    213,
    9432,
    &str
};
/* Functions */
extern void load(unsigned int loadValue);
static int processing(int *input, int *output);
static void dataIO(void);
/* ======== main ======== */
void main()
{
    int *input = &inp_buffer[0];
    int *output = &out_buffer[0];
    puts("volume example started\n");
    /* loop forever */
    while(TRUE)
    {
        /* Read using a Probe Point connected to a host file.      */
        /* Write output to a graph connected through a probe-point. */
        dataIO();
        #ifdef FILEIO
        puts("begin processing");
        #endif
        /* apply gain */
        processing(input, output);
    }
}
```

```
/* ======== processing ======== *
* FUNCTION: apply signal processing transform to input signal.
* PARAMETERS: address of input and output buffers.
* RETURN VALUE: TRUE. */
static int processing(int *input, int *output)
{
    int size = BUFSIZE;
    while(size--){
        *output++ = *input++ * gain;
    }
        /* additional processing load */
        load(processingLoad);
        return(TRUE);
}
/* ======== dataIO ======== *
* FUNCTION: read input signal and write output signal.
* PARAMETERS: none.
* RETURN VALUE: none. */
static void dataIO()
{
    /* do data I/O */
    return;
}
```

在"volume.c"文件中，设置断点的具体步骤如下：

(1) 在 main 函数中的"dataIO();"语句设置断点。

(2) 在"processing(input, output);"这一行设置断点。

(3) 在观察窗口中，加入"gain"和"str"两个变量，其示例如图 7-40 所示。

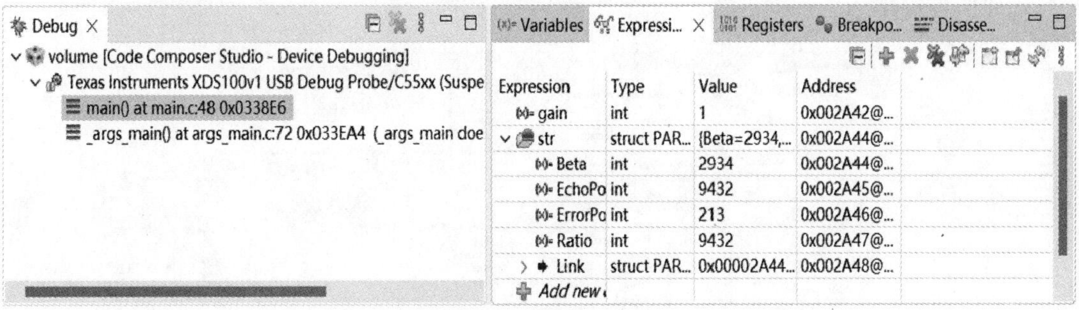

图 7-40　观察窗口示例

(4) 运行程序。由于设置了断点，程序会停在"dataIO();"这一行。

(5) 若单击" "(Step Into)按钮或按"F5"键，则执行至 dataIO 函数内；若单击" "(Step Over)按钮或按"F6"键，则执行到 dataIO 函数之后。

(6) 若用户想修改某一变量的值，则可以在观察窗口内，单击变量对应的"Value"选项，光标变为输入状态，便可修改该变量的值。值发生改变的变量将以黄色字体显示。

至此，已经设置好了断点。在下一小节中，结合图形显示工具，读者可以对断点和观察变量的重要作用有更进一步的认识。

7.3.6　为断点配置数据文件和使用图形显示工具

在上一小节的基础上，为断点配置数据文件，即将文件与断点相连，可以用来模拟程序的输入、输出，这是验证、调试 DSP 算法的一个非常有效的工具。以输入作为示例，配置过程如下：

(1) 在"Breakpoints"窗口中，用鼠标右键单击欲关联的断点，并用鼠标左键选择"Breakpoints Properties"，在打开界面中选择"Action"栏(默认值为"Remain Halted")，选择"Read Data from File"，即选择断点动作，如图 7-41 所示。

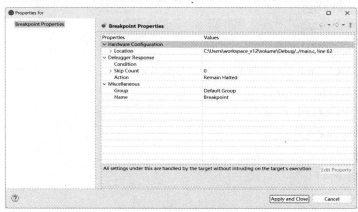

图 7-41　选择断点动作

(2) 在如图 7-42 所示的从文件读取数据对话框中，从"File"中选择"sin.dat"文件；选中"Wrap Around"选项，选择该项表示数据将循环读入；在"Start Address"中填入"inp_buffer"，在"Length"中填入"100"，单击"OK"按钮，设置完毕。这样，每当程序执行到该断点处，就自动将".dat"文件中的 100 个数据搬入"inp_buffer"数组中，然后继续运行程序。

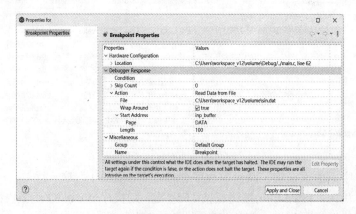

图 7-42　从文件读取数据对话框

如果现在就运行该程序，则不会看到更多的关于程序如何运行的信息。虽然可以在观察窗口中设置"inp_buffer"和"out_buffer"两个变量，但这种观察是按数字形式显示的，并不直观。

CCSv12 提供了多种用图形显示数据的方法，通过下面的操作我们将会看到一个基于时间绘制的信号波形。添加图形的步骤如下：

(1) 选择菜单中"Tools"→"Graph"→"Single Time"，弹出如图 7-43 所示的图形属性对话框。

(2) 将图形属性对话框中的"Acquisition Buffer Size"设置为"100"，"DSP Data Type"设置为"16 bit signed integer"，"Start Address"设置为"out_buffer"，点击"OK"按钮，完成设置。

(3) 在程序运行时，图形显示工具并不会自动刷新，因此我们需要另外设置一个断点来

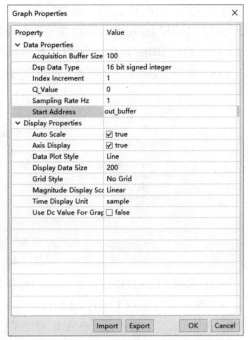

图 7-43　图形属性对话框

更新显示。在断点管理窗口中，将第二个断点的动作设置为"Refresh All Windows"。需要注意的是，图形更新时所传输的数据可能会影响目标硬件的实时操作。

(4) 运行程序，得到输出波形，如图 7-44 所示。

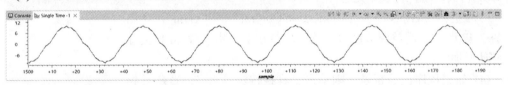

图 7-44　输出波形

读者可以在观察窗口中将变量"gain"的值设置为"4"，便可观察到输出波形被放大了 4 倍，如图 7-45 所示。

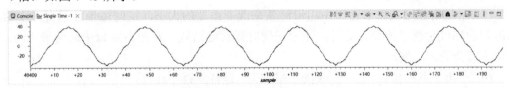

图 7-45　输出波形被放大了 4 倍

7.3.7　GEL 文件的使用

CCSv12 提供了一种自动初始化硬件并与板卡连接的方法，即加载 GEL 文件，GEL 文件是通用扩展语言的缩写，它可以配置 CCS 的工作环境和初始化 CPU。GEL 脚本类似于 C 语言函数，就是运行一些函数，如 DDR 初始化函数。如果 DDR 没有初始化，则是无法将

代码下载到 DDR 中去的。执行 GEL 脚本有两种方式：一种是用户自己执行；另一种是 CCSv12 自动将 GEL 脚本关联到相关的操作中，例如，connect target 就自动关联了初始化 PLL，初始化 DDR 的 GEL 函数。具体操作步骤如下：

(1) 选择"Tools"→"GEL Files"，在弹出的界面右侧空白处单击鼠标右键，如图 7-46 所示。

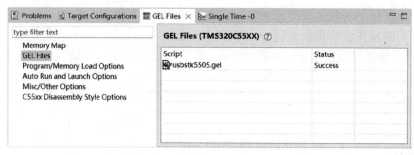

图 7-46　　"GEL Files"

(2) 选择"Load GEL"，在弹出的对话框中选中"volume.gel"，并单击鼠标左键打开它。

需要注意的是，CCS 的 GEL 语言是一种交互式的命令，它是解释执行的，即不能被编译成可执行文件。它的作用在于扩展了 CCS Studio 的功能，可以用 GEL 语言来调用一些菜单命令、对 DSP 的存储器进行配置等。但是我们建议对于使用仿真器和 DSP 功能板的仿真环境用户来说，这种 GEL 文件是没必要加入到配置中的。GEL 语言的重要性在于针对计算机模拟环境的用户，使用 GEL 语言可以为其准备一个虚拟的 DSP 仿真环境，但也不是非用不可。

(3) 选择"Scripts"→"Application Control"→"Gain"，弹出如图 7-47 所示的增益调节窗口。该选项是在上一步加载 GEL 文件时自动增加的。

(4) 如果程序已经暂停，则单击工具栏按钮" ▶▾ "，重新开始运行程序。需要注意的是，即使在弹出的增益调节窗口中显示增益为"0"，其实"gain"的当前值也并未改变，只有在增益调节窗口中的滑块移动时才影响增益的值。

图 7-47　　增益调节窗口

(5) 用户可在增益调节窗口中用滑动条来改变增益的大小，这时图形显示窗口中的正弦波形的幅度也随之改变。此外，无论任何时候移动滑块，在观察窗口中的变量"gain"的值都将会随之改变。

(6) 单击工具栏按钮" ▮▮ "或按"Alt+F8"键暂停程序运行。

(7) 为了了解 gain 函数是如何运行的，我们可以双击打开"volume.gel"文件，查看其内容，如下所示：

```
/*
*  ======== volume.gel ========
*/


menuitem "Application Control"
```

```
dialog Load(loadParm "Load")
{
        processingLoad = loadParm;
}
slider Gain(0, 10 ,1, 1, gainParm)
{
        gain = gainParm;
}
```

gain 函数定义的滑动条范围为 0～10，其步长为 1。当移动滑动条时，变量 "gain" 的值将随着滑动条的改变而改变。

7.4　TMS320VC5505 EZDSP 简介

TMS320VC5505 EZDSP USB Stick(简称 5505 EZDSP)是 Spectrum Digital 公司开发的基于 TMS320VC5505 DSP 的评估版，其上包含了丰富的外设资源，是学习 DSP 开发的理想平台。在本节中，我们将对 5505 EZDSP 做简要介绍，并结合一个音频处理示例向读者介绍 5505 EZDSP 板卡的使用和开发。

7.4.1　5505 EZDSP 概述

5505 EZDSP 是一个独立的开发平台，用户可以用它对 TMS320VC5505 DSP 进行评估和开发，也可以作为 TMS320VC5505 DSP 硬件设计的参考。在 TI 公司的官方网站上，提供了该板卡相关信息的下载。5505 EZDSP 的主要特点如下：

- 用于 TMS320VC5505 DSP 的小型处理器开发工具。
- TMS320VC5505 定点低功耗 DSP。
- 嵌入式 XDS100 仿真器。
- I^{2}C 电可擦可编程只读存储器。
- TLV320AIC3204 32 位可编程低功耗立体声编解码器。
- 线性输入、耳机输出连接器。
- 扩展连接器。
- 可拆卸的 USB Stick。

5505 EZDSP 如图 7-48 所示。

图 7-48　5505 EZDSP

7.4.2　5505 EZDSP 的硬件资源

在本小节中，我们将对 5505 EZDSP 上的主要硬件资源做简要介绍。

(1) TMS320VC5505 DSP。该 DSP 具有高效率低功耗的特点，适合应用于便携式音频设备、无线音频设备、工业控制、软件无线电、指纹识别以及医疗设备等领域。其内部主要器件有 C55x DSP CPU 及片上存储器、FFT 运算硬件加速器、4 个 DMA 控制器、外部存储器接口、功耗管理模块,以及 I²S、I²C、SPI、UART 等外设。TMS320VC5505 DSP 的功能框图如图 7-49 所示。其详细信息请参考 TI 公司提供的技术文档(详见参考文献[22])。

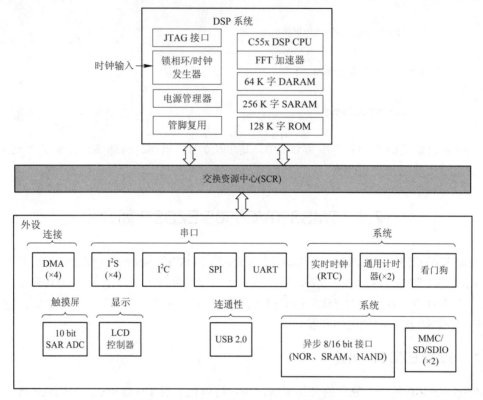

图 7-49   TMS320VC5505 DSP 功能框图

(2) TLV320AIC3204。TLV320AIC3204(也称为 AIC3204)是一款灵活、低功耗、低电压的立体声音频编解码器,具有可编程输入和输出、PowerTune 功能、固定预定义和可以配置参数的信号处理模块、集成 PLL、集成 LDO 和灵活的数字接口。该设备具有广泛的基于寄存器的控制功能,可用于控制功耗、输入/输出通道配置、增益、信号处理效果、引脚多路复用和时钟,从而使设备能够精确地定位到其应用领域。结合先进的 PowerTune 技术,该设备可以覆盖从 8 kHz 单声道语音播放到音频立体声 192 kHz DAC 播放的操作,非常适合便携式电池供电的音频和电话应用。

7.4.3　5505 EZDSP 音频处理示例

在本小节中,我们使用音频处理示例向读者介绍 5505 EZDSP 的使用与开发。该示例实现的功能有:

(1) 将输入音频进行采样并乘以音量增益再送至输出端。

(2) 使用不同截止频率的低通滤波器对音频进行处理。

(3) 每隔 15 s 自动切换不同截止频率的低通滤波器。

(4) 使用 CCSv12 提供的图形工具线性显示音频数据的 FFT 频谱图。

以上这四个功能基本涵盖了输入、输出、数据处理和图形可视化这四个方面。通过学习该示例，可以使读者对 DSP 开发的整个流程有初步的认识，进而用户可以在此示例上加入自己的代码，实现更多的功能。

1．板卡的连接

用 3.5 mm 立体声音频连接线将板卡与电脑主机相连，将线的一端插入板卡端名为"STEREO IN"的插口，另一端插入电脑主机端的耳机输出口；将立体声耳机插入板卡上名为"HP OUT"的插口；将板卡 USB 与电脑主机相连，板卡连接完成。5505 EZDSP 板卡的连接如图 7-50 所示。

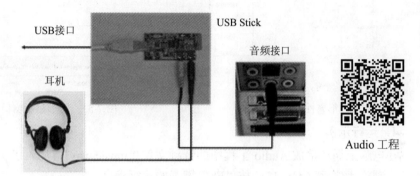

图 7-50　5505 EZDSP 板卡的连接

2．工程的加载

打开 CCSv12，选择"Project"→"Import CCS Project"导入名为"Audio"的工程(该工程可在本书的数字资源中得到)。按照 7.3 节所述的操作完成工程的编译、加载。展开后的 Audio 工程目录如图 7-51 所示。

3．配置图形可视化工具

(1) 选择菜单中"Tools"→"Graph"→"FFT Magnitude"，对弹出的如图 7-52 所示的图形属性对话框进行配置。其中，程序使用的数据保存数组"display"为长度 8192 的 16 bit 整型数据，因此设置"Acquisition Buffer Size"为"8192"，"Dsp Data Type"为"16 bit signed integer"，"Start Address"为"display"或"&display[0]"，"FFT Order"为"13"；程序中 AIC3204 默认采样频率为 48000 Hz，设置"Sampling Rate Hz"为"48000"，若在程序中更改了 AIC3204 的采样频率，则需更新该配置项；如用

图 7-51　Audio 工程目录

户想要使用对数显示 FFT 频谱图，则可将"Magnitude Display Scale"设置为"Logarithmic"；点击"OK"按钮，完成设置。

(2) 在出现的如图 7-53 所示的图形显示窗口中点击上方工具栏中的"Enable Continuous Refresh"按钮，使图形显示工具自动持续使用最新数据生成频谱图。

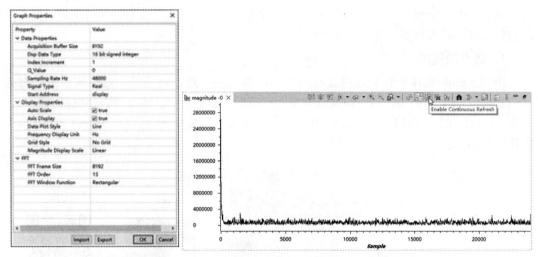

图 7-52　图形属性的配置　　　　　　　　图 7-53　图形显示窗口

4．运行示例

在电脑上循环播放 Audio 工程中的音频文件"music.wav"(加入了 12 kHz 单频噪音的测试音频)，切换到 CCSv12，按"F8"键开始运行程序。

图 7-54 和图 7-55 分别显示输入音频在未通过滤波器和通过 48000 Hz 低通滤波器的某时刻 FFT 频谱图。

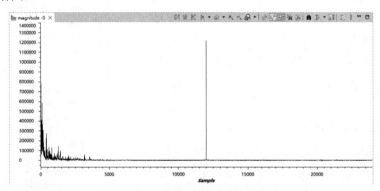

图 7-54　输入音频未通过滤波器的某时刻 FFT 频谱图

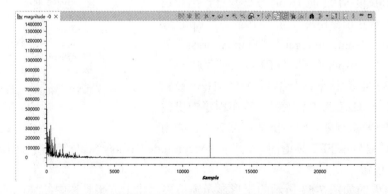

图 7-55　输入音频通过 48000 Hz 低通滤波器的某时刻 FFT 频谱图

5．关键代码的剖析

1）主要数据的流动过程

图 7-56 显示了主要数据的流动过程。其可简述为：AIC3204 芯片首先针对音频输入端口中输入的波形信号进行模数转换，并将转换后的左右声道数据分别由 I²S 总线传出至变量 left_input 和 right_input，TMS320VC5505 芯片通过定时器设置在不同的时间里使用不同截止频率的低通滤波器对输入音频进行处理，然后将已经过处理的数据乘以音量增益后传出至 I²S 总线上，AIC3204 芯片将传入的数据进行数模转换，并将转换后的波形信号输出至音频输出端口。

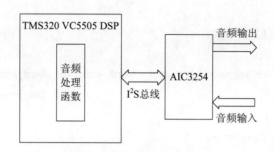

图 7-56　主要数据的流动过程

2）主函数的剖析

```
void main(void)
{
    Int16 left_input;
    Int16 right_input;
    Int16 left_output;
    Int16 right_output;
    Int16 mono_input;
```

(1) {
```
    USBSTK5505_init( );
    pll_frequency_setup(100);
```
}

(2) {
```
    aic3204_hardware_init();
    aic3204_init();
    set_sampling_frequency_and_gain(SAMPLES_PER_SECOND, GAIN_IN_dB);

    CSL_gptIntr();                    // 配置 GPT0 定时器并注册定时器中断函数
```
}

```
        while(playnum < AUDIOBACK_ROUND*NUMPREROUND)
        {
            aic3204_codec_read(&left_input, &right_input);
            mono_input = stereo_to_mono(left_input, right_input);

            if ( Step == 1 )
            {
                left_output = left_input;
                right_output = right_input;
            }
            else if ( Step == 2 )
            {
                left_output = right_output = fourth_order_IIR_direct_form_I
                                    ( &IIR_low_pass_1200Hz[0], mono_input);
            }
            else if ( Step == 3 )
            {
                left_output = right_output = fourth_order_IIR_direct_form_I
                                    ( &IIR_low_pass_2400Hz[0], mono_input);
            }
            …… // 此处省略部分重复内容
            aic3204_codec_write(left_output, right_output);
        }

        aic3204_disable();
        timer_disable();
    }
```

(3) 为上述 while 块范围；(4) 为 aic3204_disable 和 timer_disable 块范围。

程序说明：

(1)　DSP 内核初始化。它包括时钟、管脚、中断的设置。有关这些设置的进一步信息请参考 TI 公司提供的技术文档(详见参考文献[22])。

(2)　外围设备的初始化。包括 I²S、I²C、AIC-3204 和 GPT 定时器。有关这些设备的进一步信息请参考 TI 公司提供的相关技术文档。

(3)　根据时间使用不同截止频率的低通滤波函数对音频进行处理。将 I²S 总线接收的数据不处理，或进行 1200 Hz、2400 Hz 等低通滤波函数的处理后传出至 I²S 总线。每个滤波函数运行 15 s，整个程序运行 3 个轮次。

(4)　关闭外围设备并进行复位操作。

3)　GPT 定时器的配置

```
    void CSL_gptIntr(void)
    {
```

```
    CSL_Status        status = 0;
    CSL_Config        hwConfig;
    CSL_GptObj        gptObj;
    Uint32            TIMPRD;
```

(1)
```
    sysClk = getSysClk();
    TIMPRD = sysClk*1000/4;
```

(2)
```
    hGpt = GPT_open (GPT_0, &gptObj, &status);
    status = GPT_reset(hGpt);
    IRQ_clearAll();
    IRQ_disableAll();
```

(3)
```
    IRQ_setVecs((Uint32)(&VECSTART));
    IRQ_plug(TINT_EVENT, &gpt0Isr);
    IRQ_enable(TINT_EVENT);
```

(4)
```
    hwConfig.autoLoad     = GPT_AUTO_ENABLE;
    hwConfig.ctrlTim      = GPT_TIMER_ENABLE;
    hwConfig.preScaleDiv = GPT_PRE_SC_DIV_1;
    hwConfig.prdLow        = (TIMPRD)%65536;
    hwConfig.prdHigh       = (TIMPRD)/65536;
    status =   GPT_config(hGpt, &hwConfig);
    IRQ_globalEnable();
```

```
    GPT_start(hGpt);              // 启动定时器
}
```

程序说明：

(1) 计算系统时钟频率和定时器周期值。

(2) 初始化 GPT 定时器并关闭 CPU 中断。

(3) 注册 GPT 中断服务函数并使能定时器中断。

(4) 配置 GPT 定时器并使能 CPU 中断。

有关定时器配置的进一步信息请参考 TI 公司提供的技术文档(详见参考文献[23])。

4) GPT 中断服务的剖析

```
    interrupt void DMA_Isr(void)
    {
```

```
        if(++i == SWITCH_SECS)
        {
            i = 0;
            Step = ++playnum%NUMPREROUND + 1;
        }
```
(1)

```
        IRQ_clear(TINT_EVENT);
        CSL_SYSCTRL_REGS->TIAFR = 0x01;
```
(2)

程序说明：

(1) 通过更改变量 Step 的值进而控制滤波函数的改变。

(2) 清除定时器中断标志寄存器和定时器 0 中断标志。

7.4.4　小结

音频处理示例演示了怎样设置和使用 I^2C 总线对输入/输出外围设备进行配置并通过 I^2S 总线在外围设备和数字信号处理目标系统之间进行数据传输的过程，同时设置和使用 GPT 定时器与定时器中断服务函数对程序流的执行进行控制。提供此示例是为了帮助开发者开发自己的 DSP 应用系统，理解 I^2C 总线、定时器等外围设备的功能和使用方法。

第 8 章　DSP 芯片应用

8.1　引　言

前面几章我们介绍了 DSP 芯片的原理以及 CCS 开发工具。TMS320C5409 是目前性能价格比较高的一种定点 DSP 芯片，已经在很多领域得到了广泛的应用。本章以 TMS320C5409 为例，介绍 DSP 应用系统的设计、调试和开发过程。

8.2　DSP 芯片 C 语言开发简介

DSP 芯片 C 语言开发

用 C 语言开发 DSP 程序不仅使 DSP 开发的速度大大加快，而且使开发出来的 DSP 程序的可读性和可移植性都大大增加，程序的修改也极为方便。采用 C 编译器的优化功能可以增加 C 代码的效率，在某些情况下，C 代码的效率甚至接近手工代码的效率。在 DSP 芯片的运算能力有富余时，用 C 语言开发 DSP 程序是非常合适的。因此，各大 DSP 生产厂商都相继推出了 C/C++编译器，如 TI 公司的 CCS 集成开发环境能够编译 C 和 C++ 语言，此外，TI 公司还提供了 DSPLIB 和 rts.lib 等辅助的函数库，使开发人员能够直接使用 rfft、fir 以及文件存取等特殊函数，从而大大减少了开发人员的工作量。本节从应用的角度简单介绍 C 语言的 DSP 开发方法。

8.2.1　TMS320C54x C/C++编译器支持的数据类型

表 8-1 列出了 TMS320C54x C/C++编译器支持的数据类型的大小、表示形式和表示范围，这些数据类型在 float.h 和 limits.h 中定义。在 C 语言开发的过程中，采用合适的数据类型对于系统的正确运行有着极为重要的意义。

表 8-1　TMS320C54x C/C++编译器支持的数据类型

类　　型	大小/bit	表示形式	最小值	最大值
signed char	16	ASCII	−32 768	32 767
char, unsigned char	16	ASCII	0	65 535
short, signed short	16	2s Complement	−32 768	32 767
unsigned short	16	Binary	0	65 535

类　　型	大小/bit	表示形式	最小值	最大值
int, signed int	16	2s Complement	−32 768	32 767
unsigned int	16	Binary	0	65 535
long, signed long	32	2s Complement	−2 147 483 648	2 147 483 647
unsigned long	32	Binary	0	4 294 967 295
enum	16	2s Complement	−32 768	32 767
float	32	IEEE 32-bit	1.175 494e − 38	3.402 823 46e+38
double	32	IEEE 32-bit	1.175 494e − 38	3.402 823 46e+38
long double	32	IEEE 32-bit	1.175 494e − 38	3.402 823 46e+38
pointers	16	Binary	0	0xFFFF

8.2.2　C 语言的数据访问方法

1. DSP 片内寄存器的访问

DSP 片内寄存器在 C 语言中一般采用指针方式来访问，常用的方法是将 DSP 寄存器地址的列表定义在头文件(如 reg.h)中。DSP 寄存器地址定义的形式为宏，如下所示：

```
#define   IMR      (volatile unsigned int *)0x0000
#define   IFR      (volatile unsigned int *)0x0001
#define   ST0      (volatile unsigned int *)0x0006
#define   ST1      (volatile unsigned int *)0x0007
#define   AL       (volatile unsigned int *)0x0008
#define   AH       (volatile unsigned int *)0x0009
#define   AG       (volatile unsigned int *)0x000A
#define   BL       (volatile unsigned int *)0x000B
#define   BH       (volatile unsigned int *)0x000C
#define   BG       (volatile unsigned int *)0x000D
#define   T        (volatile unsigned int *)0x000E
#define   TRN      (volatile unsigned int *)0x000F
#define   AR0      (volatile unsigned int *)0x0010
#define   AR1      (volatile unsigned int *)0x0011
#define   AR2      (volatile unsigned int *)0x0012
#define   SP       (volatile unsigned int *)0x0018
#define   BK       (volatile unsigned int *)0x0019
#define   BRC      (volatile unsigned int *)0x001A
#define   RSA      (volatile unsigned int *)0x001B
#define   REA      (volatile unsigned int *)0x001C
#define   PMST     (volatile unsigned int *)0x001D
#define   XPC      (volatile unsigned int *)0x001E
```

在主程序中，若要读出或者写入一个特定的寄存器，就要对相应的指针进行操作。下例通过指针操作对 SWWSR 和 BSCR 进行初始化。

```
#define   SWWSR    (volatile unsigned int *)0x0028
#define   BSCR     (volatile unsigned int *)0x0029
int func ( )
{
    ⋮

    *SWWSR = 0x2000;
    *BSCR = 0x0000;
    ⋮

}
```

2. DSP 内部和外部存储器的访问

同 DSP 片内寄存器的访问相类似，对存储器的访问也采用指针方式来进行。下例通过指针操作对内部存储器单元 0x3000 和外部存储器单元 0x8FFF 进行操作。

```
int *data1 = 0x3000;        /*内部存储器单元*/
int *data2= 0x8FFF;         /*外部存储器单元*/
int func ( )
{
       ⋮
     * data1 = 2000;
     * data2 = 0;
       ⋮

}
```

3. DSP I/O 端口的访问

DSP I/O 端口的访问通过 ioport 关键字来实现。定义的形式为：

    ioport type port hex_num

其中，ioport 是关键字，表示变量是 I/O 变量；type 必须是 char、short、int 和 unsigned；port 表示 I/O 地址，hex_num 是十六进制地址。

下例声明了一个 I/O 变量，地址为 10H，并对 I/O 端口进行读/写操作。

```
ioport unsigned port10;         /* 定义地址为 10H 的 I/O 端口变量*/
int func ( )
{
  ⋮
  port10 = 20; /* write a to port 10H */
  ⋮
  b = port10; /* read port 10H into b */
  ⋮

}
```

这里需要注意的是，所有的 I/O 变量必须在程序开始声明，不能在函数中声明。

8.2.3　C 语言和汇编语言的混合编程方法

用 C 语言和汇编语言混合编程的方法主要有以下三种:

(1) 独立编写 C 程序和汇编程序,分开编译或汇编以形成各自的目标代码模块,然后用链接器将 C 模块和汇编模块链接起来。例如,主程序用 C 语言编写,中断向量文件(vector.asm)用汇编语言编写。若要从 C 程序中访问汇编程序的变量,则可以将汇编语言程序在 .bss 段中定义的变量或函数名前面加一下划线 "_",将变量说明为外部变量,同时在 C 程序中也将变量说明为外部变量,如下所示:

汇编程序:

```
.bss        _var, 1        ; 定义变量
.global     _var           ; 说明为外部变量
```

C 程序:

```
extern int var;            /*外部变量*/
var=1;                     /*访问变量*/
```

若要在汇编程序中访问 C 程序变量或函数,也可以采用同样的方法。

C 程序:

```
global int       i;        /*定义 i 为全局变量*/
global float     x;        /*定义 x 为全局变量*/
main( )
{

}
```

汇编程序:

```
.ref        _i;            ; 说明_i 为外部变量
.ref        _x;            ; 说明_x 为外部变量
LD          @_i, DP
STL         _x, A
```

(2) 在 C 语言程序的相应位置直接嵌入汇编语句,这是一种 C 语言和汇编语言之间比较直接的接口方法。采用这种方法,一方面可以在 C 语言中实现用 C 语言不好实现的一些硬件控制功能,如插入等待状态、中断使能或禁止等;另一方面,也可以用这种方法在 C 程序中的关键部分用汇编语句代替 C 语句以优化这个程序。但是,采用这种方法的一个缺点是比较容易破坏 C 环境,因为 C 编译器在编译嵌入了汇编语句的 C 程序时并不检查或分析所嵌入的汇编语句,在后面的注意事项中我们还会提到。

嵌入汇编语句的方法比较简单,只需在汇编语句的左、右加上一个双引号,用小括弧将汇编语句括住,在括弧前加上 asm 标识符即可,如下所示:

```
asm("汇编语句");
```

如上所述,在 C 程序中直接嵌入汇编语句的一个典型应用是控制 DSP 芯片的一些硬件资源。对于 TMS320C5409,在 C 程序中一般采用下列汇编语句实现一些硬件控制,如下所示:

```
asm(" NOP ");              /*插入等待周期*/
```

```
asm(" ssbx INTM");        /*关中断*/
asm(" rsbx INTM");        /*开中断*/
```

除硬件控制外，汇编语句也可以嵌入在 C 程序中实现其他功能，但是 TI 公司建议不要采用这种方法改变 C 变量的数值，因为这容易改变 C 环境。

(3) 对 C 程序进行编译生成相应的汇编程序，然后对汇编程序进行手工优化和修改。这种方法通过查看交叉列表的汇编程序，可以对某些编译不是很合适但却是比较关键的汇编语句进行修改。修改汇编语句时，必须严格遵循不破坏 C 环境的原则。因此，这种方法需要程序员对 C 编译器及 C 环境有充分的理解，一般不推荐使用这种方法。

8.2.4　中断函数

当 C 程序被中断时，中断处理函数与其他函数不同，进入函数前需要保护所有的寄存器的值，在中断函数返回时恢复被保护的寄存器。对于扩展精度寄存器来说，由于可能包含整数或浮点数，而中断程序并不能确定寄存器中数值的类型，因此，中断程序必须保护所有的 40 位数。如果中断程序不调用其他函数，则只有那些在中断程序中用到的寄存器才予以保护。但是，如果 C 中断程序调用其他函数，则中断程序将保护所有的表达式寄存器。

TMS320C54x C/C++ 中可以通过以下两种方式定义中断函数：

(1) 通过给每个中断函数前面加关键字 interrupt 来声明一个函数为中断处理函数。中断函数的返回值是 void 的，函数没有任何的形参。中断函数可以任意使用局部变量和堆栈。例如：

```
interrupt void int_handler ( )
{
    unsigned int flags;
    ⋮
}
```

为了能够让相应的中断信号调用不同的中断函数，还需要在中断向量文件(vector.asm)中定义中断向量表。如下例所示：

```
        .ref _c_int00
        .ref _ int_handler
        .sect "vectors"


RS:     BD    _c_int00
        NOP
        NOP
        ⋮
BRINT1:    BD   _ int_handler ;  McBSP1 接收中断
        NOP
        NOP
    .end
```

其中，_int_handler 就是我们上一小节提到的用 C 语言和汇编语言混合编程，在汇编语言中访问 C 程序变量时要在变量或函数名前面加一下划线 "_"。

(2) C 中断程序采用特殊的函数名，其格式为 c_intnn。其中，nn 代表 00～99 之间的两位数，如 c_int01 就是一个有效的中断函数名。下面是一个中断函数的例子：

```
int datain, dateout;
void c_int05( )
{
    datain=sample(dataout);
}
```

在所有的 c_intnn 函数中，最特殊的是 c_int00 函数。c_int00 是 C 程序的入口点，是为系统复位中断保留的，这个特殊的中断程序用于初始化系统和调用 main 函数。由于 c_int00 本身并没有调用其他程序，因此它不需要保存在任何寄存器中。运行 c_int00 函数有多种方法，可以跳转到这个函数，也可以调用这个函数，还可以作为硬件复位后的中断矢量的入口(如上例所示)。

我们推荐采用第一种方法来设置中断函数，因为这种方法使程序的可读性增强。

8.2.5　存储器模式

TMS320C54x 将存储器分为程序空间和数据空间。程序空间存放的是可执行的代码，数据空间存放的是外部变量、静态变量和系统的堆栈。由 C 程序产生的代码和数据就被放置在存储空间的各个段中。

1. C 编译器生成的段

C 编译器对 C 语言程序进行编译后生成 6 个可以进行重定位的代码和数据段，这些段可以用不同的方式分配至存储器以符合不同系统配置的需要。这 6 个段可以分为两种类型：一是已初始化段；二是未初始化段。

已初始化段主要包括数据表和可执行代码。C 编译器共创建 3 个已初始化段：.text 段、.cinit 段和 .const 段。

.text 段：包含可执行代码和字符串。

.cinit 段：包含初始化变量和常数表。

.const 段：字符串和 switch 表。在大存储器模式下，常数表也包含在 .const 段中。

未初始化段用于保留存储器空间，程序利用这些空间在运行时创建和存储变量。C 编译器创建 3 个未初始化段：.bss 段、.stack 段和 .sysmem 段。

.bss 段：保留全局和静态变量空间。在小存储器模式下，.bss 段也为常数表保留空间。在程序开始运行时，C 初始化 Boot 程序将数据从 .cinit 段中拷贝至 .bss 段。

.stack 段：为系统堆栈分配存储器。这个存储器用于将变量传送至函数，以及分配局部变量。

.sysmem 段：为动态存储器函数 malloc、calloc 和 realloc 分配存储器空间。当然，若 C 程序没有用到这些函数，则 C 编译器就不创建 .sysmem 段。

一般地，.text 段、.cinit 段和 .const 段连同汇编语言中的 .data 段可链入到系统的 ROM 或 RAM 中，而 .bss 段、.stack 段和 .sysmem 段则应链入到 RAM 中。需要注意的是，如果

系统不支持将 .data 块链入到数据空间，则必须将.data 段链入到程序空间，运行的时候再调入数据空间，它的 .cmd 文件如下所示：

```
MEMORY
{
      PAGE 0 : PROG : ...
      PAGE 1 : DATA : ...
}
SECTIONS
{
      ⋮
   .const : load = PROG PAGE 1, run = DATA PAGE 1
   {
       /* GET RUN ADDRESS */
       _const_run = .;
       /* MARK LOAD ADDRESS */
       *(.c_mark)
       /* ALLOCATE .const */
       *(.const)
       /* COMPUTE LENGTH */
       _const_length = .–_ const_run;
   }
      ⋮
}
```

2．C 系统的堆栈

C 编译器利用 TMS320C54x 内置的堆栈机制来实现如下功能：

(1) 保护函数的返回地址。

(2) 分配局部变量。

(3) 传递函数变量。

(4) 保护临时结果。

C 系统的堆栈是分配的一块从高地址到低地址的连续存储空间，C 编译器利用堆栈指针(SP)寄存器来管理堆栈。

局部帧是堆栈的一个区域，用于存储函数传递的变量和局部变量。每一个函数被调用时都要在堆栈项创建一个新的局部帧。

C 环境在调用 C 函数时自动管理这些寄存器。当使用汇编语言与 C 语言互相调用接口时，注意必须采用与 C 语言一样的方式使用这些寄存器。

堆栈的大小可以由链接器设定。链接器创建一个全局符号_stack_size，并给它分配一个与堆栈大小一样的数值，缺省值为 400H，即 1 K 字。更改堆栈大小的方法非常简单，只需在链接器选项 _stack 后面加上一个大小等于堆栈的常数即可。

系统初始化后，堆栈指针(SP)指向堆栈的底部，其值等于堆栈底部的地址，也就是.stack 段的首地址。因此，由于堆栈的位置取决于 .stack 段的分配，因而堆栈的实际位置是在链接阶段确定的。若将堆栈分配至存储器的最后一块，则堆栈具有无限的增长空间(在系统存储器的限制范围内)。

特别需要注意的是，由于 C 编译器不提供检查堆栈溢出的任何手段，因此必须保证有足够的空间用于堆栈，否则若发生溢出现象，将破坏程序的运行环境，从而导致程序的瘫痪。

3．动态存储器分配

C 编译器提供的运行支持函数中包含几个允许在运行时为变量动态分配存储器的函数，如 malloc、calloc 和 recalloc。动态分配并不是 C 语言本身的标准，而是由标准运行支持函数所提供的。

为全局变量 pool 或 heap 分配的内存定义在.sysmem 段中。.sysmem 段的大小可在链接时用_heap 选项设定，设置方法是在该选项后面加上一个常数。同样，链接器也创建一个全局符号_sysmem_size，并将.sysmem 段的大小赋予这个符号，缺省的大小为 1 K 字。

动态分配的目标一般用指针寻址，其存储区在一个独立的段中。因此，即使在小存储器模式下，动态内存区也可有无限的大小。如此，即使在程序中说明了大的数据目标，也可以使用效率更高的小存储器模式。为了在 .bss 段中保留空间，可用 heap 分配大的数据，以代替将它们说明为全局或静态。例如：

　　　　struct big table [100];

可以用指针并调用 malloc 函数来实现，如下所示：

　　　　struct big *table;

　　　　table = (struct big *)malloc(100*sizeof (struct big));

4．存储器模式

C 编译器支持两种存储器模式，即小存储器模式和大存储器模式，其分述如下：

(1) 小存储器模式。小存储器模式是 C 编译器的缺省存储器模式。在这种模式下，要求整个 .bss 段能匹配一个独立的 64 K 字存储器页。也就是说，程序中所有的静态和全局数据必须小于 64 K 字，并且 .bss 段不能跨越任何的 64 K 字地址边界。在 C 编译器初始化运行时，将数据页指针(DP)寄存器指向 .bss 段的开始，随后，C 编译器就可以用直接寻址方式访问 .bss 段中的所有目标(如全局变量、静态变量、常数表等)，而不用修改 DP 寄存器。

(2) 大存储器模式。大存储器模式与小存储器模式的区别在于它不限制 .bss 段的大小，因此对全局变量和静态变量来说，具有无限的空间。但是，当 C 编译器访问任意存储在 .bss 段中的全局或静态变量时，首先必须保证数据页指针(DP)正确地指向目标所在的存储器页。为了做到这一点，在每一次访问全局或静态变量时，C 编译器必须用 LDP 指令来设置 DP 寄存器。由于加了这条指令，因此不仅增加了一个指令字，而且可能引入多个指令周期。

8.2.6　其他注意事项

下面介绍 C 语言编程的一些其他注意事项。

(1) c_int00 函数包含在运行支持库中，必须与其他的 C 目标模块相链接。在链接时，如果用 _c 或 _cr 选项，并包含实时运行支持库 rts.lib，则 c_int00 就自动链入。在链接 C 程序时，链接器将可执行模块的入口点设置为 c_int00。

(2) 当采用 C 程序优化编译时，为了保证程序的正确性，需要特别注意的是，如果使用 asm 行汇编语句，则必须对编译后得到的汇编语言进行仔细的检查，以确保 asm 语句在程序中的正确性。一般而言，当 asm 语句仅涉及诸如控制中断寄存器等硬件操作时，使用优化是比较安全的。

(3) 可以使用 volatile 关键字来避免优化。对于下例这样的语句：

        unsigned int *data;
        while(*data!=4);

由于 *data 是一个循环不变的表达式，因此这个循环将被优化为一个存储器读指令。为了避免这样的优化，需要将 data 定义为 volatile，例如：

        volatile unsigned int *data;

做了这样的定义后，优化器就不再对上述语句进行优化了。一般在 reg.h 中定义的寄存器地址都定义为 volatile，例如：

        #define   IMR   (volatile unsigned int *)0x0000
        #define   IFR   (volatile unsigned int *)0x0001

(4) TMS320C54x C/C++ 编译器支持标准 C 的关键字 const，这个关键字用来定义那些值不变的变量，但是，在定义时 const 的位置是十分重要的。例如，在下面这个例子中，第一句定义了一个常量指针 p，指向一个 int 变量，第二句定义了一个常量指针 q，指向一个 int 变量，所以要注意 const 的位置，即：

        int * const p = &x;
        const int * q = &x;

(5) 由于在 C 语言的环境下，局部变量的寻址必须通过堆栈指针(SP)寄存器实现，因此在混合编程时，为了使汇编语言不影响堆栈指针(SP)寄存器，常用的方式是在汇编环境中使用 DP 方式寻址，这样可以使二者互不干扰，编程时只要注意对 CPL 位进行正确设置即可。CPL 位是编译方式位，它表示在直接寻址时采用哪种指针。当 CPL = 0 时，使用数据页指针(DP)；当 CPL = 1 时，使用堆栈指针(SP)。

(6) 编译后的 C 程序"跑飞"一般是对不存在的存储区进行访问而造成的。首先，要查.map 文件与 Memory Map 文件对比，看是否超出范围。如果在有中断的程序中 C 程序"跑飞"，则应重点检查在中断程序中是否对所用到的寄存器进行了压栈保护；如果在中断程序中调用了 C 程序，则要检查汇编后的 C 程序中是否用到了没有被保护的寄存器(在 C 程序的编译中是不对 A、B 等寄存器进行保护的)。

8.3　模/数接口设计

DSP 芯片应用

模/数接口设计是 DSP 系统设计中一个重要的组成部分。A/D 或 D/A 芯片一般均采用并行数字接口。这些芯片与 TMS320C5409 接口时需要设计相应的译码电路，将 A/D 或 D/A 芯片的数据线映射到 DSP 芯片的 I/O 地址，可以通过指令 PORTR 和 PORTW(汇编语言)或者在程序中设定 unsigned int ioport 变量(C 语言)来与模/数接口芯片交换数据。

TMS320C5409 提供了可与串行通信器件接口的 3 个多通道缓冲串行口(McBSP，TMS320C542 串行口的加强形式)，为模/数接口的设计提供了极大的便利。本节将介绍 TI 公司的常用语音编解码器 TLC320AD50 与 TMS320C5409 的 McBSP 的接口方法。

8.3.1 TLC320AD50 及其接口

TLC320AD50 是 TI 公司生产的多媒体音频编/解码器芯片，它为系统提供了一个灵活、通用的音频前端。该芯片集 A/D 和 D/A 于一体，最高采样频率为 22.05 kHz，A/D 和 D/A 转换的精度均为 16 位。此外，该芯片还包括完整的片上滤波、模拟混音和可编程控制的增益和衰减调节。图 8-1 是 TLC320AD50 的引脚图。

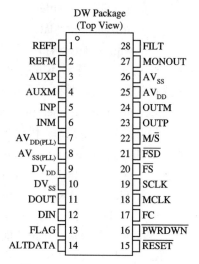

图 8-1　TLC320AD50 的引脚图

1. TLC320AD50 控制寄存器功能简介

TLC320AD50 具有 7 个可编程的内部寄存器，通过软件编程能随时控制 TLC320AD50 的采样频率、模拟输入及输出的增益等。

控制寄存器 0(CR0)：不执行任何操作，但是 CR0 能够响应握手通信请求而不改变其他控制寄存器的值。

控制寄存器 1(CR1)：控制 TLC320AD50 的软件重启，选择数字反馈以及数/模转换器的模式。

控制寄存器 2(CR2)：选择模拟反馈以及模/数转换器的模式，并且包括 TLC320AD50 内部 FIR 滤波器的溢出标志。

控制寄存器 3(CR3)：包含主设备连接从器件个数的信息。(当某个器件向其他器件发送信息时，称为主器件，而某器件从其他器件接收信息时，称为从器件。)

控制寄存器 4(CR4)：选择输入和输出放大器的增益，确定 TLC320AD50 的采样频率，选择 PLL 方式。

控制寄存器 5(CR5)：工业测试使用。

控制寄存器 6(CR6)：工业测试使用。

2. TLC320AD50 器件功能简介

1) 采样频率和滤波器控制

TLC320AD50 的采样频率由控制寄存器 4 设定。当选择 PLL 方式时(D7 = 0)，TLC320AD50 的采样率为

$$f_s = \frac{MCLK}{128 \times N} \tag{8-1}$$

当不选择 PLL 方式时(D7=1)，TLC320AD50 的采样率为

$$f_s = \frac{MCLK}{256 \times N} \tag{8-2}$$

其中，N 为 1～8 的整数。

如果要设定的采样频率低于 7 kHz，由于 PLL 工作的时钟频率必须高于 7 kHz，因此这

种情况下不能使用 TLC320AD50 的 PLL 方式，必须使用非 PLL 方式，则相应的采样频率也要由式(8-2)计算。

输出的串口时钟(SCLK)由采样频率决定而不是由主时钟决定，串口时钟与采样频率之间的关系为

$$SCLK = 256 \times f_s$$

TLC320AD50 内部滤波器的截止频率是不能通过软件编程改变的。

2) 模/数转化模块

输入的模拟信号经过前端的放大器放大后，送入到 A/D 转换器的输入端。A/D 转换器将输入的模拟信号转化为以二进制补码表示的数字信号。转化后的数字信号通过 TLC320AD50 内部的可编程放大器后，在串口时钟(SCLK)的上升沿从芯片的 DOUT 管脚输出，每一个串口时钟周期输出 1 bit。通过设置控制寄存器 2，可以设置 A/D 转换器每次将模拟量转化为 16 bit 还是 15 bit 的数字量。

在握手通信期间，如果想读出 TLC320AD50 内部寄存器的值，可以向芯片的 DIN 管脚发送序列 DS。DS12～DS8 是相应的寄存器地址，DS13 = 1 表示读取寄存器的值。这样 DOUT 输出的就是对应的 TLC320AD50 内部寄存器的值。

3) 数/模转化模块

DIN 管脚从外部设备读入 16 bit 的二进制数据，以补码形式表示。在串口时钟(SCLK)的下降沿，TLC320AD50 读入这些二进制数据，每一个串口时钟周期输入 1 bit。这些二进制数据通过由数字插值滤波器和数字调制器组成的 $\Sigma - \delta$ D/A 转换器后转换为脉冲串。这些脉冲串再被送入到 TLC320AD50 内部的低通滤波器而恢复出模拟信号。模拟信号通过可编程放大器后在 OUTP 和 OUTM 输出。

4) 数字串行接口

数字串行接口由串口时钟(SCLK)、帧同步信号(FS)、A/D 转换器输出(DOUT)和 D/A 转换器输入(DIN)组成。在每一个串口时钟周期中，A/D 转换器从 DOUT 引脚输出转化好的二进制数据，D/A 转换器从 DIN 引脚输入需要转化的二进制数据。

此外，TLC320AD50 内部还包括了插值滤波器、数字和模拟反馈等部分。

8.3.2　模/数接口的硬件电路设计

图 8-2 是 TMS320C5409 与 TLC320AD50 的 McBSP 之间的接口连线图。

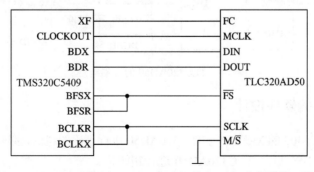

图 8-2　TMS320C5409 与 TLC320AD50 的 McBSP 之间的接口连线图

从图 8-2 中可以看出，TMS320C5409 与 TLC320AD50 的 McBSP 之间的接口连接十分

简单，两者之间的接口不需要其他的硬件支持。MCLK 由 TMS320C5409 的 CLOCKOUT 提供，也可以使用单独的晶振提供。当 CLK 的频率比较高时，也常采用在 CLKOUT 和 MCLK 之间加入一个串行终端电阻(Series-termination Resistor)或者连接上一个零欧姆电阻 (磁珠)来消除自激振荡。TMS320C5409 的 XF 设置为输出，作为 TLC320AD50 的复位信号。TLC320AD50 的复位至少需要复位信号保持 6 个 MCLK 周期，这样，TLC320AD50 的复位可由 TMS320C5409 用软件控制，从而可使 TMS320C5409 的定时器和 McBSP 在 AIC 进行 A/D 和 D/A 转换前进行初始化。$\overline{FS}$ 是 TLC320AD50 的帧同步信号，由 DSP 的 McBSP 提供。当 M/S 为低电平时，TLC320AD50 工作在从设备状态。

在设计 TLC320AD50 的印刷板电路时要注意，必须分别设计 TLC320AD50 的数字地和模拟地、数字电源和模拟电源。将数字地和模拟地分开，能够避免器件产生的数字噪声影响板上的其他模拟器件，以达到理想的信噪比要求。如果在系统的设计过程中只有一个可用的 5 V 电源同时作为数字电源和模拟电源，那么最好用适当的电阻将数字电源和模拟电源分开，数字电源和模拟电源的设计如图 8-3 所示。

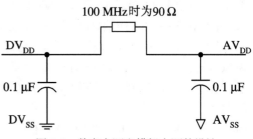

图 8-3   数字电源和模拟电源的设计

图 8-3 中的两个电容和相应的磁珠用来去耦，滤除电源输出的噪声。此外，TLC320AD50 的许多管脚在与相应的电源或地相连时，需要连接相应的去耦电容。其去耦电路如图 8-4 所示。其中，REFP 和 REFM 之间的电容是带隙基准电压的去耦电容；连接到 FILT 的电容是带隙基准的滤波电容。

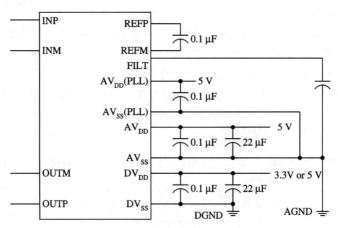

图 8-4   TLC320AD50 的去耦电路

8.3.3   模/数接口的软件设计

为了使 TMS320C5409 的 McBSP 与 TLC320AD50 进行正确的通信，必须对 TMS320C5409 的内部寄存器和 McBSP 以及 TLC320AD50 进行初始化。

1. TMS320C5409 内部寄存器的初始化

(1) 初始化 TMS320C5409 的 SWWSR、BSCR、ST0、ST1、PMST 等寄存器，设置中断屏蔽寄存器(IMR)来屏蔽所有的中断，并置 IFR = 0xFFFF。

(2) 设置定时器寄存器 TIM、PRD 和 TCR 的值，使得 CLOCKOUT 的输出满足 TLC320AD50 的要求。

2. TMS320C5409 多通道缓冲串行口的初始化

TMS320C5409 的 McBSP 由 SPCR、RCR、XCR、SRGR、MCR、PCR 等寄存器控制。由于 TMS320C54xx 系列 DSP 是 TMS320C54x 系列 DSP 的增强型 DSP，因此，为了与 TMS320C54x DSP 的寄存器地址兼容，TMS320C540x 系列 DSP 对 McBSP 的寄存器采用了两级寻址访问的方法，对每一个 McBSP 都设置了两个寄存器，即 SPSA 和 SPSD。通过对 SPSA 写入不同的二级地址，可以用 SPSD 访问不同的 SPCR、RCR、XCR、SRGR、MCR、PCR 等二级寄存器。McBSP 的初始化就是通过 SPSA 和 SPSD 来设置这些寄存器的值。初始化 TMS320C5409 多通道缓冲串行口的步骤如下：

(1) 复位 McBSP 并设置控制寄存器(SPCR)帧同步信号和串口时钟信号均为 External。设置接收中断信号由帧同步信号产生，用中断的方式向 McBSP 发送数据(也可以采用 DSP 轮询或 DMA 的方式，ABU 模式)，使能串行口中断。

(2) 设置 McBSP 的发送控制寄存器(XCR)和接收控制寄存器(RCR)，使接收到的每一帧包含一个字，每个字为 16 bit。

(3) 设置 McBSP 的引脚控制寄存器(PCR)，使串行口的所有引脚工作在串行口方式，而不是通用 I/O 方式。

(4) 使能全局中断，并使多通道缓冲串行口脱离复位状态，$\overline{\text{RRST}}$ 和 $\overline{\text{XRST}}$ 置 1。

3. TLC320AD50 的初始化

在对上述 TMS320C5409 进行初始化之前，首先置 TLC320AD50 的 $\overline{\text{RESET}}$ = 0，用于复位 TLC320AD50，使得 TLC320AD50 设置为缺省配置状态，并暂停 TLC320AD50 的工作。在 TMS320C5409 的内部寄存器和 McBSP 初始化完成后，将 $\overline{\text{RESET}}$ 置高电平，使 TLC320AD50 脱离复位状态，并且开始以缺省配置方式工作。复位后，TLC320AD50 的所有寄存器均清零，因而上电后，整个 TLC320AD50 的采样频率为 8 kHz，可见 TLC320AD50 主要是用来进行语音处理的。在 TLC320AD50 的 Master(主控)方式下，TLC320AD50 输出的帧同步信号的频率和它的采样率相同。若采用同步工作方式，输出的串口时钟则是 256FS(采样率)，因此在这种情况下每帧只传输一个字(16 bit)。

对于一般的音频应用，TLC320AD50 复位后的各寄存器的值已经可以满足应用的要求，不需要再对 TLC320AD50 的各个寄存器进行设置了，但是如果应用中需要的采样率不是复位后的 8 kHz，则需要设置 TLC320AD50 的各个寄存器。TLC320AD50 有两种配置方式：软件方式和硬件方式。在软件方式下，配置一个 TLC320AD50 寄存器需要发送两次数据，每次 16 bit。TLC320AD50 第一次接收到数据的高 15 位(1~15 bit)为采样数据，若第一次的最低位(D0)为 1，则接着第二次的 16 bit 为控制信号。在硬件方式下，配置 TLC320AD50 寄存器是利用 TLC320AD50 的 FC 外部引脚，若 FC 置高电平，则通知 TLC320AD50 开始配置寄存器。从图 8-2 可以看出，与 FC 脚相连的是 DSP 的 XF 引脚，利用 SSBX XF 指令使 XF 置为 1，可通知 TLC320AD50 进行命令字的传输。软件方式下配置一个寄存器需要传输两次，太复杂，但是这种接口方式为串行音频数据提供了一个专用通道而不需要占用

DSP 外部引脚(在复杂系统的设计中, DSP 的引脚资源是有限的)。硬件方式下配置 TLC320AD50 比较简单, 只需要一次传输, 但是要占用 DSP 的一个引脚。设计人员在设计系统的过程中, 可以根据不同的应用情况决定采取哪种方式。

TLC320AD50 的初始化参数可以根据实际需要, 利用式(8-1)和式(8-2)计算。 TLC320AD50 和 McBSP 之间同步串行通信的时序图如图 8-5 所示。

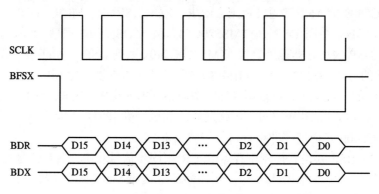

图 8-5   TLC320AD50 和 McBSP 之间同步串行通信的时序图

下面给出 TMS320C5409 通过 McBSP 中断从 TLC320AD50 接收数据的 C 程序。

【示例】   TLC320AD50 应用程序。

TLC320AD50 应用程序的 C 程序的流程图如图 8-6 所示。 C 程序代码如下所示:

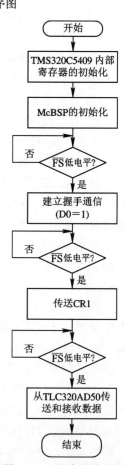

图 8-6   C 程序的流程图

reg.h

```
#define   SPSA1   (volatile unsigned int *)0x0048   //McBSP1
                  sub_address register
#define   SPSD1   (volatile unsigned int *)0x0049
#define   SPCR11  0x0000
#define   SPCR21  0x0001
#define   RCR11   0x0002
#define   RCR21   0x0003
#define   XCR11   0x0004
#define   XCR21   0x0005
#define   PCR1    0x000E
```

main.c

```
/*本程序是 TLC320AD50 与 TMS320C5409 通过多通道缓冲串行口*/
/* 通信的示例 */
#include <stdio.h>
#include "reg.h"
```

```
/* 声明所有用到的函数原型*/
void inline disable(void);
void inline enable(void);
void interrupt essp_rx(void);
void init_core(void);
void init_bsp(void);
void init_codec(void);

/* 主程序 */
main( )
{
    init_core( );
    init_codec( );

    /* 使能中断屏蔽 */
    enable( );

    /* 等待直到下一个中断到来*/
    while(1);
}

/* 初始化 DSP 内部寄存器 */
void init_core( )
{
 /* 设置外部存储器的等待周期为 0，I/O 的等待周期为 2 */
  *SWWSR = 0x2000;
  *BSCR = 0x0000;

  *ST0 = 0x1800;
  *ST1 = 0x2900;

 /* 设置中断向量表的首地址为 0x0080 */
  *PMST = 0x00A0;

  *IMR = 0x0000;
  *IFR = 0xFFFF; /* 清除所有的中断标志*/
}

void init_bsp( )
{
```

```
/*McBSP0 接收字符为右对齐，接收中断由帧同步信号产生*/
*SPSA1 = SPCR11;
*SPSD1 = 0x0020;

/*发送中断由帧同步信号产生，McBSP0 Tx = FREE(软件中断后时钟停止运行)*/
*SPSA1 = SPCR21;
*SPSD1 = 0x0201;

/*接收帧长 1 个字，数据长度为 16 bit*/
*SPSA1 = RCR11;
*SPSD1 = 0x0040;

/*设置奇数帧和偶数帧相同，数据长度为 16 bit*/
*SPSA1 = RCR21;
*SPSD1 = 0x0000;

/*与接收寄存器的设置相同*/
*SPSA1 = XCR11;
*SPSD1 = 0x0040;

/*与接收寄存器的设置相同*/
*SPSA1 = XCR21;
*SPSD1 = 0x0000;

*SPSA1 = PCR1;
*SPSD1 = 0x000C;

asm(" NOP ");
asm(" NOP ");
}

/* 初始化 TLC320AD50 */
void init_codec( )
{
    disable( ); /* 关闭所有中断*/

    /* 初始化 McBSP0*/
    init_bsp( );

    /*设置中断为串口发出而不是 DMA*/
```

```
*DMPREC = *DMPREC & 0xff3f;

*DXR11 = 0x0;

/*使能 McBSP0 接收数据*/
*SPSA1 = SPCR11;
*SPSD1 |= 0x0001;

/*使能 McBSP0 发送数据*/
*SPSA1 = SPCR21;
*SPSD1 |= 0x0001;

/* 用软件方式配置 AD50 寄存器*/
 *DXR11 = 0x0003;
*SPSA1 = SPCR21;
while(!(*SPSD1 & 0x0002));      /* 循环直到字传送完毕*/

 *DXR11 = 0x0181;         /* 向控制寄存器 CR1 写入 0x0181(D7 = 1)，复位 TLC320AD50 */
while(!(*SPSD1 & 0x0002));

for(i=0;i<4000;i++);         /*等待 AD50 复位*/

*DXR11 = 0x0003;
while(!(*SPSD1 & 0x0002));

 *DXR11 = 0x0101;         /* 向控制寄存器 CR1 写入 0x 0101(D7 = 0)，启动 TLC320AD50 */
while(!(*SPSD1 & 0x0002));

*DXR11 = 0x0003;
while(!(*SPSD1 & 0x0002));

*DXR11 = 0x0210;         /* 向控制寄存器 CR2 写入 0x0210，设置为 16 bit ADC 模式*/
while(!(*SPSD1 & 0x0002));

 *DXR11 = 0x0003;
while(!(*SPSD1 & 0x0002));
*DXR11 = 0x0300;         /* 向控制寄存器 CR3 写入 0x0300，TLC320AD50 没有从属系统*/
while(!(*SPSD1 & 0x0002));

*DXR11 = 0x0003;
```

```
    while(!(*SPSD1 & 0x0002));

    *DXR11 = 0x04D0;        /*向控制寄存器 CR4 写入 0x04D0，设置增益为 0 dB，PLL 方式*/
    while(!(*SPSD1 & 0x0002));

    asm(" NOP ");
    asm(" NOP ");

    *IMR = 0x0400;          /*使能 McBSP1 的接收中断*/
    *IFR = 0x0400;          /*清除相应的中断标志位*/

    enable( );              /*使能所有中断  */

    /* Send a dummy value to start things off */
    *DXR11 = *DRR11;

}

/*  关闭所有中断*/
void inline disable( )
{
    asm(" ssbx INTM");
}

/*  使能所有中断*/
void inline enable( )
{
    asm(" rsbx INTM");
}

/*  接收中断处理函数*/
void interrupt essp_rx( )
{
    int sample_in;
    /*  读入采样数据*/
    sample_in = *DRR11;
    /*  传送回 TLC320AD50 */
    *DXR11 = sample_in;
}
```
vector.asm

```
        .ref _c_int00
        .ref _essp_rx
        .sect "vectors"



RS:     BD      _c_int00
        NOP
        NOP
        .space 4*16*25; 将接下来的 25 个中断向量位置 0
BRINT1: BD _essp_rx;          McBSP 的接收中断
        NOP
        NOP
    .end
```

8.4　存储器接口设计

存储器接口分为 ROM 接口和 RAM 接口两种。ROM 包括 EPROM 和 Flash，而 RAM 主要是指静态 RAM(SRAM)。TMS320C5409 具有 32 K 字的片内 RAM 和 16 K 字的掩膜 ROM。但是对于许多 DSP 应用，尤其是带信号存储的 DSP 应用来说，TMS320C5409 的片内存储资源是不够用的。因此，设计一个 TMS320C5409 硬件系统一般应包括 EPROM(或 Flash)和 SRAM，以存放程序和数据。设计存储器接口时主要考虑存储器速度，以确定需要插入几个等待状态。

8.4.1　TMS320C5409 的存储器接口

1. TMS320C5409 与外部 SRAM 的接口

除了内部 32 K 字 RAM 和 16 K 字 ROM 之外，TMS320C5409 还可以扩展外部存储器。其中，数据空间总共为 64 K 字(0000H～FFFFH)，I/O 空间为 64 K 字(0000H～FFFFH)，程序空间为 8 M。8 M 程序空间的寻址是通过额外的 7 根地址线(A16～A22)实现的，由 XPC 寄存器控制。下面介绍几种扩展外部 RAM 的方法：

(1) 外接一个 128K × 16 位的 RAM，将程序区和数据区分开。图 8-7 为分开的程序和数据空间配置。图中采用程序选通线($\overline{PS}$)接外部 RAM 的 A16 地址线实现，即采用 128 K 字 RAM 分开程序区和数据区的接口方法，因此，程序区为 RAM 的前 64 K 字(0000H～FFFFH)，数据区为 RAM 的后 64 K 字(10000H～1FFFFH)。对 DSP 而言，程序区和数据区的地址范围均为 0000H～FFFFH。

采用这种外部存储器配置，需要注意以下几点：

- 如果内部 RAM 设置为有效，则相同地址的外部 RAM 自动无效。
- 当外部 RAM 不能全速运行时，需要根据速度设置插入等待状态(设置 SWWSR)。

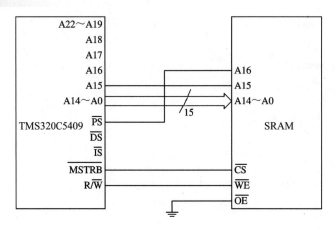

图 8-7　分开的程序和数据空间配置

(2) 混合程序区和数据区。当 OVLY=1 时，内部 RAM 既是程序区，又是数据区。这样设置的优点是程序可以在内部全速运行，缺点是由于程序和数据是共用的，因此存储区就变小了。此外，在链接时必须将程序和数据分开，以避免重叠。

利用程序和数据共用存储器可以达到上述目的。方法是将 $\overline{PS}$ 和 $\overline{DS}$ 信号线接至一与非门，形成 PDS 信号，这个信号不论是 $\overline{PS}$ 有效(低电平)还是 $\overline{DS}$ 有效(低电平)都呈现有效(高电平)。将这个信号反向后用作片选信号，就可保证外部 RAM 既作为程序区，又作为数据区，混合的程序和数据空间配置如图 8-8 所示。

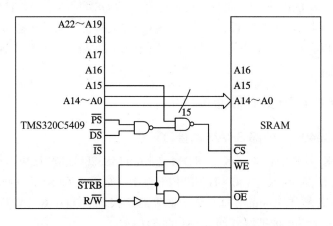

图 8-8　混合的程序和数据空间配置

图 8-8 中 A15 与 $\overline{PS}$、$\overline{DS}$ 接至与非门，从而保证了 PCS_RAM 信号只有当 A15 和 $\overline{PS}$、$\overline{DS}$ 同时为高电平时才变为有效的低电平，所以 PCS_RAM 的寻址空间是 8000H~FFFFH。上述电路使得程序和数据都存储在同一片 SRAM 中，不论是程序还是数据都可访问 8000H~FFFFH 中的任一地址。为了保证系统的正确运行，一般需将这 32 K 字空间划分为程序区和数据区，如程序占据 8000H~BFFFH 前 16 K 字，数据占据 C000H~FFFFH 后 16 K 字，也可以是程序占 8 K 字、数据占 24 K 字等，划分完全取决于应用程序的需要。程序员可根据实际系统的情况，灵活地划分程序和数据空间，但无论如何划分，必须保证程序和数据区的相互分离，以免发生冲突。

(3) 一种优化的混合程序和数据区外接 RAM 方法。图 8-9 是一种优化的混合程序和数据空间配置。这种配置方法省去了 DSP 的 A15 地址线，将 RAM 分为 32K 字长的块。采用这种方法后，可充分利用外接的 RAM，不会因内部 RAM 和外部 RAM 的地址重叠而造成外部 RAM 的浪费。下面分析外部 RAM 的地址安排。

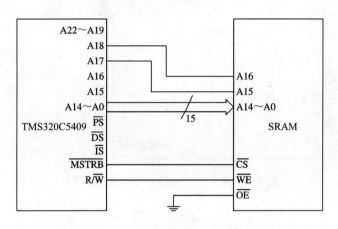

图 8-9　优化的混合程序和数据空间配置

• 外部 RAM 的 0000H～7FFFH 对应于 DSP 数据区的 8000H～FFFFH 和程序区的 08000H～0FFFFH 及 18000H～1FFFFH。

• 外部 RAM 的 8000H～FFFFH 对应于 DSP 程序区的 28000H～2FFFFH 和 38000H～3FFFFH。

• 外部 RAM 的 10000H～17FFFH 对应于 DSP 程序区的 48000H～4FFFFH 和 58000H～5FFFFH。

• 外部 RAM 的 18000H～1FFFFH 对应于 DSP 程序区的 68000H～6FFFFH 和 78000H～7FFFFH。

由于外部扩展的程序空间很大，因此 DSP 程序区另外的地址空间也能访问到外部 RAM。这种优化的外部 RAM 配置方法使得在使用 DSP 内部 RAM 的情况下，能够充分利用外部扩展 RAM。

2. TMS320C5409 与 Flash 的接口

1) 器件简介

SST39VF400A 是 Silicon Storage 公司的新一代 256K × 16 位 CMOS Flash 产品。它的特点是擦除和编程都采用 SuperFlash 技术来实现，使得它编程所需的电流比较低，并且擦除时间短，进而保证了 SST39VF400A 编程和擦写所需消耗的能量比较低。同时，SuperFlash 技术能够保证编程和擦写时间不受已编程数据块的影响。这种特性使得设计系统时不用考虑在软件或者硬件上调整系统的读/写速率。

SST39VF400A 的引脚图及其说明(以 DIP32 封装为例)如图 8-10 所示。SST39VF400A 有两种封装模式：TFBGA 和 TSOP32。由于 Flash 的结构与 EPROM 和 EEPROM 都有明显的区别，因此这里仅对它的基本工作原理做一简介。图 8-11 给出了 SST39VF400A 的结构框图。

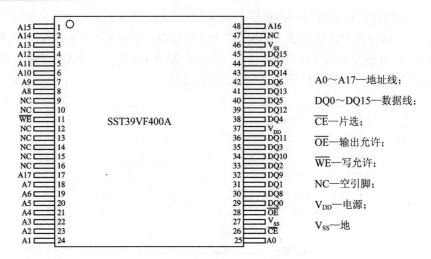

图 8-10　SST39VF400A 的引脚图及其说明

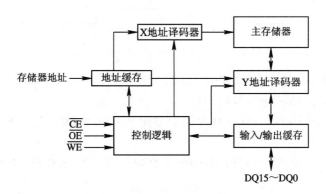

图 8-11　SST39VF400A 的结构框图

　　输入的存储器地址通过地址缓存后,分别送入到 X 地址译码器和 Y 地址译码器中,得到相应的主存储器阵列的 X 地址和 Y 地址。主存储器通过 X 和 Y 地址找出相应的主存储器单元,将其中的值发送到输入/输出缓存中,通过控制逻辑来确定芯片的输入/输出。

表 8-2 给出了 SST39VF400A 的工作方式选择真值表。

表 8-2　SST39VF400A 的工作方式选择真值表

工作方式	$\overline{CE}$	$\overline{OE}$	$\overline{WE}$	DQ
读	L	L	H	DOUT
编程	L	H	L	DOUT
擦除	L	H	L	X
备用	H	X	X	高阻
写禁止	X	L	X	高阻
软件模式	L	L	H	

2) TMS320C5409 与 SST39VF400A 的接口

　　图 8-12 为 TMS320C5409 与 Flash 的接口方式。图中,Flash 采用 SST39VF400A(256K × 16 位)作为 DSP 的外部数据存储器,地址总线和数据总线接至 DSP 的外部总线,$\overline{CE}$ 接

至 DSP 的 $\overline{\text{DS}}$。DSP 上的 XF 引脚用于启动编程，当 XF 为低电平时，Flash 处于读状态；当 XF 为高电平时，Flash 可擦或编程。为了满足 SST39VF400A 的时序要求，XF 与 $\overline{\text{MSTRB}}$ 相"或"后接至 $\overline{\text{OE}}$，R/$\overline{\text{W}}$ 引脚与 $\overline{\text{MSTRB}}$ 相"或"后接至 $\overline{\text{WE}}$。

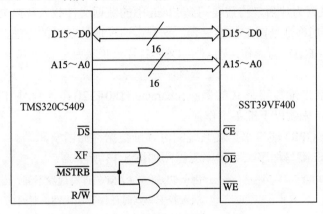

图 8-12　TMS320C5409 与 Flash 的接口方式

8.4.2　Flash 擦写

在实际应用中，选择的片外存储器通常是片外的 RAM 或 Flash。但由于 RAM 中的数据掉电即丢失，不适合长期保存数据，因此当需要保存到片外存储器的是一些不需要频繁读/写但需要长期保存的数据时，如字模数据、端口地址等，通常选择使用片外的 Flash 来扩展 DSP 芯片的存储器空间。使用片外 Flash 必须要解决对其进行擦写的问题。

在实际的应用中，对片外 Flash 的擦写有两种方式：一是使用通用编程器对 Flash 进行擦写；二是直接由 DSP 芯片对 Flash 进行擦写。对于需要反复修改或已安装在电路板上的 Flash，无法使用第一种方式，只能采用第二种方式，这样易于调试。这里介绍一种利用存储器映射的技术，通过对 DSP 芯片的编程实现片外 Flash 擦写的方法。

CCS5000 IDE 是 TI 公司专为其 TMS320C54x 和 TMS320C54xx 系列设计的开发平台，该平台具有简单明了的图形用户界面和丰富的软件开发工具，适合于开发基于 TMS320C54x 系列的应用程序、插件程序等各种程序代码。在 CCS 环境中，用户可以通过修改 .cmd 文件来配置存储器分配方式，还可以通过修改 TMS320C5409 对应的初始化程序 .gel 文件来控制系统的初始化操作，程序员只需要在 c5409.gel 文件的 hotmenu C5409_Init()函数中加入需要的地址映射，如 "GEL_MapAdd(0x8000u,1,0x8000u,1,1);"。用户工程编译并链接后，将生成 .map 文件，在该文件中可以看到存储器的详细分配情况。在用户将程序下载到 DSP 芯片后，用户可以使用 CCS 的调试器对程序进行全面的调试，如设置断点、单步执行等；可以使用 Watch Memory 工具来检查存储器中的各地址段的值；还可以使用 Save/Load Memory 命令来保存或是载入某段存储器的值。

利用 GPIO 端口可以生成合适的片外 Flash 和片内 RAM 片选信号，从而实现片内 RAM 和片外 Flash 访问的切换，在电路上可以实现将 GPIO 信号与数据选通信号 $\overline{\text{DS}}$ 或程序选通信号 $\overline{\text{PS}}$ 的相"或"。例如，当 GPIOD=1 时，0x8000～0xFFFF 映射到片外 SRAM，此时对于整个 0x0000～0xFFFF 地址范围的读/写操作就是对于片外 SRAM 的操作；当 GPIOD = 0

时，如果 0x8000～0xFFFF 地址范围映射到片外 Flash，则对 0x8000～0xFFFF 地址范围的读/写操作就是对于片外 Flash 的操作，而对 0x0000～0x7FFF 地址范围的读/写仍是针对片内 RAM 的操作，从而将数据存储空间扩展了 32 K 字。

将映射方式设置为片内，将需要写到 Flash 中的数据文件载入片内 RAM，根据需要设置 GPIO 端口值，切换地址映射的存储器。这样，通过地址映射的方法，便可实现将 RAM 中的数据写入片外 Flash 的操作，而对于 DSP 芯片来说只是进行了其 RAM 寻址空间内部的数据搬移操作。

假设要将一组二维数组形式的数据(character[180][32])存入片外 Flash 的 0x8000～0xA000 地址段中，先做以下准备工作：

(1) 利用一个 GPIO 端口来扩展系统的可寻址数据存储器空间。

(2) 编写 Flash 擦写程序。其程序流程图如图 8-13 所示。

```
#define N 100                    /*由于 Flash 与 RAM 的读写速度不同，因此需要在每项操作后
                                   加入若干个延时以保证正确性，延时的长短可以根据具体情
                                   况做调整 */

void main( )
{
    unsigned int i,code;
    unsigned int *code_addr;
    unsigned int *flash_addr;
    *GPIO_DR=0x0002;             /*映射方式设置为映射到片外 Flash*/
     delay(N);
     GPIOD_setup( );             /*GPIOD 设置*/
    delay(N);
     erase_flash( );             /*如果 Flash 上的原有数据无需保留，则全部擦除；如果部分
                                   数据需要保留，也可部分擦除*/
    delay(N);
    *GPIO_DR=0x0000;             /*映射方式设置为映射到片内 RAM*/
     delay(N);
    flash_addr=(unsigned int *)Flash_ADDR;
    code_addr=(unsigned int *)CODE_ADDR;
    /*设置 RAM 的存储起始地址和片外 Flash 的擦写起始地址*/
    /*循环擦写*/
     for(i=0;i<WRITE_LENGTH;i++)
    {
        *GPIO_D_DR=0x0000;
         delay(N);
         code=*(code_addr++);        /*保存 RAM 中的数据到变量 code*/
         delay(N);
        *GPIO_DR=0x0002;
        delay(N);
```

```
        pre_write_flash( );          /*写 Flash 前的预处理，向 Flash 内写入相应命令字，根据
                                       所选用 Flash 的不同，预处理操作也有所不同*/
        delay(N);
        *(flash_addr++)=code;        /*写数据到 Flash 中*/
        delay(N);
    }
}
```

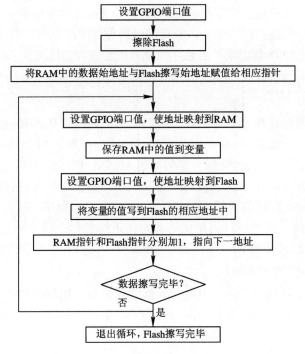

图 8-13　Flash 擦写程序流程图

擦写步骤如下：

(1) 将 character[180][32] 设置为全局变量。

(2) 将程序编译下载到 DSP 芯片中，打开工程目录中 output 文件夹中的 .map 文件，找到 character 数组在 RAM 中存放的起始地址和长度。用户可以使用 Watch Memory 工具查看该地址段的值。

(3) 使用 Save Memory 命令将 RAM 中对应于 character 数组的地址段的值以二进制形式保存在计算机上。通过 Ultra Edit 将其打开，查看数据保存是否正确。

(4) 打开 Flash 擦写程序，修改数据在片内 RAM 中存储的起始地址和 Flash 的擦写起始地址与数据长度。编译下载后，单步执行，直到擦除完 Flash，并将地址映射方式设置为映射到片内 RAM，使用 Load Memory 命令将 char 数据文件载入到片内 RAM 的相应地址段中，再全速运行程序，几十秒之后程序执行完毕，数据便写到片外 Flash 的相应地址中。

(5) 再次打开 Flash 擦写程序，单步执行到映射方式设置为在片外 Flash 处停止，然后使用 Save Memory 命令保存 Flash 中刚写入的地址段的值，接着使用 Ultra Edit 的比较文件命令比较前两次保存的数据，若完全相同，就表明 character 字模/数组已被正确地写到片外

Flash 中。

将数据擦写入片外 Flash 后，就可以在用户程序中对该数据加以调用。在调用时，要先将映射方式设置为映射到片外 Flash，再取数据。下述程序表示取出 Flash 中 0x6000 地址上存储的数据：

```
#define FLASH_ADD (unsigned int *)0x6000
    *GPIO_D_DR=0x0002;              /*映射方式设置为映射到片外 Flash*/
data = *(FLASH_ADD);
```

这种地址映射方法可适用于多种场合，针对多个 Flash 而使用多个 GPIO 端口进行地址的扩展，即可实现对其进行擦写操作；若将部分擦写程序放置到片外 Flash 中并做相应设置，即可实现系统的自举运行等。

8.4.3 Bootload 设计

TMS320C54x 内部具有 16K×16 位的掩膜 ROM，其内部具有 Bootloader 程序，工作在微计算机方式下可以启动 ROM 中的引导程序，将用户程序从 EPROM(或 Flash)、串行口、I/O 口或 HPI 口引导到内部 RAM 或外部的高速 SRAM 中全速运行。TMS320C54x 硬件复位后采样 MP/$\overline{\text{MC}}$ 引脚如果为低，则 DSP 从 FF80H 开始执行片内的引导程序，FF80H 包含一条跳转到 Bootloader 程序的语句，Bootloader 程序将用户程序下载到 RAM 中运行。Boot 在运行搬移程序之前，首先进行初始化，初始化工作包括：使中断无效(INTM=1)，内部 RAM 映射到程序/数据区(OVLY=1)，对程序和数据区均设置 7 个等待状态等。

1. 自举加载器(Bootloader)

自举加载器的主要功能是在上电时从外部加载并执行用户的程序代码。TMS320C54x 的自举加载共有并行 EPROM(或 Flash)、并行 I/O、串行口、HPI 口和热自举五种方式，其中前三种方式又分为 8 位和 16 位两种方式。

1) 选择自举加载方式

在硬件复位期间，如果 TMS320C54x 的 MP/$\overline{\text{MC}}$ 为高电平，则从片外的 0FF80H 开始执行程序。自举加载方式的选择过程如图 8-14 所示。

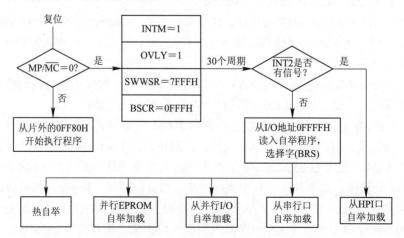

图 8-14 自举加载方式的选择过程

在片内 ROM 的 0FF80H 地址上，有一条分支转移指令，以启动制造商在 ROM 的自举加载器程序。具体加载方法如下：

(1) 在自举加载前进行初始化。初始化的内容如下：

• INTM = 1，禁止所有的中断。

• OVLY = 1，将片内双寻址 RAM 和单寻址 RAM 映像到程序/数据空间。

• SWWSR = 7FFFH，所有程序和数据空间都插入 7 个等待状态。

• BSCR = 0FFFFH，设定外部存储区分区为 4 K 字，当程序和数据空间切换时，插入一个等待周期。

(2) 检查 $\overline{INT2}$，决定是否从主机接口(HPI)加载。如果没有锁存 $\overline{INT2}$ 信号，则说明不是从 HPI 加载，否则从 HPI 到 RAM 自举加载。

(3) 使 I/O 空间选通信号($\overline{IS}$)为低电平，从地址为 0FFFFH 的 I/O 口读入自举程序选择字(BRS)。BRS 的低 8 位确定了自举加载方式，其引导方式和内容的对应关系如表 8-3 所示。表 8-3 中，x 表示无效，SRC 表示并行方式的 6 位页地址，ADDR 表示热自举加载方式的 6 位页地址。

表 8-3　TMS320C5409 引导方式和内容的对应关系

引导方式	0FFFFH 单元低 8 位内容
8 位串行口	xxxx0000
16 位串行口	xxxx0100
8 位并行 I/O	xxxx1000
16 位并行 I/O	xxxx1100
8 位并行 EPROM	SRC　　01
16 位并行 EPROM	SRC　　10
热自举	ADDR　　11

2) 8/16 位并行自举加载的实现

TMS320C54x 通常都采用从 EPROM 或 Flash 引导方式，这里着重讨论并行 Boot 的实现。Boot 程序首先读入外部数据区的 FFFEH 和 FFFFH 两个地址的内容，并把它们组装成 1 个 16 位字作为代码存放的源地址，根据这个地址，从外部数据区读入连续的两个 8 位字节，并组装成 1 个 16 位字。如果这个 16 位字是 08AAH，则 Boot 程序就知道是外部 8 位并行 Boot 方式，否则是其他 Boot 方式。判断是 8 位 Boot 方式后，Boot 程序就进入相应的子程序。

由于 Boot 已经设定好相应的数据存放格式，因此在 Flash 中组织数据就成为关键。下面做以下假设来具体说明 Flash 的数据组织方法。

存放在 Flash 中的控制代码和用户代码的首地址为外部数据区的 8000H，等待状态数为 7 个，Bank 长度为 64K 字，程序执行的入口点地址为 2000H，程序代码的长度为 400H，用户代码存放在片内程序区的首地址为 2000H，则 Flash 的数据组织如表 8-4 所示。表内括号中的 H 表示高 8 位，L 表示低 8 位。

表 8-4　Flash 的数据组织

数据区地址(Hex)	内容(Hex)	含　　义
8000H	08H	8 位 Boot 标识(H)
8001H	AAH	8 位 Boot 标识(L)
8002H	7FH	SWWSR(H)
8003H	FFH	SWWSR(L)
8004H	F8H	BSCR(H)
8005H	00H	BSCR(L)
8006H	00H	程序入口 XPC(H)
8007H	00H	程序入口 XPC(L)
8008H	20H	程序入口地址(H)
8009H	00H	程序入口地址(L)
800AH	04H	程序块长度(H)
800BH	00H	程序块长度(L)
800CH	00H	存放目标 XPC(H)
800DH	00H	存放目标 XPC(L)
800EH	20H	存放目标地址(H)
800FH	00H	存放目标地址(L)
8010H	xxH	程序代码 1(H)
8011H	xxH	程序代码 1(L)
⋮	⋮	⋮
880EH	xxH	程序代码 N(H)
880FH	xxH	程序代码 N(L)
8810H	00H	块结束标志(H)
8811H	00H	块结束标志(L)
⋮	⋮	⋮
FFFEH	80H	代码存放首地址(H)
FFFFH	00H	代码存放首地址(L)

　　我们不难看出，如果采用外部并行 Boot 方式，由于 Boot 的寻址区是在数据区，因此最大的地址范围是 8000H～FFFFH，共 32K 字。

　　自举加载器将 Flash(或 EPROM)中的程序代码全部传送到程序存储器之后，立即分支转移到目的地址，并开始执行程序代码。

　　采用成本较低的 Flash(或 EPROM)自举加载方式，可以降低系统的成本、体积和功耗。

　　3) 热自举

　　热自举加载方式是指在 RESET 信号临近释放时，按照用户定义的地址，改变 TMS320C54x 的程序执行方向。热自举加载方式并不传送自举表，而是指示 TMS320C54x 按照自举加载器程序读入的 BRS 中所规定的地址起开始执行。热自举的示意图如图 8-15 所示。

　　由图 8-15 可见，在热自举时，TMS320C54x 程序计数器 PC 等于 BRS 中的 7～2 位加上低 10 位(全 0)。

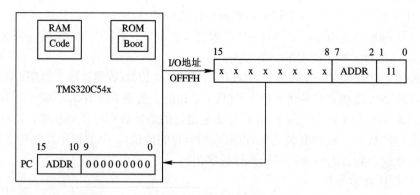

图 8-15　热自举的示意图

4) 从 HPI 口自举加载

HPI 是 一 个 将 主 处 理 器 与 TMS320C54x 连接在一起的 8 位并行口，主处理器和 TMS320C54x 通过共享的片内存储器交换信息。从 HPI 口自举加载的示意图如图 8-16 所示。

如果选择 HPI 自举加载方式，则应当将 $\overline{\text{HINT}}$ 和 $\overline{\text{INT2}}$ 引脚连接在一起。当 $\overline{\text{HINT}}$ 为低电平时，TMS320C54x 的中断标志寄存器(IFR)的相应位(bit2)置位。$\overline{\text{INT2}}$ 发出以后，自举加载程序等待 20

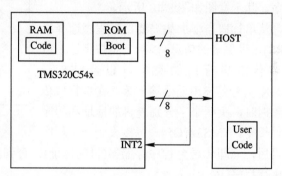

图 8-16　从 HPI 口自举加载的示意图

个机器周期后读出 IFR 的 bit2。若此位置位(表示 $\overline{\text{INT2}}$ 被识别)，自举加载程序就转移到片内 HPI RAM 的起始地址——程序空间的 1000H，并从这个地址起开始执行程序。如果 IFR 的 bit2 未置位，则自举程序就跳过 HPI 自举加载方式，并从 I/O 口读入 BRS 字，利用这个字的低 8 位再判断所要求的其他自举加载方式。

从 HPI 口自举加载也是常用的一种自举加载方式。主机通过改写 HPI 控制寄存器 (HPIC)，可以很方便地设置 HPI 自举加载方式。

5) 从 I/O 自举

从 I/O 自举加载方式是指从 I/O 的 0H 口异步传送程序代码到内部/外部程序存储器。从 I/O 自举加载的示意图如图 8-17 所示。

从 I/O 自举加载的每个字的字长可以是 16 位或 8 位。TMS320C54x 利用 $\overline{\text{BIO}}$ 和 XF 两根握手引脚与外部器件进行通信。当主机开始传送一次数据时，先将 $\overline{\text{BIO}}$ 驱动为低电平。TMS320C54x 检测到 $\overline{\text{BIO}}$ 引脚为低电平后，便从 I/O 的 0H 输入数据，

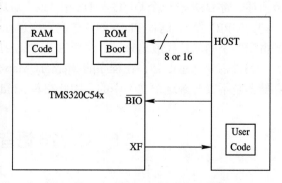

图 8-17　从 I/O 自举加载的示意图

并将 XF 引脚置为高电平，向主机表示数据已经收到且已将输入数据传送到目的地址，然后等待 $\overline{BIO}$ 引脚变成高电平后，再将 XF 引脚置为低电平。主机查询 XF 线，若 XF 线为低电平，就向 TMS320C54x 传送下一个数据。

如果选择 8 位 Boot 方式，则从 I/O 的 0H 口读入低 8 位数(数据总线上的高 8 位数忽略不计)。TMS320C54x 连续读出两个 8 位字节(高字节在前，低字节在后)，形成一个 16 位字。

TMS320C54x 接收到的头两个 16 位字必定是目的地址和程序代码长度。TMS320C54x 每收到一个程序代码，就将其传送到程序存储器(目的地址)。全部程序代码传送完毕后，自举加载程序就转到目的地址，开始执行程序代码。

6) 从串行口自举加载

从串行口自举加载是指 TMS320C54x 从串行口传送程序代码至程序存储器，并执行程序。其示意图如图 8-18 所示。

从串行口自举加载需要自举程序选择字 (BRS)提供更多的信息，以确定是按字还是按字节传送串行口的类型，以及 F S X / CLKX 信号是输出还是输入等。在串行口传送数据时，头两个字分别是目的地址和程序代码长度。TMS320C54x 每接收到一个程序代码后，立即传送至程序存储器(目的地址)，直到全部程序代码传送完毕，再转到目的地址执行程序。

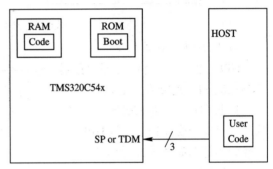

图 8-18   从串行口自举加载的示意图

2. Bootload 与片外 SRAM 冲突的解决

由于 Bootload 的寻址区是在数据区，即 Flash 只能接在数据空间，即用 $\overline{DS}$ 片选，因此如果设计的 DSP 系统需要外接 SRAM 作为外部数据存储空间，就会和 Flash 产生地址冲突。另外，当程序全部从 Flash Boot 到所指定的目的地址以后，用于存放程序的 Flash 在系统的运行过程中就不再起任何作用。这样可以考虑通过将 Flash 所占外部空间释放的方法来解决与外部 SRAM 扩展的冲突。

同 Flash 擦写中叙述的方法相类似，可以改变 Flash 的选通信号而将 Flash 所占空间释放掉。有很多的方法可以改变 Flash 的选通信号，这里提出一种比较保险的方法，如 8.4.2 节所述，将 DSP 的一个 GPIO 与 $\overline{DS}$ 相 "或" 后送入 Flash 的片选，在系统程序的第一行加一句使 GPIO 置 1，这样 Flash 的片选在系统运行时一直为高，Flash 未被选中，因此，Flash 所占用的空间就被释放出来了。这样 Boot Flash(EEPROM)就不占用动态存储空间了。

另外需要注意的是，在程序的 Memory Map 文件中，也就是在 .cmd 文件中，Bootload 存储器是不参与到这个文件中的，因此在写 .cmd 文件时不需要考虑它。

8.5   G.726 语音编解码系统

以上几节我们对 DSP 设计中经常碰到的模/数接口设计和存储器接口设计做了简要的介绍，并对 C 语言的开发方法做了介绍。下面将结合具体的系统设计介绍进行 DSP 系统设计时在硬件和软件方面要注意的事项。

本节主要介绍一个采用 TMS320C5409 实时实现 G.726 32 kb/s 国际标准语音压缩算法的 DSP 实时系统。首先简要介绍 G.726 语音编码算法，然后着重介绍这个系统的软、硬件设计，调试及开发过程。

8.5.1　G.726 算法简介

自适应差分脉冲编码调制(Adaptive Difference Pulse Code Modulation，ADPCM)是波形编码的一种。G.711 使用 A 律或 μ 律 PCM 方法，对采样率为 8 kHz 的声音数据进行压缩，压缩后的传输速率为 64 kb/s。对于许多应用特别是长途传输系统，由于 64 kb/s 的速率所占用的频带太宽且通信费用昂贵，因此人们一直寻求能够在更低的速率上获得高质量语音编码的方法。ADPCM 进一步利用了语音信号样点间的相关性，并针对语音信号的非平稳特点使用了自适应预测和自适应量化，在速率为 32 kb/s 时，能够给出网络等级话音质量，从而符合进入公用网的要求。

ADPCM 综合了 APCM 的自适应特性和 DPCM 系统的差分特性，是一种性能比较好的波形编码。它的核心想法是：① 利用自适应的思想改变量化阶的大小，即使用小的量化阶(Step-size)去编码小的差值，使用大的量化阶去编码大的差值；② 使用过去的样本值估算下一个输入样本的预测值，使实际样本值和预测值之间的差值总是最小。ADPCM 的编码简化框图如图 8-19 所示。

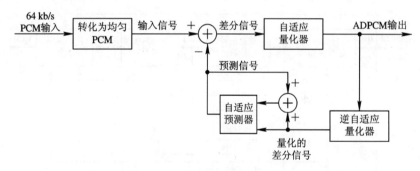

图 8-19　ADPCM 的编码简化框图

接收端的译码器使用与发送端的译码器的相同算法，利用传送来的信号来确定自适应量化器和逆自适应量化器中的量化阶大小，并且用它来预测下一个接收信号的预测值。

1984 年，CCITT(国际电信联盟电信标准化部门的前身)公布了 G.721 32 kb/s ADPCM 标准，并于1986年做了进一步的修改，成为 G.726 协议。该算法的话音质量十分接近 G.711A 律或 μ 律 64 kb/s PCM 的话音质量，达到了网络等级。其抗误码性能优于 PCM 带内数据传输速率(4800 b/s)；其音频带宽为 200～3400 Hz，采样频率为 8 kHz，每一样点用 4 bit 编码。G.721 32 kb/s ADPCM 编码器与解码器的工作原理框图分别如图 8-20(a)和 8-20(b)所示。

由于 G.721 32 kb/s ADPCM 主要用来对现有 PCM 信道进行扩容，即把两个 2048 kb/s 30 路 PCM 基群信号转换成一个 2048 kb/s 60 路 ADPCM 信号，因此 ADPCM 编码器输出与解码器输出都采用标准 A 律或 μ 律 PCM 编码。为了便于数字运算，在编码器中先将输入的 8 位 PCM 码 $c(n)$ 转换成 14 位线性码 $s_l(n)$，然后同预测信号 $s_p(n)$ 相减产生差值信号 $d(n)$，再对 d(n)进行自适应量化，产生 4 bit ADPCM 代码 I(n)。一方面要把 I(n)送给解码器；另一方面利用 I(n)进行本地解码得到量化后的差值信号 $d_q(n)$，再同预测信号 $s_p(n)$ 相加得到本地重建信号 $s_r(n)$。自适应预测器采用二阶极点、六阶零点的混合预测器，它利用以 $s_r(n)$、$d_q(n)$ 以及前几个时刻的值，对下一时刻将要输入的信号 $s_l(n+1)$ 进行预测，计算出 $s_p(n+1)$。为了使量化器能适应语音、带内数据及信令等具有不同特性以及不同幅度的输入信号，自适应要根据输入信号的特性自动改变自适应速度参数来控制量阶。这一功能由量化器定标因子自适应、自适应速度控制、单音及过渡音检测等这 3 个功能单元完成。

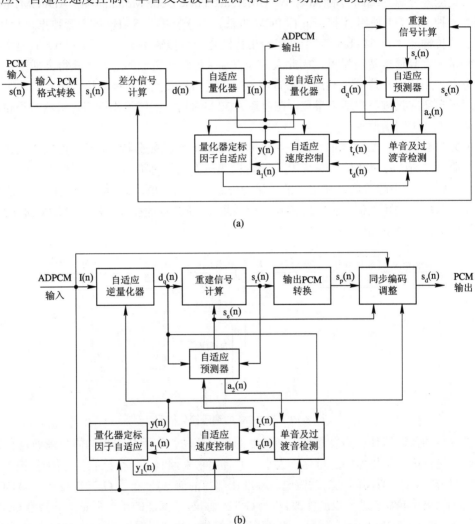

(a)

(b)

图 8-20　G.726 32 kb/s ADPCM 编码器和解码器的工作原理框图

(a) G.726 32 kb/s ADPCM 编码器；(b) G.726 32 kb/s ADPCM 解码器

解码器的解码过程实际上已经包含在编码器中,但多了一个线性码到 PCM 码转换以及同步编码调整单元。同步编码调整的作用是防止多级同步级联编解码工作时产生误差累积,以保持较高的转换质量。同步级联是指 PCM-ADPCM-PCM-ADPCM……多级数字转换链接形式,在有多节点的数字网中经常会遇到这种情况。解码器最后输出的码是 8 位 A 律或

μ 律 PCM 码，因此在得到重建信号 $s_r(n)$ 后，还需将它转换成相应的 PCM 码。图 8-21 是 ADPCM 编、解码波形图。

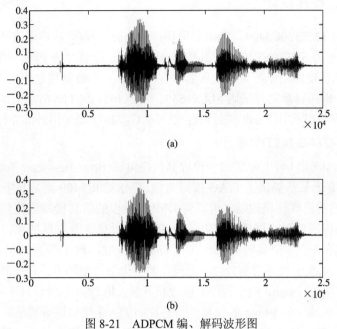

图 8-21 ADPCM 编、解码波形图

(a) 编码前的语音波形；(b) 解码后的语音波形

8.5.2 系统构成

图 8-22 是 G.726 系统的硬件构成框图。作为一个示例性的系统，G.726 系统主要完成对 G.726 协议(ADPCM)的实时编解码，也就是说，该系统完成的工作是将从 A/D 转换器采集到的语音数据通过 TMS320C5409 编码后，再由 TMS320C5409 解码输出到 D/A 转换器中。因此，本系统不需要外部的 SRAM 存放语音数据，也不需要任何与 DSP 相连接的外部控制设备，主要由 TMS320C5409、TLC320AD50 和 SST39VF400A 等构成。在图 8-22 中，TLC320AD50 完成语音信

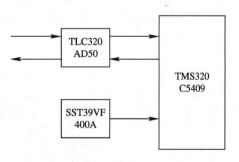

图 8-22 G.726 系统的硬件构成框图

号的数/模和模/数转换功能；SST39VF400A 用于存放程序和已初始化的数据；TMS320C5409 实现语音的编解码算法。TMS320C5409 内部提供的 32 K 字片内 RAM 用来存放实时运行的程序和数据，不需要另外的片外 RAM。G.726 系统的工作过程是：系统加电后，通过复位键使 TMS320C5409 复位。TMS320C5409 复位后，由内部固化的自引导程序将存于 SST39VF400A 上的程序和初始化数据搬移到片内 RAM，然后 TMS320C5409 开始运行 ADPCM 编解码算法。TLC320AD50 按 8 kHz 的采样率采集输入的话音模拟信号，将采到的 16 bit 数据送入到 TMS320C5409 中进行实时编解码。由于 TMS320C5409 的运算速度很快，能够保证在 12.5 ms 内完成 ADPCM 的编码和解码算法，因此 G.726 系统可以完成实

时编解码。

8.5.3　系统软、硬件设计

G. 726 系统由 TMS320C5409、Flash、时序产生电路、模/数转换电路及电压转换芯片等构成。其中，Flash 为 SST39VF400A，其构成 256K × 16 位的存储空间，用于存储程序及初始化数据；时序产生电路用于产生系统所需的各种时序；模/数转换电路由 TLC320AD50 及其外围电路构成；电压转换芯片采用 MAX1649、MAX1651 和 TPS767D318。为了简化硬件，G. 726 系统不用译码电路，用 Flash 映射到数据空间。G. 726 系统采用外部并行 8 位 Boot 方式。

1. 仿真接口(JTAG 接口)的设计

JTAG 是基于 IEEE1149.1 标准的一种边界扫描测试(Boundary-scan Test)方式。TI 公司为其大多数的 DSP 产品都提供了 JTAG 接口支持，TMS320C5409 就是其中之一。通过 JTAG 仿真器结合配套的仿真软件模拟器，可以将 DSP 目标板的仿真接口连接到主计算机，实现对 DSP 目标板的程序仿真，这样就可以访问 DSP 的所有资源，包括片内寄存器以及所有的存储器，从而提供了一个实时的硬件仿真与调试环境，便于开发人员进行系统软件调试。这是实现一个系统中处理器部分"可见度"的一个最方便的手段。此外，还可以通过仿真接口将程序代码写进 Flash，便于程序的修改和升级，是 DSP 系统设计中不可缺少的部分。

JTAG 仿真器通过一个 14 pin 的接插件与芯片的 JTAG 接口进行通信。图 8-23 是 JTAG 的硬件连接图，即 TMS320C5409 仿真接口与 14 pin Header 的连接关系。两个 EMUx 信号必须用上拉电阻与电源相连，上拉电阻的推荐阻值为 4.7 kΩ。如果 TMS320C5409 与 14 pin Header 间的距离超过了 6 ft(1 ft = 0.3048 m)，则需要在有关的仿真信号上添加一级缓冲驱动。如果系统中有多片 DSP 需要进行多处理器仿真调试，则要求这些 DSP 的 JTAG 接口和 14 pin Header 间以菊花链方式相连，以满足 IEEE1149.1 的规范要求。当然，仿真软件也必须支持多处理器仿真功能。

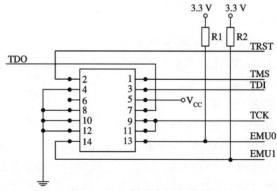

图 8-23　JTAG 的硬件连接图

2. 系统电源设计和外围逻辑芯片的选择

G. 726 系统采用 TMS320C5409 芯片，由于 DSP 的内核电压和外部接口电压相同，均为 3.3 V，因此，本系统电压为 5 V 和 3.3 V 两种。其中，模/数转换电路和时序产生电路均为 5 V 供电；DSP 和 Flash 均为 3.3 V 供电。

因为需要两套供电系统，所以要考虑它们的配合问题。在加电过程中，应当保证 DSP

内核电源先上电，最晚也应与外部电源一起加。在关闭电源时，先关外部电源，再关内核电源。需要指出的是，这些供电次序的要求并不是必须满足的，如果实际系统中只能先加外部电源，那么必须保证在整个加电过程中，内核不会超出 DSP 内核 2 V，而整个加电过程应该在 25 ms 内完成。讲究供电次序的原因在于：如果只有 DSP 内核获得供电，周边 I/O 没有供电，那么对 DSP 芯片是不会产生任何损害的，只是没有输入和输出能力而已；如果反过来，周边 I/O 得到供电而 DSP 内核没有加电，那么芯片缓冲驱动部分的三极管将处在一个未知状态下工作，这是非常危险的。在有一定安全措施保障的前提下，允许两个电源同时加电，两个电源都必须在 25 ms 内达到规定电平的 95%。

G.726 系统的电压分别由 MAX1649、MAX1651 和 TPS767D318 供给。在设计系统的电源时，可以考虑分别设计 DSP 芯片的电源和外部芯片的电源，以免电源之间的干扰。外围逻辑芯片可以选择在 5 V 供电下的 74HCT 或 74AHCT 芯片，从而适应 3.3 V 的逻辑输入和 5 V TTL 逻辑输出。具体可以参见 TI 公司的逻辑芯片选择指南，上面对所有的 5 V 逻辑到 1.5 V 逻辑的选择、匹配都进行了十分详细的讲解。

3．DSP 设计

DSP 设计主要考虑以下几个方面：

(1) 时钟电路：采用外接晶振，内部时钟使能方式。设置 CLKMD1 = 1，CLKMD2 = CLKMD3 = 0。在加电时，DSP 的工作时钟为外部晶振频率的 1/2。

(2) 串行口：TMS320C5409 提供了 3 个多通道缓冲串行口(McBSP)，G.726 系统采用 McBSP 的初始化(参见 8.3.3 小节)。

(3) 复位电路：采用简单的阻容复位与外部复位相结合的方式。G.726 系统可以直接采用简单的阻容复位方式，同时，外部也可以随时对 DSP 进行复位，使 G.726 系统受外部控制。

(4) 外接存储器地址及数据分配：为简化设计，G.726 系统不设计译码电路，而用 Flash 映射到数据空间作为 Boot，有关 Boot 的设计参见 8.4.3 小节。

4．Flash 接口设计

有关 Flash 接口的设计以及 Flash 的擦写程序参见 8.4 节。

8.5.4　系统调试

整个系统的调试包括 3 个部分：硬件调试、软件调试和总体调试，这 3 个部分调试都可以借助于 CCS IDE 提供的仿真器进行。

为了使 CCS IDE 提供的仿真器能够调试用户系统，在设计电路板时必须设计与 JTAG 仿真头相匹配的 14 根仿真线。利用 JTAG 仿真头，仿真器就可以对系统进行硬件和软件调试。首先调试硬件系统，调试通过后，软件就可以直接在用户硬件系统上进行调试了。

1．硬件调试

硬件焊接完后，首先测试电压是否正确，然后可用示波器或逻辑分析仪测试 DSP 的 CLKOUT 引脚是否有信号输出，并测试一下该信号的频率是多少，对照设定的 CLKMD1、CLKMD2、CLKMD3，看频率是否正确。如果 CLKOUT 的输出正确，一般来说，则 DSP 部分的硬件基本正常。在这之后，可以将仿真系统与硬件系统相连接。开机加电并运行仿真系统软件，如果仿真系统的软件能够正常运行，则 DSP 内部至少能够正常运行。

接下来可以调试 DSP 外围硬件。与 Flash 的连接部分需要编写相应的程序来调试，例如 Flash 的擦除、编程及读取等。如果能够将写入的数据正确地读出，则表明 Flash 的接口是正确的。

模/数接口的调试涉及一些软件，只要将串行口接收中断打开，那么在串行口接收中断程序中，就可将收到的信号立即送回串行口。在模拟输入端送一个正弦信号(满足采样频率的 Nyquist(奈奎斯特)关系)，观察模拟输出端，如果在输出端能够得到与输入端相同的信号，则表明模拟转换电路及其与 DSP 的接口是正确的。

2. 软件调试

TMS320C5409 系统的软件主要是在仿真器上调试的。同样，为了既提高程序效率，又提高编程效率，在编写整个 TMS320C5409 系统软件时采用两种不同的方法，有些程序模块直接用汇编语言，有些程序模块直接用 C 语言，而有些程序模块则用 C 和汇编的混合编程。

C 语言和汇编语言的混合编程参见 8.2 节。对于语音编解码类的应用系统来说，一般采用的都是 C 语言和汇编语言的混合编程的方法来开发系统。语音的编解码算法用 C 语言实现，外围存储器、模/数接口用汇编语言实现。软件调试可以分为两部分，C 语言部分(算法部分)和汇编语言部分(接口部分)。C 语言部分可以在 VC 环境下验证算法的正确性；汇编语言部分则需要与硬件调试配合。

3. 总体调试

总体调试包括系统的初始化和软、硬件联合调试等，极为重要。G.726 系统的初始化工作主要包括：

(1) 工作时钟设置。系统开始工作时，工作时钟是根据外部 3 个引脚的设置进行的。当不用锁相环(PLL)时，开始工作的时钟频率为晶体频率的 1/2。例如，若晶体频率为 20 MHz，则开始工作时的时钟频率为 10 MHz。正常工作时的时钟频率为 60 MHz，因此需设置的倍数为 3($20 \times 3 = 60$)。设置的方法是对 CLKMD 进行设置，系统中 CLKMD1 = 1，CLKMD2 = CLKMD3 = 0。

(2) 中断设置。打开多通道缓冲串行口中断，对 IMR 进行设置，置相应的通道的位为 1。

(3) 其他设置。其他初始化设置包括串行口初始化，ST0、ST1 初始化等，参见 8.3.3 小节的示例。

(4) 软、硬件联合调试。联合调试是指将所有程序综合在一起，利用仿真器和带仿真接口的用户硬件系统进行调试。程序包括初始化程序、语音编解码程序、串行口中断服务程序等。初始化程序完成系统的初始化；语音编解码程序完成 G.726 算法；串行口中断服务程序完成语音信号的输入和输出。

软、硬件联合调试成功后，通过 CCS IDE 将整个系统的软件按照 8.4.2 小节介绍的 Flash 擦写方法写入 Flash，其中写入 Flash 的数据组织形式参见 8.4.3 小节，这样系统就可以成为独立运行的 DSP 系统了。

8.6　语音实时变速系统

上一节介绍了一个采用 TMS320C5409 实时实现 G.726 32 kb/s 国际标准语音压缩算法

的 DSP 实时系统，该系统结构比较简单。本节将介绍一个复杂的语音处理系统，该系统具有键盘控制功能和语音录放功能。其具有高速、通用、灵活的特点，以极小的内存空间存储大量的语音信号，并且能够将输入的语音信号以变速播放而不改变语音的声调。

8.6.1　语音变速算法简介

在外语多媒体教学中，要求对语速进行快慢控制，以适应不同程度学生的需求。但在改变语速的同时，要求保持原说话者的语调不变。本文就这方面的课题进行了探讨与研究，并进行了一定的实践。

考虑到在语音信号中，浊音具有准周期性而清音没有这一特性，且清音对语音变速影响不大，因此可以忽略。如果将语音信号浊音中的基音周期找出来，并适当地复制某些周期，就可以达到降低语速的效果，而适当地把某些基音周期去掉就可以加快语速。图 8-24(a)是日本 HITACHI 公司在 1996 年做出来的一个语音变速系统，其减速、加速原理分别如图8-24(b)、(c)所示，即将原始语音的若干基音周期进行复制和剪切。由于在经过这样的处理后，并没有改变声波的基频，因此在改变了语速的同时，语音的音调基本保持不变，但是这种方法不具备任意调整声音速度的能力。

(a)

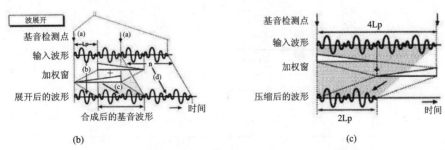

(b)　　　　　　　　　　　　　　　　(c)

图 8-24　日本 HITACHI 公司语音变速系统及其原理

(a) 语音变速系统；(b) 语音减速原理；(c) 语音加速原理

在近几年的语音分析/合成系统中，时域基音同步叠加(TD-PSOLA)算法已经得到了广泛的应用。该算法实现简单，具有较强的时长调整能力，但是由于它只是在时域内进行修正，因此必然会带来合成语音频域上的不连续，导致一定程度的回声效应。

考虑到在实际的系统中语音的压缩存储和语音变速往往是同时需求的，这里提出一种基于 LPC 低比特率语音编码算法的语音变速算法，该算法能够任意调整语音的速率。

　　LPC 编码将语音信号 s(n)看成是一个时变的声道系统在声门的激励之下的输出信号。对浊音而言，声门激励为一周期脉冲串，而对清音而言，声门激励为随机噪声序列。由此得出语音信号产生的简化方框图如图 8-25 所示。

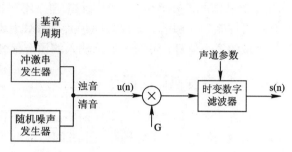

图 8-25　语音信号产生的简化方框图

　　在 LPC 编码中，可以将一帧的语音信号用简化模型的参数来表示，如浊音、清音判别，基音周期，增益 G 以及数字滤波器系数 $\{a_l\}$，这样就可以获得 3 kb/s 的编码。

　　解码时，为了改变语音的速率，这里采用改变语音帧长的办法。由于在 LPC 编码中，浊音可以看成是一周期脉冲串的激励，其中，脉冲周期为基音周期，因此，我们将语音的帧长变长，在其中再加入若干的脉冲串的激励即可得到变速的语音信号。为了保持帧与帧之间频谱过渡的平滑，这里将相邻两帧的基音周期和脉冲串的幅度在帧内做线性插值，这样就可以保持语音的平滑过渡。这里需要注意的一点就是，要保持帧间语音相位的连续性。为了改变 LPC 编码比较重的机器声，我们还对 LPC 编码在基音周期估计、清音帧和浊音帧的编码方面做了很多改进，基本上消除了 LPC 编码的机器声。变速算法处理后的语音波形如图 8-26 所示。

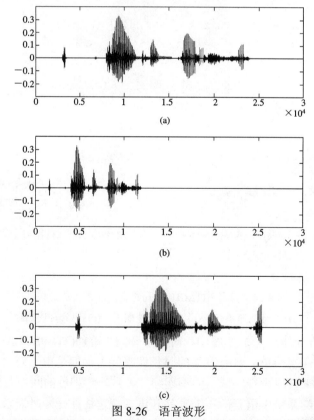

图 8-26　语音波形

(a) 没有变速的语音波形；(b) 加快一倍后的语音波形；(c) 变慢 0.6 倍后的语音波形

8.6.2　系统构成

图 8-27 是语音变速系统的硬件构成框图。由于语音变速系统为一个完善的应用系统，主要完成对语音信号的实时 LPC 编/解码及语音变速，此外，该系统还具有键盘控制功能和语音录放功能，因此，它不但需要外部的 SRAM 存放语音数据，而且需要与 DSP 相连接的键盘控制设备。语音变速系统主要由 TMS320C5409，以 TI 公司的 TLC320AD50 芯片为核心的音频 Codec(编/解码器)模块，以 SST39VF400A 和 CY7C1021 为核心的存储模块、键盘中断模块、电源模块等构成。在图 8-27 中，TLC320AD50 用于完成语音信号的数/模和模/数转换功能；Flash 用于存放程序和已初始化的数据；TMS320C5409 用于实现语音的编解码算法。TMS320C5409 内部提供的 32K 字片内 RAM 用来存放实时运行的程序和数据，片外 SRAM 用于存放编码后的语音数据。语音变速系统的工作过程是：系统加电后，通过复位键使 TMS320C5409 复位。TMS320C5409 复位后，由内部固化的自引导程序将存于 Flash 上的程序和初始化数据搬移到片内 RAM，然后 TMS320C5409 根据键盘的控制执行操作，运行 LPC 编码算法(录音)、LPC 编/解码以及语音变速(放音)程序，调整语音的速率。

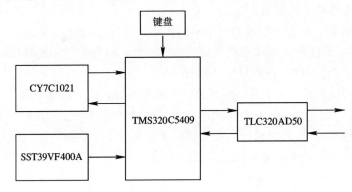

图 8-27　语音变速系统的硬件构成框图

8.6.3　系统软、硬件设计

1．电路设计要求

1) 布局

首先，要考虑 PCB 尺寸大小。若 PCB 尺寸过大，则印制板走线长，阻抗增加，抗噪声能力下降，成本也增加；若过小，则散热不好，并且邻近走线易受干扰。在确定 PCB 的尺寸之后，再确定特殊元件的位置，然后根据电路的功能单元，对电路的全部元器件进行布局。

(1) 在确定特殊元件的位置时要遵守以下原则：

尽可能缩短高频元器件之间的连线，设法减少它们的分布参数和相互间的电磁干扰；易受干扰的元器件不能相互离得太近，输入和输出元件应尽量远离；应留出印制板定位孔及固定支架所占用的位置。

(2) 根据电路的功能单元，对电路的元器件进行布局时，需要注意以下原则：

按照电路的流程安排各个功能电路单元的位置，使布局便于信号流通，并使信号尽可能保持一致的方向；以每个功能电路的核心元件为中心，围绕它来进行布局；元器件应均匀、整齐、紧凑地排列在 PCB 上；尽量减少和缩短各元器件之间的引线和连接；一般电路应尽可能使元器件平行排列，这样不但美观，而且焊接容易；位于电路板边缘的元器件，离电路板边缘一般不小于 2 mm；电路板面尺寸大于 200 mm × 150 mm 时，应考虑电路板所受的机械强度。

2) 布线

布线时应遵守以下原则：

(1) 印制板导线的最小宽度主要由导线与绝缘基板间的黏附强度和流过它们的电流值决定。对于数字电路，通常选 0.2～0.3 mm 导线宽度。当然，只要允许，还是尽可能用宽线，尤其是电源线和地线。导线的最小间距主要由最坏情况下的线间绝缘电阻和击穿电压决定。对于集成电路，尤其是数字电路，只要工艺允许，可使间距小至 7～10 mil。

(2) 印制导线拐弯处一般取 45° 角或圆弧形，因为直角在高频电路中会影响电气性能。此外，应尽量避免使用大面积铜箔；否则，长时间受热时易发生铜箔膨胀和脱落现象。必须用大面积铜箔时，最好用栅格状敷铜，这样有利于排出铜箔与基板间因黏合剂受热而产生的挥发性气体。

3) PCB 及电路抗干扰措施

(1) 电源线设计。根据印制线路板电流的大小，尽量加粗电源线宽度，减少环路电阻，同时，使电源线、地线的走向和数据传递的方向一致，这样有助于增强抗噪声能力。

(2) 地端设计。设计时应遵守以下原则：

① 数字地与模拟地分开。若电路板上既有模拟电路，又有数字电路，应尽量将它们分开，并将模拟地与数字地在一点直接相连或通过铁氧体磁珠相连。若板子上有多组地线，则尽量采用掌形敷铜，即几组地线的敷铜在板子内部像 5 个手指一样，只在一点相连。

② 接地线应尽量加粗。若接地线用很细的线条，则接地电位会随电流的变化而变化，使抗噪性能降低，因此应将接地线加粗。

(3) 去耦电容配置。设计时应遵守以下原则：

① PCB 设计的常规做法之一是在印制板的各个关键部位配置适当的去耦电容。

② 电源输入端跨接 10～100 μF 的电解电容器，如有可能，接 100 μF 以上的更好。

③ 原则上每个集成电路芯片的电源引脚和地之间都应布置一个 0.01 μF 的瓷片电容，如遇印制板空隙不够，可每 4～8 个芯片布置一个 1～10 μF 的钽电容。

2. 外围存储模块

系统的存储模块包括扩展程序的 SST39VF400A Flash、扩展数据的 CY7C1021 SRAM。Flash 程序扩展芯片主要用于存储语音变速程序，系统上电后，能够自动装入到 DSP 的内部程序存储器。SRAM 主要用于存储经过 LPC 编码后的语音数据。经过优化 LPC 算法编码后的语音数据在 64 K 字的 SRAM 上能够存储 4 min。具体的 Flash、SRAM 与 DSP 的接口方法参见 8.4 节。

3. 键盘中断模块

系统用键盘作为人机界面。为了有效合理地利用 DSP 的片上资源，以及支持系统的扩展，系统的设计过程中没有用到 HPI 口，在这里将键盘与 TMS320C5409 的 HPI 口相连。通过将 TMS320C5409 的 HPIENA 引脚拉低，可以将 HPI 口映射成为 GPIO，并且将键盘连线通过"或"门接到 INT0。当有键按下时，INT0 中断处理程序通过从 GPIO 中读出的数值来判断此时是录音、放音、语速变快还是语速变慢。GPIO 的初始化函数如下所示：

```
void init_hpi( )
{
    /*将 HPI 映射为 GPIO，并且所有的管脚都为输入管脚*/
    *GPIOCR = 0x0000;
}
```

录音键的处理程序使能接收 DMA 通道的 ABU 模式；播放键使能发送 DMA 通道的 ABU 模式。变快、变慢键改变 ABU 模式的帧长，达到改变语音速率的目的。

4．A/D 与 D/A 程序的设计

TMS320C5409 与 TLC320AD50 之间通过 McBSP 串口通信。McBSP 可以有三种方式跟 CPU 通信：① 每收到或发送一个单元，置标志位，CPU 轮询此标志位；② 每收到或发送一个单元，给 CPU 发送中断；③ 通过 DMA 收到或发送完一组单元后，再给 CPU 中断。这里，为了减轻 CPU 负担并且考虑到 LPC 编码不像前面 G.726 编码那样是对每一个采样点进行处理的，它是对每一帧进行编码和解码的，故采用第三种方法。

采用 DMA 的方式，即串口每发送或接收到一个单元，都会自动触发 DMA 将其搬送到一个内部的 Buffer 中，等 Buffer 满了再通过中断方式告诉 CPU 处理。这时 DMA 最好采用 ABU 模式。在这种模式下，DMA 会在两个 Buffer(其实是一个容量较大的 Buffer 的前一半和后一半)之间自动切换，每个 Buffer 满了(接收)或空了(发送)时，都会给 CPU 发出 DMA 通道中断，中断服务子程序对其中刚引起中断的那个 Buffer 中的数据进行编解码，而此时接收的数据顺序放到另一半，DMA 会自动将接收的数据顺序放到另一个 Buffer 中。采用这种方式可以有效解决 Buffer 中的数据在串口速率较高时被新数据冲掉的问题。在进行语音变速时，只需要将 DMA 通道的帧长做相应的改变。

JTAG 和电源的设计参见 8.5 节。最终设计好的语音变速系统的硬件视图如图 8-28 所示。语音变速系统的软件流程如图 8-29 所示。

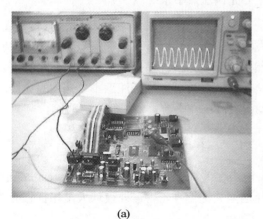
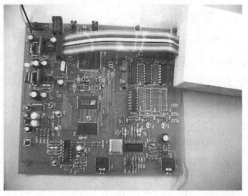

(a)　　　　　　　　　　　　　　　　　(b)

图 8-28　语音变速系统的硬件视图

(a) 连接图；(b) 局部放大图

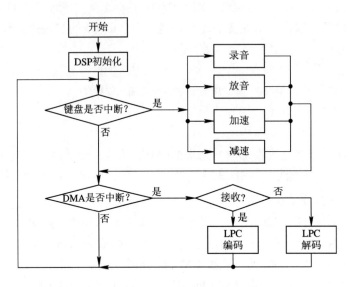

图 8-29　语音变速系统的软件流程

8.6.4　系统调试

下面是整个系统调试包括的几个部分以及调试技巧。

1. PCB 板测试

对 GND 进行工艺性检查，看是否短路、断路，过孔是否导通，这些主要通过目测和万用表完成。在小批量测试时，要尽量做到这一步，因为实验板的量少，所以厂家可能没有进行很好的检验。

2. 焊接

焊接时先焊最小系统，调试后再逐步增加器件。一般先焊表贴器件，低的先焊，高的后焊。如果表贴器件与最小系统矛盾，则一定要先调通最小系统。

3. 硬件调试

在硬件调试时，首先是准备工具，如开发系统、示波器、万用表、信号源等。示波器的使用频率范围要由系统的最高频率决定。然后，编写测试程序。测试程序要逐个编写，功能要一个个地测试，系统资源要分块测试，不用的资源可不测。注意不要一次写完一个大的测试程序。最后是调试，调试时一要借助工具和工作平台；二要胆大、心细。

4. 调试考虑点

1) 信号探测点

为了验证板上各个元件间通信正常与否，应当在关键信号线上设置探测点(Test Point)，或者是借助标准的插座将信号引出。如何选择这些关键信号，则需要设计人员根据相应的器件手册，视具体的应用情况而定。

探测点可以放置在需要经常观察的信号线以及电源和地线上，这样便于用示波器等进行观察。使用插座更可以方便诸如逻辑分析仪之类的设备来捕捉时序波形。

2) 子系统的独立性

简化设计对于将来实现对一个电路的快速调试尤为关键。一个实际的应用系统大多都具有较高的复杂程度。为了简化调试过程，这样一个复杂系统在设计时应当让各个部分尽量可以独立测试。可以将整个系统分为若干个模块，最理想的情况下，各个模块可以独立工作，也可以单独进行测试。例如，检验串行输入数据流时，不用考虑外部存储器的存取功能；或是检验外部存储器时，避开共享存储的情况。这样不仅便于功能调试，也便于故障定位。在焊接器件时，应注意焊接一部分就调试一部分，这种分块调试方法有利于出现问题时查找原因。如果将所有的器件全部焊接上去以后再进行调试，则可能会由于某些部分没有调好而烧坏 DSP。

3) 手工复位

电路中建议添加一个按键开关为系统提供硬件复位信号。在早期的原型设计调试阶段，系统中的多个器件很可能会出现一些非法工作状态。在这种情况下，手工硬件复位是一个最简单的方法，它可以将系统更新初始化，使各个部分重新进入缺省状态。

5．软件调试

(1) 利用开发系统进行在线调试。如单步、断点调试等。

(2) 分块调试。检验各程序模块正确性的方法需要根据各模块的实际情况而定。例如，调试 A/D、D/A 串行中断程序模块的方法就是在中断程序中对 A/D 变换后得到的语音数据直接进行 D/A 变换，这样，比较输入和输出的声音就可以判断中断程序的正确与否。闪烁存储器程序模块的调试方法是比较写入和读出的对应数据。

(3) 模块间通信调试。

(4) 系统软件联调。在测试各项指标参数时，注意进行参数补偿。

6．调试技巧

(1) 如果不慎将 DSP 烧坏，就要从板子上面把 DSP 拿下来。可以用细铜丝穿过 DSP 的一排引脚，将铜丝的一端固定，一边用烙铁烫 DSP 的引脚，一边用铜丝切割 DSP 的引脚。这样可以完好无损地将 DSP 拿下，并保护了焊盘。

(2) 焊 DSP、SRAM 一类的多引脚贴片封装的芯片时，先将芯片与焊盘对齐，用烙铁点芯片的 4 个脚将芯片固定在板子上，然后用烙铁将焊锡均匀地涂在芯片的一侧管脚上，用吸锡线将管脚旁边的锡吸掉。其他几面用同样的方法即可。

(3) 有关 C 语言编程的技巧参见 8.2 节。

软、硬件联合调试成功后就可以脱离仿真器。首先通过 CCS IDE 将整个系统的软件按照 8.4.2 小节介绍的 Flash 擦写方法写入 Flash，其中写入 Flash 的数据组织形式参见 8.4.3 小节的 Bootload 设计，这样系统就可以成为独立运行的 DSP 系统。

画卷视频预览和导航

全景泊车

附　录

附录 1　TMS320 系列 DSP 的命名方法

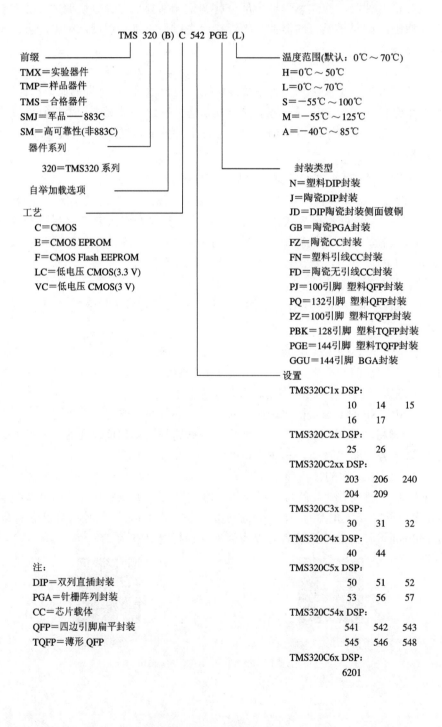

TMS 320 (B) C 542 PGE (L)

前缀
TMX＝实验器件
TMP＝样品器件
TMS＝合格器件
SMJ＝军品——883C
SM＝高可靠性(非883C)

器件系列
320＝TMS320 系列

自举加载选项

工艺
C＝CMOS
E＝CMOS EPROM
F＝CMOS Flash EEPROM
LC＝低电压 CMOS(3.3 V)
VC＝低电压 CMOS(3 V)

温度范围(默认：0℃～70℃)
H＝0℃～50℃
L＝0℃～70℃
S＝－55℃～100℃
M＝－55℃～125℃
A＝－40℃～85℃

封装类型
N＝塑料DIP封装
J＝陶瓷DIP封装
JD＝DIP陶瓷封装侧面镀铜
GB＝陶瓷PGA封装
FZ＝陶瓷CC封装
FN＝塑料引线CC封装
FD＝陶瓷无引线CC封装
PJ＝100引脚　塑料QFP封装
PQ＝132引脚　塑料QFP封装
PZ＝100引脚　塑料TQFP封装
PBK＝128引脚　塑料TQFP封装
PGE＝144引脚　塑料TQFP封装
GGU＝144引脚　BGA封装

设置
TMS320C1x DSP:
　　10　　14　　15
　　16　　17
TMS320C2x DSP:
　　25　　26
TMS320C2xx DSP:
　　203　206　240
　　204　209
TMS320C3x DSP:
　　30　　31　　32
TMS320C4x DSP:
　　40　　44
TMS320C5x DSP:
　　50　　51　　52
　　53　　56　　57
TMS320C54x DSP:
　　541　542　543
　　545　546　548
TMS320C6x DSP:
　6201

注:
DIP＝双列直插封装
PGA＝针栅阵列封装
CC＝芯片载体
QFP＝四边引脚扁平封装
TQFP＝薄形 QFP

附录 2　　TMS320C54x 引脚信号说明

引脚名称	I/O/Z	说　　　明
地址与数据信号		
A22～A0	O/Z	地址总线，用于访问外部数据/程序存储空间或 I/O 空间。处理器在保持工作方式或 EMU1/$\overline{\text{OFF}}$ 为低电平时，A22～A16 用于扩展程序存储器寻址（仅 TMS320C548 和 TMS320C549）
D15～D0	I/O/Z	数据总线，用于 CPU 与外部数据/程序存储器或 I/O 设备之间传送数据。当没有输出或 RS，$\overline{\text{HOLD}}$ 信号有效时，D15～D0 处于高阻状态。若 EMU1/$\overline{\text{OFF}}$ 为低电平，则 D15～D0 也变成高阻状态
初始化，中断和复位信号		
$\overline{\text{IACK}}$	O/Z	中断响应信号。$\overline{\text{IACK}}$ 有效时，表示接收一次中断，程序计数器按照 A15～A0 所指的位置取出中断向量。当 EMU1/$\overline{\text{OFF}}$ 为低电平时，$\overline{\text{IACK}}$ 也变成高阻状态
$\overline{\text{INT0}}$～$\overline{\text{INT3}}$	I	外部可屏蔽中断请求信号。$\overline{\text{INT0}}$～$\overline{\text{INT3}}$ 的优先级为：$\overline{\text{INT0}}$ 最高，依次下去，$\overline{\text{INT3}}$ 最低。这 4 个中断请求信号都可以用中断屏蔽寄存器和中断方式位屏蔽。$\overline{\text{INT0}}$～$\overline{\text{INT3}}$ 都可以通过中断标志寄存器进行查询和复位。如果没有使用该中断，则最好通过 4.7 kΩ 上拉电阻接高电平
$\overline{\text{NM I}}$	I	非可屏蔽中断请求信号。$\overline{\text{NM I}}$ 是一种外部中断，不能够用中断屏蔽寄存器和中断方式位对其进行屏蔽。当 $\overline{\text{NM I}}$ 有效时，处理器转移到相应的向量单位
$\overline{\text{RS}}$	I	复位信号。$\overline{\text{RS}}$ 使 DSP 结束执行，强迫程序计数器指向 0FF80H 处，并开始执行程序。$\overline{\text{RS}}$ 对许多寄存器和状态位有影响
MP/$\overline{\text{MC}}$	I	微处理器/微型计算机工作方式位。如果复位时此位为低电平，则工作在微型计算机工作方式，片内程序 ROM 映像到程序存储器的高地址空间。在微处理器工作方式下，DSP 对片外寄存器进行寻址
CNT	I	I/O 电平选择引脚。当 CNT 为低电平时，为 5 V 工作状态，所有输入和输出电平均与 TTL 电平兼容。当 CNT 为高电平时，为 3 V 工作状态，I/O 接口电平与 CMOS 电平兼容
多处理器信号		
$\overline{\text{BIO}}$	I	控制分支转移的输入信号。当 $\overline{\text{BIO}}$ 低电平有效时，有条件地执行分支转移。执行 XC 指令，是在流水线的读指令时采样 $\overline{\text{BIO}}$
XF	O/Z	外部标志输出端。这是一个可以锁存的软件可编程信号，可以用 SSBX XF 或 RSBX XF 指令，将 XF 置为高或低电平；也可以用加载状态寄存器 ST1 的方法来设置。XF 可用于多处理器结构中的相互通信，也可做一般的输出引脚。当 EMU1/$\overline{\text{OFF}}$ 为低电平时，XF 变成高阻状态，复位时 XF 变成高电平。此引脚可用于测试 DSP 的工作状态

续表(一)

引脚名称	I/O/Z	说　明
存储器控制信号		
$\overline{DS}$ $\overline{PS}$ $\overline{IS}$	O/Z	数据、程序和 I/O 空间选通信号。$\overline{DS}$、$\overline{PS}$ 和 $\overline{IS}$ 总是在高电平,当只有与一个外部空间通信时,相应的选通信号才变为低电平。它们的有效期与地址信号的有效期相对应。在保持工作方式或 EMU1/$\overline{OFF}$ 为低电平时,它们均变成高阻状态
$\overline{MSTRB}$	O/Z	存储器选通信号。$\overline{MSTRB}$ 平时为高电平,当 CPU 寻址外部数据或程序存储器时为低电平。在保持工作方式或 EMU1/$\overline{OFF}$ 为低电平时,$\overline{MSTRB}$ 变成高阻状态
READY	I	数据准备就绪信号。当 READY 高电平有效时,表明外部器件已经做好传送数据的准备。如果外部器件没有准备好(READY 为低电平),处理器就等待一个周期,再检查 READY 信号。需要注意的是,处理器只有完成等待状态后才开始采样,处理器至少要等待两个软件周期
R/$\overline{W}$	O/Z	读/写信号。R/$\overline{W}$ 指示与外部器件通信期间数据传送的方向。R/$\overline{W}$ 平时为高电平(读方式),只有当 DSP 执行一次写操作时才变成低电平。在保持工作方式或 EMU1/$\overline{OFF}$ 为低电平时,R/$\overline{W}$ 变成高阻状态
$\overline{IOSTRB}$	O/Z	I/O 选通信号。$\overline{IOSTRB}$ 平时为高电平,当 CPU 寻址 I/O 设备时为低电平。在保持工作方式或 EMU1/$\overline{OFF}$ 为低电平时,$\overline{IOSTRB}$ 变成高阻状态
$\overline{HOLD}$	I	保持输入信号。当 HOLD 低电平有效时,表示外部电路请求控制地址、数据和控制信号线。当 TMS320C54x 响应时,这些线均变成高阻状态
$\overline{HOLDA}$	O/Z	保持响应信号。当 HOLDA 低电平有效时,表示处理器处于保持状态,数据、地址和控制线均处于高阻状态,外部电路可以利用它们。当 EMU1/$\overline{OFF}$ 为低电平时,$\overline{HOLDA}$ 也变成高阻状态
$\overline{MSC}$	O/Z	微状态完成信号。它与 READY 线相连,当最后一个内部软件等待状态执行时,$\overline{MSC}$ 变成低电平,呈高阻态。当 EMU1/$\overline{OFF}$ 为低电平时,$\overline{MSC}$ 也变成高阻态
$\overline{IAQ}$	O/Z	指令获取信号。当 $\overline{IAQ}$ 低电平有效时,表示一条正在执行的指令的地址出现在地址总线上。当 EMU1/$\overline{OFF}$ 为低电平时,$\overline{IAQ}$ 呈高阻态
振荡器/定时器信号		
CLKOUT	O/Z	主时钟输出信号。CLKOUT 周期就是 CPU 的机器周期。内部机器周期是以这个信号的下降沿界定的。当 EMU1/$\overline{OFF}$ 为低电平时,CLKOUT 也变成高阻状态
CLKMD1 CLKMD2 CLKMD3	I	外部/内部时钟工作方式输入信号。利用 CLKMD1、CLKMD2 和 CLKMD3 可以选择和配置不同的时钟工作方式,如晶振方式、外部时钟方式以及各种锁相环(PLL)系数
X2/CLKIN	I	晶体接到内部振荡器的输入引脚。如果不用内部晶体振荡器,这个引脚就变成外部时钟输入端。内部机器周期由时钟工作方式输入信号(CLKMD1、CLKMD2 和 CLKMD3)决定
X1	O	从内部振荡器连接到晶体的输出引脚。如果不用内部晶体振荡器,X1 应悬空不接。当 EMU1/$\overline{OFF}$ 为低电平时,X1 不会变成高阻状态
TOUT	O/Z	定时器输出端。当片内定时器减法计数到 0 时,TOUT 输出端发出一个脉冲。当 EMU1/$\overline{OFF}$ 为低电平时,TOUT 也呈高阻态

引脚名称	I/O/Z	说　明
缓冲串行口 0 和缓冲串行口 1 的信号		
BCLKR0 BCLKR1	I	接收时钟。这个外部时钟信号对来自数据接收引脚(BDR)、传送至缓冲串行口接收移位寄存器(BRSR)的数据进行定时。在缓冲串行口传送数据期间,这个信号必须存在。如果不用缓冲串行口,可以把 BCLKR0 和 BCLKR1 作为输入端,通过缓冲串行口控制寄存器(BSPC)的 IN0 位检查它们的状态
BCLKX0 BCLKX1	I/O/Z	发送时钟。这个时钟用来对来自缓冲串行口发送移位寄存器(BXSR)、传送到数据发送引脚(BDX)的数据进行定时。如果 BSPC 中的 MCM 位清零,BCLKX 可以作为一个输入端,从外部输入发送时钟。当 MCM 位置 1 时,它由片内时钟驱动。此时,发送时钟的频率 = CLKOUT 的频率 × 1/(CLKDV + 1),其中,CLKDV 为发送时钟的分频系数,其值为 0~31。如果不用缓冲串行口,则可以把 BCLKX0 和 BCLKX1 作为输入端,通过 BSPC 中的 IN1 位检查它们的状态。当 EMU1/$\overline{\text{OFF}}$ 为低电平时,BCLK0 和 BCLK1 变成高阻状态
BDR0 BDR1	I	缓冲串行口数据接收端。串行数据由 BDR0/BDR1 端接收后,传送到 BRSR
BDX0 BDX1	O/Z	缓冲串行口数据发送端。串行数据通过 BDX 从 BXSR 发送。当不传送数据或 EMU1/$\overline{\text{OFF}}$ 为低电平时,BDX0 和 BDX1 变成高阻状态
BFSR0 BFSR1	I	用于接收输入的帧同步脉冲。BFSR 脉冲的下降沿对数据接收过程进行初始化,同时启动 BRSR 的时钟
BFSX0 BFSX1	I/O/Z	用于发送的帧同步脉冲。BFSX 脉冲的下降沿对数据发送过程进行初始化,同时启动 BXSR 的时钟,复位后,BFSX 的缺省操作条件时作为一个输入信号。当 BSPC 中的 TXM 位置 1 时,由软件选择 BFSX0 和 BFSX1 为输出,帧发送同步脉冲由片内给出。当 EMU1/$\overline{\text{OFF}}$ 为低电平时,此引脚呈高阻态
串行口 0 和串行口 1 的信号		
CLKR0 CLKR1	I	接收时钟。用于从数据接收引脚(DR)到串行口接收位移寄存器(RSR)的时序控制。在串行口传送数据期间,这个信号必须存在。如果不用串行口,则可以把 CLKR0 和 CLKR1 作为输入端,通过串行口控制寄存器(SPC)的 IN0 位检查它们的状态
CLKX0 CLKX1	I/O/Z	发送时钟,用于从串行口发送移位寄存器(XSR)到数据发送引脚(DX)的时序控制。如果 SPC 中的 MCM 位清零,则 CLKX 可作为输入端,从外部输入发送时钟。当 MCM 位置 1 时,它由片内时钟驱动。此时,发送时钟频率等于 CLKOUT 的频率/4。如果不用串行口,则可以把 CLKX0 和 CLKX1 作为输入端,通过 SPC 中的 IN1 位检查它们的状态。当 EMU1/$\overline{\text{OFF}}$ 为低电平时,CLK0 和 CLK1 呈高阻态
DR0 DR1	I	串行口数据接收端。串行数据由 DR 端接收后,传送到串行口接收移位寄存器(RSR)

引脚名称	I/O/Z	说　　明
DX0 DX1	O/Z	串行口数据发送端。来自串行口发送移位寄存器(XSR)的数据经 DX0 和 DX1 引脚发送出去。当不传送数据或 EMU1/$\overline{OFF}$ 为低电平时，DX0 和 DX1 变成高阻状态
FSR0 FSR1	I	用于接收输入的帧同步脉冲。FSR 脉冲的下降沿对数据接收过程进行初始化，并开始对 RSR 进行定时
FSX0 FSX1	I/O/Z	用于发送的帧同步脉冲。FSX 脉冲的下降沿对数据发送过程进行初始化，并开始对 RSX 进行定时。复位后，FSX 的缺省操作条件时作为一个输入信号。当 SPC 中的 TXM 位置 1 时，FSX0 和 FSX1 为输出，帧发送同步脉冲由片内给出。当 EMU1/$\overline{OFF}$ 为低电平时，此引脚呈高阻态
时分多路(TDM)串行口的信号		
TCLKR	I	TDM 接收时钟
TDR	I	TDM 串行数据接收端
TFSR/TADD	I	TDM 接收帧同步脉冲或 TDM 地址
TCLKX	I/O/Z	TDM 发送时钟
TDX	O/Z	TDM 串行数据发送端
TFSX/TFRM	I/O/Z	TDM 发送帧同步脉冲
主机接口(HPI)信号		
HD0～HD7	I/O/Z	双向并行数据总线。当不传送数据或 EMU1/$\overline{OFF}$ 为低电平时，HD0～HD7 处于高阻状态
HCNTL0 HCNTL1	I	主机控制信号，用于主机选择所要寻址的寄存器
HBIL	I	字节识别信号，识别主机传送过来的是第一个字节(HBIL = 0)还是第二个字节(HBIL = 1)
$\overline{HCS}$	I	片选信号，作为 TMS320C54x HPI 的使能端
$\overline{HDS1}$ $\overline{HDS2}$	I	数据选通信号
$\overline{HAS}$	I	地址选通信号
HR/$\overline{W}$	I	HPI 读/写信号。高电平表示主机要读 HPI，低电平表示主机要写 HPI
HRDY	O/Z	HPI 准备就绪信号。高电平表示 HPI 准备一次数据传送，低电平表示 HPI 正忙
$\overline{HINT}$	O/Z	HPI 中断输出信号。当 DSP 复位时，此信号为高电平。当 EMU1/$\overline{OFF}$ 为低电平时，此信号变为高阻状态
HPIENA	I	HPI 模块选择信号。要选择 HPI，必须将此信号引脚连接到高电平。如果此引脚处于开路状态或是接地，将不能选择 HPI 模块。当复位信号 $\overline{RS}$ 变高时，采样 HPIENA 信号，在 $\overline{RS}$ 再次变低以前不检查此信号

引脚名称	I/O/Z	说　　　明
电源引脚		
CV_{DD}	电源	正电源。CV_{DD} 是 CPU 的电源电压
DV_{DD}	电源	正电源。DV_{DD} 是 I/O 引脚用的电源电压
V_{SS}	电源	地。V_{SS} 是 TMS320C54x 的电源地线
IEEE 1149.1 测试引脚		
TCK	I	IEEE 标准 1149.1 测试时钟,通常是一个占空比为 50% 的方波信号。在 TCK 的上升沿,将输入信号 TMS 和 TDI 在测试访问口(TAP)上的变化记录到 TAP 的控制器、指令寄存器或所选定的测试数据寄存器。TAP 输出信号(TDO)的变化发生在 TCK 的下降沿
TDI	I	IEEE 标准 1149.1 测试数据输入端。此引脚带有内部上拉电阻。在 TCK 的上升沿,将 TDI 记录到所选定的指令或数据寄存器
TDO	O/Z	IEEE 标准 1149.1 测试数据输出端。在 TCK 的下降沿,将所选定的寄存器(指令或数据寄存器)中的内容从 TDO 中移出。除了进行数据扫描以外,TDO 均处在高阻状态。当 EMU1/$\overline{OFF}$ 为低电平时,TDO 也变成高阻状态
TMS	I	IEEE 标准 1149.1 测试方式选择端。此引脚带有内部上拉电阻。在 TCK 的上升沿,此串行控制输入信号被记录到 TAP 的控制器中
$\overline{TRST}$	I	IEEE 标准 1149.1 测试复位信号。此引脚带有内部上拉电阻。当 $\overline{TRST}$ 为高电平时,则由 IEEE 标准 1149.1 扫描系统控制 TMS320C54x 的工作方式;若 $\overline{TRST}$ 不接或接低电平,则 TMS320C54x 按正常方式工作,可忽略 IEEE 标准 1149.1 的其他信号
EMU0	I/O/Z	EMU0 是仿真器中断 0 引脚。当 $\overline{TRST}$ 为低电平时,为了启动 EMU1/$\overline{OFF}$ 条件,EMU0 必须为高电平。当 $\overline{TRST}$ 为高电平时,EMU0 作为加到或者来自仿真器系统的一个中断,并且由 IEEE 1149.1 扫描系统来确定它是输入还是输出
EMU1/$\overline{OFF}$	I/O/Z	EMU1 是仿真器中断 1 引脚,$\overline{OFF}$ 是关断所有的输出端。当 $\overline{TRST}$ 为高电平时,EMU1/$\overline{OFF}$ 作为加到或者来自仿真器系统的一个中断,是输入还是输出则由 IEEE 1149.1 扫描系统定义。当 $\overline{TRST}$ 为低电平时,EMU1/$\overline{OFF}$ 配置为 $\overline{OFF}$,将所有的输出端都设置为高阻状态。需要注意的是,$\overline{OFF}$ 专用于测试和仿真目的(不提供微处理应用)。因此,对于 $\overline{OFF}$ 的情况,应有 $\overline{TRST}$ 为低电平,EMU0 为高电平,EMU1/$\overline{OFF}$ 为低电平
芯片测试引脚		
TEST1	I	测试 1,留作内部测试用(仅 TMS320LC548 和 TMS320C549)。此引脚必须空着(NC)

注:I 表示输入,O 表示输出,Z 表示高阻态。DV_{DD} 指 3.3 V 电压,CV_{DD} 指 1.8 V 电压。

附录 3 TMS320C54x DSP 的中断向量和中断优先权

附表 3-1 TMS320C541 的中断向量和中断优先权

中断向量 序号(k)	优先级	中断名称	中断向量表 位置	中断描述
0	1	$\overline{RS}$/SINTR	0	复位(硬件和软件复位)
1	2	$\overline{NMI}$/SINT16	4	非可屏蔽中断
2	—	SINT17	8	软件中断 #17
3	—	SINT18	C	软件中断 #18
4	—	SINT19	10	软件中断 #19
5	—	SINT20	14	软件中断 #20
6	—	SINT21	18	软件中断 #21
7	—	SINT22	1C	软件中断 #22
8	—	SINT23	20	软件中断 #23
9	—	SINT24	24	软件中断 #24
10	—	SINT25	28	软件中断 #25
11	—	SINT26	2C	软件中断 #26
12	—	SINT27	30	软件中断 #27
13	—	SINT28	34	软件中断 #28
14	—	SINT29	38	软件中断 #29；保留
15	—	SINT30	3C	软件中断 #30；保留
16	3	$\overline{INT0}$/SINT0	40	外部用户中断 #0
17	4	$\overline{INT1}$/SINT1	44	外部用户中断 #1
18	5	$\overline{INT2}$/SINT2	48	外部用户中断 #2
19	6	TINT/SINT3	4C	内部定时器中断
20	7	RINT0/SINT4	50	串行口 0 接收中断
21	8	XINT0/SINT5	54	串行口 0 发送中断
22	9	RINT1/SINT6	58	串行口 1 接收中断
23	10	XINT1/SINT7	5C	串行口 1 发送中断
24	11	$\overline{INT3}$/SINT8	60	外部用户中断 #3
25~31	—		64~7F	保留

附表 3-2　TMS320C542 的中断向量和中断优先权

中断向量序号(k)	优先级	中断名称	中断向量表位置	中断描述
0	1	$\overline{RS}$ / SINTR	0	复位(硬件和软件复位)
1	2	$\overline{NMI}$ / SINT16	4	非可屏蔽中断
2	—	SINT17	8	软件中断 #17
3	—	SINT18	C	软件中断 #18
4	—	SINT19	10	软件中断 #19
5	—	SINT20	14	软件中断 #20
6	—	SINT21	18	软件中断 #21
7	—	SINT22	1C	软件中断 #22
8	—	SINT23	20	软件中断 #23
9	—	SINT24	24	软件中断 #24
10	—	SINT25	28	软件中断 #25
11	—	SINT26	2C	软件中断 #26
12	—	SINT27	30	软件中断 #27
13	—	SINT28	34	软件中断 #28
14	—	SINT29	38	软件中断 #29；保留
15	—	SINT30	3C	软件中断 #30；保留
16	3	$\overline{INT0}$ / SINT0	40	外部用户中断 #0
17	4	$\overline{INT1}$ / SINT1	44	外部用户中断 #1
18	5	$\overline{INT2}$ / SINT2	48	外部用户中断 #2
19	6	TINT/SINT3	4C	内部定时器中断
20	7	BRINT0/SINT4	50	缓冲串行口接收中断
21	8	BXINT0/SINT5	54	缓冲串行口发送中断
22	9	TRINT/SINT6	58	TDM 串行口接收中断
23	10	TXINT/SINT7	5C	TDM 串行口发送中断
24	11	$\overline{INT3}$ / SINT8	60	外部用户中断#3
25	12	$\overline{HPINT}$ / SINT9	64	HPI 中断
26～31	—		68～7F	保留

附表 3-3　TMS320C543 的中断向量和中断优先权

中断向量序号(k)	优先级	中断名称	中断向量表位置	中断描述
0	1	$\overline{RS}$ / SINTR	0	复位(硬件和软件复位)
1	2	$\overline{NMI}$ / SINT16	4	非可屏蔽中断
2	—	SINT17	8	软件中断 #17
3	—	SINT18	C	软件中断 #18
4	—	SINT19	10	软件中断 #19
5	—	SINT20	14	软件中断 #20
6	—	SINT21	18	软件中断 #21
7	—	SINT22	1C	软件中断 #22
8	—	SINT23	20	软件中断 #23
9	—	SINT24	24	软件中断 #24
10	—	SINT25	28	软件中断 #25
11	—	SINT26	2C	软件中断 #26
12	—	SINT27	30	软件中断 #27
13	—	SINT28	34	软件中断 #28
14	—	SINT29	38	软件中断 #29；保留
15	—	SINT30	3C	软件中断 #30；保留
16	3	$\overline{INT0}$ / SINT0	40	外部用户中断 #0
17	4	$\overline{INT1}$ / SINT1	44	外部用户中断 #1
18	5	$\overline{INT2}$ / SINT2	48	外部用户中断 #2
19	6	TINT/SINT3	4C	内部定时器中断
20	7	BRINT0/SINT4	50	缓冲串行口接收中断
21	8	BXINT0/SINT5	54	缓冲串行口发送中断
22	9	TRINT/SINT6	58	TDM 串行口接收中断
23	10	TXINT/SINT7	5C	TDM 串行口发送中断
24	11	$\overline{INT3}$ / SINT8	60	外部用户中断 #3
25~31	—		64~7F	保留

附表 3-4　TMS320C545 的中断向量和中断优先权

中断向量 序号(k)	优先级	中 断 名 称	中断向量表 位置	中 断 描 述
0	1	$\overline{\text{RS}}$ / SINTR	0	复位(硬件和软件复位)
1	2	$\overline{\text{NMI}}$ / SINT16	4	非可屏蔽中断
2	—	SINT17	8	软件中断 #17
3	—	SINT18	C	软件中断 #18
4	—	SINT19	10	软件中断 #19
5	—	SINT20	14	软件中断 #20
6	—	SINT21	18	软件中断 #21
7	—	SINT22	1C	软件中断 #22
8	—	SINT23	20	软件中断 #23
9	—	SINT24	24	软件中断 #24
10	—	SINT25	28	软件中断 #25
11	—	SINT26	2C	软件中断 #26
12	—	SINT27	30	软件中断 #27
13	—	SINT28	34	软件中断 #28
14	—	SINT29	38	软件中断 #29；保留
15	—	SINT30	3C	软件中断 #30；保留
16	3	$\overline{\text{INT0}}$ / SINT0	40	外部用户中断 #0
17	4	$\overline{\text{INT1}}$ / SINT1	44	外部用户中断 #1
18	5	$\overline{\text{INT2}}$ / SINT2	48	外部用户中断 #2
19	6	TINT/SINT3	4C	内部定时器中断
20	7	BRINT0/SINT4	50	缓冲串行口接收中断
21	8	BXINT0/SINT5	54	缓冲串行口发送中断
22	9	RINT1/SINT6	58	串行口接收中断
23	10	XINT1/SINT7	5C	串行口发送中断
24	11	$\overline{\text{INT3}}$ / SINT8	60	外部用户中断#3
25	12	$\overline{\text{HPINT}}$ / SINT9	64	HPI 中断
26～31	—		68～7F	保留

附表 3-5　TMS320C546 的中断向量和中断优先权

中断向量序号(k)	优先级	中断名称	中断向量表位置	中断描述
0	1	$\overline{\text{RS}}$ / SINTR	0	复位(硬件和软件复位)
1	2	$\overline{\text{NMI}}$ / SINT16	4	非可屏蔽中断
2	—	SINT17	8	软件中断 #17
3	—	SINT18	C	软件中断 #18
4	—	SINT19	10	软件中断 #19
5	—	SINT20	14	软件中断 #20
6	—	SINT21	18	软件中断 #21
7	—	SINT22	1C	软件中断 #22
8	—	SINT23	20	软件中断 #23
9	—	SINT24	24	软件中断 #24
10	—	SINT25	28	软件中断 #25
11	—	SINT26	2C	软件中断 #26
12	—	SINT27	30	软件中断 #27
13	—	SINT28	34	软件中断 #28
14	—	SINT29	38	软件中断 #29；保留
15	—	SINT30	3C	软件中断 #30；保留
16	3	$\overline{\text{INT0}}$ / SINT0	40	外部用户中断 #0
17	4	$\overline{\text{INT1}}$ / SINT1	44	外部用户中断 #1
18	5	$\overline{\text{INT2}}$ / SINT2	48	外部用户中断 #2
19	6	TINT/SINT3	4C	内部定时器中断
20	7	BRINT0/SINT4	50	缓冲串行口接收中断
21	8	BXINT0/SINT5	54	缓冲串行口发送中断
22	9	RINT1/SINT6	58	串行口接收中断
23	10	XINT1/SINT7	5C	串行口发送中断
24	11	$\overline{\text{INT3}}$ / SINT8	60	外部用户中断 #3
25～31	—		64～7F	保留

附表 3-6　TMS320C548 的中断向量和中断优先权

中断向量 序号(k)	优先级	中断名称	中断向量表 位置	中断描述
0	1	$\overline{\text{RS}}$ / SINTR	0	复位(硬件和软件复位)
1	2	$\overline{\text{NMI}}$ / SINT16	4	非可屏蔽中断
2	—	SINT17	8	软件中断 #17
3	—	SINT18	C	软件中断 #18
4	—	SINT19	10	软件中断 #19
5	—	SINT20	14	软件中断 #20
6	—	SINT21	18	软件中断 #21
7	—	SINT22	1C	软件中断 #22
8	—	SINT23	20	软件中断 #23
9	—	SINT24	24	软件中断 #24
10	—	SINT25	28	软件中断 #25
11	—	SINT26	2C	软件中断 #26
12	—	SINT27	30	软件中断 #27
13	—	SINT28	34	软件中断 #28
14	—	SINT29	38	软件中断 #29；保留
15	—	SINT30	3C	软件中断 #30；保留
16	3	$\overline{\text{INT0}}$ / SINT0	40	外部用户中断 #0
17	4	$\overline{\text{INT1}}$ / SINT1	44	外部用户中断 #1
18	5	$\overline{\text{INT2}}$ / SINT2	48	外部用户中断 #2
19	6	TINT/SINT3	4C	内部定时器中断
20	7	BRINT0/SINT4	50	缓冲串行口 0 接收中断
21	8	BXINT0/SINT5	54	缓冲串行口 0 发送中断
22	9	TRINT/SINT6	58	TDM 串行口接收中断
23	10	TXINT/SINT7	5C	TDM 串行口发送中断
24	11	$\overline{\text{INT3}}$ / SINT8	60	外部用户中断 #3
25	12	$\overline{\text{HPINT}}$ / SINT9	64	HPI 中断
26	13	BRINT1/SINT10	68	缓冲串行口 1 接收中断
27	14	BXINT1/SINT11	6C	缓冲串行口 1 发送中断
28～31	—		70～7F	保留

附表 3-7　TMS320C549 的中断向量和中断优先权

中断向量 序号(k)	优先级	中 断 名 称	中断向量表 位置	中 断 描 述
0	1	$\overline{\text{RS}}$ / SINTR	0	复位(硬件和软件复位)
1	2	$\overline{\text{NMI}}$ / SINT16	4	非可屏蔽中断
2	—	SINT17	8	软件中断 #17
3	—	SINT18	C	软件中断 #18
4	—	SINT19	10	软件中断 #19
5	—	SINT20	14	软件中断 #20
6	—	SINT21	18	软件中断 #21
7	—	SINT22	1C	软件中断 #22
8	—	SINT23	20	软件中断 #23
9	—	SINT24	24	软件中断 #24
10	—	SINT25	28	软件中断 #25
11	—	SINT26	2C	软件中断 #26
12	—	SINT27	30	软件中断 #27
13	—	SINT28	34	软件中断 #28
14	—	SINT29	38	软件中断 #29；保留
15	—	SINT30	3C	软件中断 #30；保留
16	3	$\overline{\text{INT0}}$ / SINT0	40	外部用户中断 #0
17	4	$\overline{\text{INT1}}$ / SINT1	44	外部用户中断 #1
18	5	$\overline{\text{INT2}}$ / SINT2	48	外部用户中断 #2
19	6	TINT/SINT3	4C	内部定时器中断
20	7	BRINT0/SINT4	50	缓冲串行口 0 接收中断
21	8	BXINT0/SINT5	54	缓冲串行口 0 发送中断
22	9	TRINT/SINT6	58	TDM 串行口接收中断
23	10	TXINT/SINT7	5C	TDM 串行口发送中断
24	11	$\overline{\text{INT3}}$ / SINT8	60	外部用户中断 #3
25	12	$\overline{\text{HPINT}}$ / SINT9	64	HPI 中断
26	13	BRINT1/SINT10	68	缓冲串行口 1 接收中断
27	14	BXINT1/SINT11	6C	缓冲串行口 1 发送中断
28	15	BMINT0/SIN12	70	缓冲串行口 BSP #0 同步错误检测中断
29	16	BMINT1/SIN13	74	缓冲串行口 BSP #1 同步错误检测中断
30～31	—		78～7F	保留

附录 4　TMS320C54x 存储器映像外围电路寄存器

附表 4-1　TMS320C541 存储器映像外围电路寄存器

地　址	名　称	用　途
20H	DRR0	串行口 0 数据接收寄存器
21H	DXR0	串行口 0 数据发送寄存器
22H	SPC0	串行口 0 控制寄存器
23H	—	保留
24H	TIM	定时器寄存器
25H	PRD	定时器周期寄存器
26H	TCR	定时器控制寄存器
27H	—	保留
28H	SWWSR	软件等待状态寄存器
29H	BSCR	分区转换控制寄存器
2AH～2FH	—	保留
30H	DRR1	串行口 1 数据接收寄存器
31H	DXR1	串行口 1 数据发送寄存器
32H	SPC1	串行口 1 控制寄存器
33H～5FH	—	保留

附表 4-2　TMS320C542 存储器映像外围电路寄存器

地　址	名　称	用　途
20H	BDRR0	缓冲串行口数据接收寄存器
21H	BDXR0	缓冲串行口数据发送寄存器
22H	BSPC0	缓冲串行口控制寄存器
23H	BSPCE0	缓冲串行口控制扩展寄存器
24H	TIM	定时器寄存器
25H	PRD	定时器周期寄存器
26H	TCR	定时器控制寄存器
27H	—	保留
28H	SWWSR	软件等待状态寄存器
29H	BSCR	分区转换控制寄存器
2AH～2BH	—	保留
2CH	HPIC	主机接口控制寄存器
2DH～2FH	—	保留

续表

地 址	名 称	用 途
30H	TRCV	TDM 串行口数据接收寄存器
31H	TDXR	TDM 串行口数据发送寄存器
32H	TSPC	TDM 串行口控制寄存器
33H	TCSR	TDM 串行口通道选择寄存器
34H	TRTA	TDM 串行口接收发送寄存器
35H	TRAD	TDM 串行口接收地址寄存器
36H～37H	—	保留
38H	AXR0	ABU 发送地址寄存器
39H	BKX0	ABU 发送缓冲区大小寄存器
3AH	ARR0	ABU 接收地址寄存器
3BH	BKR0	ABU 接收缓冲区大小寄存器
3CH～5FH	—	保留

附表 4-3　TMS320C543 存储器映像外围电路寄存器

地 址	名 称	用 途
20H	BDRR0	缓冲串行口数据接收寄存器
21H	BDXR0	缓冲串行口数据发送寄存器
22H	BSPC0	缓冲串行口控制寄存器
23H	BSPCE0	缓冲串行口控制扩展寄存器
24H	TIM	定时器寄存器
25H	PRD	定时器周期寄存器
26H	TCR	定时器控制寄存器
27H	—	保留
28H	SWWSR	软件等待状态寄存器
29H	BSCR	分区转换控制寄存器
2AH～2FH	—	保留
30H	TRCV	TDM 串行口数据接收寄存器
31H	TDXR	TDM 串行口数据发送寄存器
32H	TSPC	TDM 串行口控制寄存器
33H	TCSR	TDM 串行口通道选择寄存器
34H	TRTA	TDM 串行口接收发送寄存器
35H	TRAD	TDM 串行口接收地址寄存器
36H～37H	—	保留
38H	AXR0	ABU 发送地址寄存器
39H	BKX0	ABU 发送缓冲区大小寄存器
3AH	ARR0	ABU 接收地址寄存器
3BH	BKR0	ABU 接收缓冲区大小寄存器
3CH～5FH	—	保留

附表 4-4　TMS320C545 存储器映像外围电路寄存器

地　址	名　称	用　　途
20H	BDRR0	缓冲串行口数据接收寄存器
21H	BDXR0	缓冲串行口数据发送寄存器
22H	BSPC0	缓冲串行口控制寄存器
23H	BSPCE0	缓冲串行口控制扩展寄存器
24H	TIM	定时器寄存器
25H	PRD	定时器周期寄存器
26H	TCR	定时器控制寄存器
27H	—	保留
28H	SWWSR	软件等待状态寄存器
29H	BSCR	分区转换控制寄存器
2AH～2BH	—	保留
2CH	HPIC	主机接口控制寄存器
2DH～2FH	—	保留
30H	DRR1	串行口数据接收寄存器
31H	DXR1	串行口数据发送寄存器
32H	SPC1	串行口控制寄存器
33H～37H	—	保留
38H	AXR0	ABU 发送地址寄存器
39H	BKX0	ABU 发送缓冲区大小寄存器
3AH	ARR0	ABU 接收地址寄存器
3BH	BKR0	ABU 接收缓冲区大小寄存器
3CH～57H	—	保留
58H	CLKMD*	时钟方式寄存器
59H～5FH	—	保留

*：仅限于 TMS320C545LP。

附表 4-5　TMS320C546 存储器映像外围电路寄存器

地　址	名　称	用　　途
20H	BDRR0	缓冲串行口数据接收寄存器
21H	BDXR0	缓冲串行口数据发送寄存器
22H	BSPC0	缓冲串行口控制寄存器
23H	BSPCE0	缓冲串行口控制扩展寄存器
24H	TIM	定时器寄存器
25H	PRD	定时器周期寄存器
26H	TCR	定时器控制寄存器
27H	—	保留
28H	SWWSR	软件等待状态寄存器

地　址	名　称	用　　途
29H	BSCR	分区转换控制寄存器
2AH～2FH	—	保留
30H	DRR1	串行口数据接收寄存器
31H	DXR1	串行口数据发送寄存器
32H	SPC1	串行口控制寄存器
33H～37H	—	保留
38H	AXR0	ABU 发送地址寄存器
39H	BKX0	ABU 发送缓冲区大小寄存器
3AH	ARR0	ABU 接收地址寄存器
3BH	BKR0	ABU 接收缓冲区大小寄存器
3CH～57H	—	保留
58H	CLKMD*	时钟方式寄存器
59H～5FH	—	保留

*：仅限于 TMS320C546LP。

附表 4-6　TMS320C548 和 TMS320C549 存储器映像外围电路寄存器

地　址	名　称	用　　途
20H	BDRR0	缓冲串行口数据接收寄存器
21H	BDXR0	缓冲串行口数据发送寄存器
22H	BSPC0	缓冲串行口控制寄存器
23H	BSPCE0	缓冲串行口控制扩展寄存器
24H	TIM	定时器寄存器
25H	PRD	定时器周期寄存器
26H	TCR	定时器控制寄存器
27H	—	保留
28H	SWWSR	软件等待状态寄存器
29H	BSCR	分区转换控制寄存器
2AH～2BH	—	保留
2CH	HPIC	主机接口控制寄存器
2DH～2FH	—	保留
30H	TRCV	TDM 串行口数据接收寄存器
31H	TDXR	TDM 串行口数据发送寄存器
32H	TSPC	TDM 串行口控制寄存器
33H	TCSR	TDM 串行口通道选择寄存器
34H	TRTA	TDM 串行口接收发送寄存器
35H	TRAD	TDM 串行口接收地址寄存器

地　址	名　称	用　　途
36H～37H	—	保留
38H	AXR0	ABU0 发送地址寄存器
39H	BKX0	ABU0 发送缓冲区大小寄存器
3AH	ARR0	ABU0 接收地址寄存器
3BH	BKR0	ABU0 接收缓冲区大小寄存器
3CH	AXR1	ABU1 发送地址寄存器
3DH	BKX1	ABU1 发送缓冲区大小寄存器
3EH	ARR1	ABU1 接收地址寄存器
3FH	BKR1	ABU1 接收缓冲区大小寄存器
40H	BDRR1	缓冲串行口数据接收寄存器
41H	BDXR1	缓冲串行口数据发送寄存器
42H	BSPC1	缓冲串行口控制寄存器
43H	BSPCE1	缓冲串行口控制扩展寄存器
44H～57H	—	保留
58H	CLKMD	时钟方式寄存器
59H～5FH	—	保留

注：ABU 为自动缓冲单元。

参 考 文 献

[1] 戴明桢，周建江. TMS320C54x DSP 结构、原理及应用. 2 版. 北京：北京航空航天大学出版社，2007.

[2] 彭启琮，李玉柏，管庆. DSP 技术的发展与应用. 北京：高等教育出版社，2002.

[3] 江安民. TMS320C54x DSP 实用技术. 北京：清华大学出版社，2002.

[4] 宁改娣，杨拴科. DSP 控制器原理及应用. 北京：科学出版社，2002.

[5] TMS320C54x DSP Reference Set. Volume1：CPU and Peripherals(Literature Number: SPRU131). Texas Instruments Inc, 1999.

[6] TMS320C1x/C2x/C2xx/C5x Assembly Language Tools User's Guide(Literature Number: SPRU018). Texas Instruments Inc, 1995.

[7] TMS320C54x Simulator, Addendum to the TMS320C5xx C Source Debugger User's Guide. (Literature Number:SPRU170). Texas Instruments Inc, 1996.

[8] TMS320C54x DSP Reference Set. Volume2：Mnemonic Instruction Set(Literature Number: SPRU172). Texas Instruments Inc, 1997.

[9] 张雄伟，曹铁勇. DSP 芯片的原理与开发应用. 2 版. 北京：电子工业出版社，2000.

[10] 刘益成. TMS320C54x DSP 应用程序设计与开发. 北京：北京航空航天大学出版社，2002.

[11] TMS320C54x DSP Reference Set. Volume4：Applications Guide (Literature Number: SPRU173). Texas Instruments Inc, 1996.

[12] 王念旭，等. DSP 基础与应用系统设计. 北京：北京航空航天大学出版社，2001.

[13] OPPENHEIM A V，SHAFFER R W. 离散时间信号处理. 北京：科学出版社，1998.

[14] TLV320AIC3254 Ultra Low Power Stereo Audio Codec With Embedded miniDSP. Texas Instruments Inc, 2008.

[15] TMS320C54x Optimizing C/C++ Compiler User's Guide(Literature Number: SPRU103F). Texas Instruments Inc, 2001.

[16] TMS320C54x DSP Reference Set Volume 5: Enhanced Peripherals(Literature Number: SPRU302). Texas Instruments Inc, 1999.

[17] The Implementation of G .726 Adaptive Differential Pulse Code Modulation (ADPCM) on TMS320C54x DSP(Literature Number: BPRA053). Texas Instruments Inc, 1997.

[18] 苏涛，蔡建隆，何学辉. DSP 接口电路设计与编程. 西安：西安电子科技大学出版社，2003.

[19] 苏涛，蔺丽华，卢光跃，等. DSP 实用技术. 西安：西安电子科技大学出版社，2002.

[20] 王军宁，吴成柯，党英. 数字信号处理器技术原理与开发应用. 北京：高等教育出版社，2003.

[21] TMS320C55x DSP/BIOS 5.x Application Programming Interface(API) Reference Guide (Literature Number: SPRU404Q). Texas Instruments Inc, 2012 .

[22] TMS320VC5505 DSP System User's Guide(Literature Number:SPRUFP0C). Texas Instruments Inc, 2012.

[23] TMS320C5515/14/05/04/VC05/VC04 DSP Timer/Watchdog Timer User's Guide (Literature Number: SPRUFO2). Texas Instruments Inc, 2009.

[24] SEN M K，BDB H L，WENSHUN T. 数字信号处理原理实现及应用：基于 MATLAB/ Simulink 与 TMS320C55xx DSP 的实现方法. 3 版. 王永生，王进祥，曹贝，译.北京：清华大学出版社，2017.